普通逻辑学习指南

张则幸　黄华新　主编

浙江大学出版社

前 言

　　本书为全国高等教育自学考试和浙江高等教育学历文凭考试指定教材《普通逻辑原理》的辅导用书,也是普通逻辑课程的学习与应考的指导书。

　　全书共分四编。第一编为"学习与应考对策"。本编对普通逻辑的内容体系、学科特点、考核要求及试题类型作了全面系统的科学分析,为学习与应考指明了努力方向。第二编为"重点提要、难点解析与题型例示"。本编对《普通逻辑原理》各章的重点内容作了简明的提示,对难点作了精细的解析,对常见的试题给出了示范性的答案,对部分试题还作了命题分析和解法指导。第三编为"基础训练",第四编为"综合训练"。这两编是以全国高等教育自学考试指导委员会所制订的《普通逻辑自学考试大纲》和浙江省教育委员会所制订的浙江省高等教育学历文凭考试《普通逻辑考试大纲》为依据而编写的,共编制了七百多道试题。"基础训练"部分的题目,与教材同步,分章安排。"综合训练"部分的模拟试题,则与实考题型对口。共编制了八份模拟试卷。最后的附录一、附录二对每一道试题都给出了规范的准确答案,对部分试题还详细地讲解了解题方法。

　　参加本书编写的人员有:

　　第一编:张则幸、黄华新。

　　第二编:胡龙彪(一至五章)、周武萍(六至十章)。

　　第三编和第四编:陶福珍、赵云丽。

　　全书由张则幸、黄华新负责策划和定稿。

　　本书编者长期在高校从事逻辑学的教学与研究工作,并具有丰富的普通逻辑自学考试辅导经验。编写本书的宗旨是希望能为广大的应考生尽一份绵薄之力，为他们在学习普通逻辑时扫除一些拦路虎，并为应考提供一点指导。我们在编写时，虽主观上都尽了力，但仍可能会有疏漏和不当之处，谨请指正。

编者

2000 年元月

目　录

第一编　学习与应考对策

第二编　重点提要、难点解析与题型例示

第三编　基础训练

第四编　综合训练

第一编

学习与应考对策

普通逻辑是文科各有关专业的公共必修基础课。通过学习要比较系统地掌握普通逻辑的基本知识、基础理论和基本方法;通过自觉地进行逻辑思维的训练,提高思维的准确性和敏捷性,增强论证的逻辑力量;同时,为更好地学习和理解其他各门具体科学知识掌握必要的逻辑分析工具。

方法是达到目的的手段。恰当的方法,事半功倍;不恰当的方法,则会事倍功半。怎样才能更有成效地学好普通逻辑,并且顺利地通过考试,取得较为理想的好成绩? 这是每一个学习者所十分关注的一个问题。本书首先就来探讨这一问题。

第一章 学习对策

普通逻辑教学体系的总体框架

普通逻辑是研究思维的逻辑形式及其基本规律,以及简单逻辑方法的科学。从总体上说,构成普通逻辑教学体系的内容有三个大的方面:

第一,思维的逻辑形式,亦即思维形式的结构。这里的思维形式包括概念、判断和推理。而思维形式的结构主要指判断和推理的结构。

第二,普通逻辑的基本规律,它包括同一律、矛盾律和排中律。

第三,简单的逻辑方法,例如,定义方法、划分方法、探求因果联系的方法、假说方法等等。

再进一步说,普通逻辑的基本内容又可分为以下六个部分:

一、普通逻辑总论

这一部分概括地说明普通逻辑的对象、性质和意义。这是普通逻辑的纲,是进一步系统地学习普通逻辑基本原理的出发点。在总论中,需要把握的最基本的概念是"思维的逻辑形式"(其中包括"逻辑常项"和"逻辑变项")、"逻辑规律"、"简单的逻辑方法"等。

二、普通逻辑概念论

概念是构成判断、推理的基本要素,准确地理解和掌握关于概念的知识,是正确地进行判断和推理的必要条件。

普通逻辑的概念论系统地阐述了概念的本质、概念的基本特征(内涵和外延)、概念的种类、概念间的关系、概念的限制和概括,以及定义、划分等问题。

在概念论中,需要着重掌握的逻辑知识是概念的内涵、外延,以及它们之间的反变关系,集合概念与非集合概念,概念的外延之间的五种基本关系,即同一关系、真包含关系、真包含于关系、交叉关系和全异关系(包括反对关系和矛盾关系两种情况),定义和划分的逻辑结构和规则。

三、普通逻辑判断论

判断是推理的要素,不了解判断,就难以掌握推理,判断在普通逻辑的体系中具有重要的地位。要学好普通逻辑这门课程,必须学好判断论。

普通逻辑的判断论系统地阐述了判断的特征,A,E,I,O 这四种基本的性质判断(或称直言判断)的逻辑形式、真假关系以及主谓项的周延性问题,关系判断的结构以及关系的性质(对称性和传递性),联言判断、选言判断、假言判断和负判断等复合判断的各种不同的逻辑形式以及各自的逻辑值(即真假值),模态判断的不同形式以及真假关系等问题。

在判断论中,要着重掌握的逻辑知识,是 A,E,I,O 的逻辑形式,以及它们之间的真假关系,性质判断主谓项的周延性问题,联言判断、选言判断、假言判断的逻辑形式、逻辑值,以及负判断的等值判断。

四、普通逻辑推理论

推理是普通逻辑的核心部分,要学好普通逻辑,必须着重了解、掌握它的推理理论,训练推理的技巧。普通逻辑的推理论又可细分为三个部分,即推理概论、演绎推理论和归纳推理论。其中,演绎推理论是重点部分。

普通逻辑的推理论系统地阐述了推理的本质,直接推理、三段论、关系推理、联言推理、选言推理、假言推理、二难推理、模态推理、归纳推理、类比推理等各种推理的形式,以及假说的特征与验证问题。

在推理论中,要着重掌握运用性质判断变形法进行的直接推理、三段论、联言推理、选言推理、假言推理、二难推理等各种演绎推理的逻辑形式和逻辑规则,探求因果联系的方法(着重掌握契合法、差异法和共变法)。

五、普通逻辑论证论

论证是概念、判断、推理知识的综合运用。"论证"作为全书的最后一章,实际上具有总结全书的作用。

普通逻辑的论证论系统地阐述了论证、反驳的本质和结构,论证、反驳的种类和方法,论证的规则(也是反驳的规则)等问题。

在论证论中,要着重掌握论证、反驳的各种方法,正确论证必须遵守的各条规则。

六、普通逻辑规律论

普通逻辑的基本规律是正确地运用概念、判断,进行推理、论证的逻辑依据。

普通逻辑的规律论系统地阐述了逻辑规律的性质,同一律、矛盾律(或称不矛盾律)和排中律的基本内容、逻辑要求和违反它们的各种逻辑错误,以及它们的作用范围等问题。

在规律论中,要着重掌握同一律、矛盾律、排中律 的基本内容和逻辑要求,并能对思维实际中违反逻辑要求的各种逻辑错误表现,如偷换概念、偷换论题、自相矛盾、模棱两可(或称模棱两不可)等,作出正确的逻辑分析。

综上所述,推理是普通逻辑的主体,概念、判断是推理的基础,论证是概念、判断、推理的综合应用,而基本规律则是推理、论证的依据,这就是普通逻辑教学体系的总体框架。

普通逻辑的特点

一个初学者，一接触普通逻辑的内容，就会觉得这门课程很抽象。这是我们常常听到的一种反应。这种感觉的产生是很自然的，也是很正常的。因为普通逻辑正是一门具有很强的抽象性的形式科学。逻辑思维也叫抽象思维。学习普通逻辑的过程，从某种意义上说，就是对于抽象思维由不适应到逐渐适应，进而逐步提高抽象思维能力的过程。

逻辑学之所以要撇开判断和推理的具体内容，从具体判断和具体推理中准确地抽取出它的逻辑形式，是因为只有这样，才能进而揭示出其中的逻辑规律，从而上升到理论的高度。只有这样，我们在考察某个具体推理时，不仅能够知其是否正确，而且能够知其为什么正确或者不正确。请看下面这一推理：

有些学生不是青年，所以，有些青年不是学生。

这是一个具体推理。这一推理是正确的吗？回答是否定的。一个具体推理有内容和形式两个方面。推理的内容是指作为推理的前提和结论的判断是否真实的问题；推理的形式是指前提与结论之间的联系方式是否正确的问题。上述这一推理，从内容上看，它的前提和结论无疑都是真实的。但是，从形式上看，却是不正确的。为什么呢？要说明这个问题，我们就要撇开这一推理的具体内容，抽取出它的推理形式。我们用"S"取代"学生"，用"P"取代"青年"，上述推理的形式可表示如下：

有些 S 不是 P，所以，有些 P 不是 S。

一个推理是形式正确的，当且仅当具有此推理形式的任一推理（即其推理形式的任一解释）都不出现前提真而结论假。换句话说，一个正确的推理，如果前提是真的，则结论必定是真的。因此，如果一个推理的前提是真的，而结论却是假的，这就说明该推理是不正确的。对于上述的推理形式，我们可以作如下的解释。用"花"取代"S"，用"桂花"取代"P"，我们就得到了这样一个推理：

有些花不是桂花，所以，有些桂花不是花。

这一推理的前提真，而结论假，由此可见，这一推理形式是不正确的。

撇开判断或推理的具体内容而抽取其逻辑形式的过程，叫做抽象化的过程；通过解释，用具体的概念或判断取代判断形式或推理形式中的变项符号，就可得到一个具体的判断或推理，这是逻辑形式的具体化过程。抽象化和具体化这两个过程，对于学习掌握逻辑理论和应用逻辑理论于思维实际，都是十分重要的。善于准确地进行具体判断和具体推理的抽象化，以及判断形式和推理形式的具体化，是学习逻辑所必须掌握的两个基本功。正是因为抽象化和具体化，尤其是抽象化，在逻辑学中有其特殊的重要性。因此，在逻辑试卷中，少不了有考核抽象化能力的试题。

有些试题是直接考核抽象化能力的。请看下面这一试题：

"兵不在多而在于精"和"甲不当班长而乙当班长"所具有的共同的逻辑形式，若用 p，q 作变项，可表示为＿＿＿＿＿＿。

我们知道，逻辑形式由逻辑常项和变项两部分组成。在复合判断中，联结词是常项，p，q 等是判断变项符号，代表组成复合判断的支判断。上述题中的两个判断，都是联言判断，"而"是日常语言中表示联言判断联结词的语词，用符号表示为"∧"，因此，上述两个联言判断如果撇开它们的具体内容，抽取它们所具有的共同的逻辑形式，可表示为"p∧q"。如果把"不"看作是负判断的否定联结词，用符号表示为"﹁"，因此，上述两个联言判断的第一个联言支，可表示为"﹁p"，整个逻辑形式可表示为"﹁p∧q"。"p∧q"和"﹁p∧q"这两种表示都对。

有些试题虽然重点不是在于考核抽象化的能力，但是，能否从具体的判断和推理中抽象出它的逻辑形式，是必要的一环。比如，下面这一试题：

写出下列推理的形式结构，并分析其是否正确。

如果经济上犯罪，就要受到法律制裁；如果政治上犯罪，也要受到法律制裁；某人或经济上没犯罪或政治上没犯罪；所以，某人不会受到法律制裁。

这是一道分析题,重点是在于分析上述推理是否正确,但是,从上述具体推理中能否正确地抽取其推理形式,也是必要的一环。

上述推理的形式结构可表示为:

$$p \rightarrow q$$
$$r \rightarrow q$$
$$\neg p \vee \neg r$$
所以 $\neg q$

也可以表示为:

如果 p 那么 q;如果 r 那么 q;非 p 或者非 r;所以,非 q。

有些试题的正确求解,也可以与抽象化反其道而行之,即将判断形式具体化。请看下面这一试题:

写出与下列判断逻辑等值的判断,并写出等值公式。

并非要么今天天晴,要么明天下雨。

"并非要么今天天晴,要么明天下雨",这是一个不相容选言判断的负判断。我们知道,在《普通逻辑原理》(吴家国主编.北京:高等教育出版社.1989.下同)第 109 页上有一等值公式是:

"并非(要么 p 要么 q)"等值于"(p 并且 q)或者(非 p 并且非 q)。

用"今天天晴"取代"p","明天下雨"取代"q",就可以得到一个与试卷给定的判断逻辑等值的判断:

(今天天晴并且明天下雨)或者(今天天不晴并且明天不下雨)。

紧紧抓住重点

从《普通逻辑原理》的全书来看,第二章概念,第三、四章判断(一)、(二),第六、七章演绎推理(一)、(二),都是重点章,而其中的性质判断及其推理和复合判断及其推理,则是重中之重。怎样理解、掌握这"重中之重"?我们谈几点意见:

第一,要搞清楚逻辑特有符号的意义,并熟记这些符号。

就普通逻辑考试的要求而言,必须熟记的符号有:

（1）作为性质判断不同种类的符号，共有四个。

即作为全称肯定判断的符号"A"；作为全称否定判断的符号"E"；作为特称肯定判断的符号"I"；作为特称否定判断的符号"O"。SAP 表示以"S"为主项，以"P"为谓项的全称肯定判断；PES 表示以"P"为主项，以"S"为谓项的全称否定判断；S̄IP 表示以"非 S"为主项，以"P"为谓项的特称肯定判断；SOP̄ 表示以"S"为主项，以"非 P"为谓项的特称否定判断，等等。这些是值得注意的可能变化。

（2）作为复合判断联结词的符号，共有七个。

即作为负判断联结词的否定符号"￢"；作为联言判断联结词的合取符号"∧"；作为相容选言判断联结词的析取符号"∨"；作为不相容选言判断联结词的不相容析取符号"∨̇"；作为充分条件假言判断联结词的蕴涵符号"→"；作为必要条件假言判断联结词的逆蕴涵符号"←"；作为充分必要条件假言判断联结词的等值符号"↔"。否定联结词是一元联结词，被联结的是某一个判断，它可以是简单判断，也可以是复合判断。前者如"￢P"，后者如"￢(p∧q)"。其余六个联结词都是二元联结词，被联结的是某两个判断，同样可以是简单判断，也可以是复合判断。前者如"p→q"，后者如"￢p→￢q"。如果被联结的是复合判断，那么，联结而成的判断，称为多重复合判断。多重复合判断的性质由主联结词决定。在一个多重复合判断中，存在着两个或两个以上的联结词，那个最后联结的联结词就是主联结词。联结词的先后次序是怎么确定的呢？如果有括号，则括号内的先联结。如￢(p∧q)，在这个多重复合判断中，合取联结词"∧"先联结，否定联结词"￢"后联结，因此，否定联结词是主联结词，这个判断称为负判断，或者说是联言判断的负判断。如果没有括号，那么，由联结词的结合力的强弱来确定先后次序。结合力强的先于结合力弱的。在逻辑中，一般是这样规定的：否定联结词最强，依次是∨(∨̇)，∧，→(←)，↔。

上面提到的那个多重复合判断"￢p→￢q"，主联结词是蕴涵联结词"→",因为否定联结词"┐"先联结,成为"┐p"和"┐q",而后蕴涵联结词"→"把"┐p"和"┐q"再联结起来,成为"┐p→┐q"。由于主联结词是蕴涵联结词,所以,这个判断称为充分条件假言判断。

第二,要搞清楚性质判断的真假,以及相互之间的真假关系。

性质判断的真假,由性质判断的主项和谓项之间的外延关系来确定。《普通逻辑原理》第79页上的那张欧勒图表,分别确定了具有SAP,SEP,SIP和SOP形式的四种性质判断的真假情况。值得注意的是,当主谓项变化以后,其真假情况会有所变化。例如,当全称肯定判断和特称否定判断形式分别为PAS和POS时,A判断的真假情况成为真、假、真、假、假,即当S与P为全同关系或S真包含P时为真,其他三种情况为假。O判断的真假情况成为假、真、假、真、真。SEP和PES,SIP和PIS的真假情况所对应的S与P之间的外延关系,不发生变化。

分别确定了A,E,I,O四种判断的真假后,就可以进一步讨论这四种性质判断相互之间的真假关系,即所谓对当关系了。书上所述的矛盾关系、反对关系、下反对关系和差等关系这四种真假关系的具体内容和各自的特点,必须搞清楚,并牢牢记住。要注意的是可能发生的变化。比如,书上说A和O是矛盾关系,但这是有条件的,即A和O的主项(或谓项)是相同的,或者说是同素材的。如果A判断为SAP,而O判断为SOP̄,那么,它们之间的真假关系,就不再是矛盾关系,而是差等关系了。因为A判断的谓项是P,而O判断的谓项是P̄,即谓项的素材不同,这时就需要作等值变换,使得它们的谓项素材相同,将SOP̄等值变换为SIP,或者将SAP等值变换为SEP̄。这两种变换都可以。变换以后,成为SAP和SIP,或者SEP̄和SOP̄,不管是哪一种情况,它们之间的真假关系都是差等关系。

第三,要搞清楚复合判断的真假,熟记七个基本真值表。

复合判断的真假是由联结词的性质和组成复合判断的判断即支判断的真假来确定的。《普通逻辑原理》中给出的联言判断、相容选言判断、不相容选言判断、充分条件假言判断、必要条件假言判断、充分必要条件假言判断和负判断等七个真值表,是基本真值表,它们确定了一个复合判断在什么情况下为真,在什么情况下为假。以充分条件假言判断为例,在前件和后件均为真,或者前件为假而后件为真,或者前件和后件均为假这三种情况下,充分条件假言判断均为真;在前件为真而后件为假的情况下,充分条件假言判断才为假。有些学生对于充分条件假言判断真值表中的第三行和第四行,即前件为假,后件不论真假,而充分条件假言判断均为真,感到不好理解。充分条件假言判断真值表的第三、四行说明这样一个问题,即蕴涵另一个判断的判断(确切地应称为命题,因为有真假的语句所表达的思想是命题,被断定的命题才是判断,而假言判断的前件和后件仅仅是一种假定),可以是假的。例如,"如果人人都是足球运动员,那么,某某人定是足球运动员",它的前件蕴涵后件,即假定前件真,则后件也必定真,不管"某某"所指的是何人。假如"某某"是李金羽,"李金羽是足球运动员",这是真的,而"人人都是足球运动员",当然是假的。这时,前件为假后件为真,这就是真值表中第三行的情况。假如"某某"是浙江的黄志红,这时,前件和后件均为假,这就是真值表中第四行的情况(对假言判断的真值情况的正确理解,可参阅本书第二编第四章的难点解析)。

在理解并熟记七个基本真值表的基础上,要学会计算多重复合判断的真值。例如,$\neg p \land \neg q$,这是一个联言判断,联言支是$\neg p$和$\neg q$,因此要先确定它们的真假情况。当 p 和 q 的真值确定以后,根据负判断的基本真值表,就可以确定$\neg p$和$\neg q$的真值。确定了$\neg p$和$\neg q$的真值后,就可以根据联言判断的基本真值表,最后确定$\neg p \land \neg q$的真值。其真值表可以表示如下:

P	q	$\neg p$	$\neg q$	$\neg p \land \neg q$
T	T	F	F	F
T	F	F	T	F
F	T	T	F	F
F	F	T	T	T

这里的"T"表示"真","F"表示"假"。下同。

第四，要搞清楚哪些是不正确推理形式，哪些是正确推理形式，并熟记其推理规则。

是否遵守推理规则，是判定推理形式是否正确的重要依据。因此要熟记推理规则，复合判断推理部分要重点记住假言推理和选言推理规则，性质判断推理部分要重点记住三段论规则。

三段论的一般规则有七条，对于初学者来说，要记住这七条规则，确实不是容易的事。有一首歌诀可以帮助记忆。这首歌诀是："中项周延概念三，小项大项莫扩大，一特得特否得否，否特成双结论难。"第一句说的是第一、二条规则。"概念三"是指一个正确三段论有且只有三个不同的概念(项)；"中项周延"是指中项在大前提和小前提中至少要周延一次。第二句是指小项或大项在前提中不周延，到结论中也不得周延。第三句是指第五和第七条规则。"否得否"是指前提如果有一否定，则结论否定；反之，如果结论否定，则前提有一否定。"一特得特"是指大、小前提中如果有一个是特称的，那么结论也必须是特称的。第四句是指第四和第六条规则，即两个否定前提推不出结论；两个特称前提也推不出结论。

多练习、勤思考

逻辑学是一门工具性的科学。任何一种工具的掌握，都要通过反复练习才能奏效。比如自行车，它是一种交通工具，要掌握它，必须通过练习才行。这个道理尽人皆知。逻辑作为一种思维工具，道理是同样的。只有通过反复练习，才能真正掌握它。正是鉴于这样一种考虑，本书的第三编和第四编，特意编写了大量的基础训练题和综合训练题，供读者练习之用。

解题的过程是脑力劳动的过程。求解难度较大的题目，更是一个艰苦的脑力劳动的过程。只有不畏艰难，才能取得丰硕的学习成果，才能潜移默化地提高你的逻辑思维能力。而一旦破解了一道又一道的难题，你就会尝到苦中的甘甜。只有切身体味到了这种学习乐趣,也才能进一步激发你去钻研抽象深奥的逻辑理论,产生一股强大的学习动力。也只有这样,才能真正学好逻辑理论。

　　这里还有一点要注意的是,在解题过程中,要勤思考。要多想一想,一道题目为什么要这样解? 能不能有别的解法? 不要就事论事地去解一道一道题目,而要通过题目的求解,不断地积累解题经验,总结出有用的解题方法。这样地去解题目,就会收到事半功倍的效果。我们在编写本书时,对于有些题目不仅给出了答案,而且介绍了一些解题方法。在此,我们要特别提请读者留意。

第二章 应考对策

普通逻辑的考核要求

普通逻辑考试的试题,既有考核对于逻辑知识的识记能力的试题,也有考核对于逻辑知识的理解和应用能力的试题,重点在于后者。下面对《普通逻辑原理》一书中各章的考核要求作一个具体分析。

一、第一章引论的考核要求

1. 识记:
(1)普通逻辑的定义。
(2)思维的逻辑形式。
(3)普通逻辑的性质。
2. 理解:逻辑常项在逻辑形式中的地位。
3. 简单应用:
(1)从各种不同的具体判断和推理中,抽象、概括出它们的逻辑形式。
(2)识别各种逻辑形式的逻辑常项和变项。
(3)根据判断和推理的不同逻辑形式列举出具体的判断和推理。

二、第二章概念的考核要求

(一)概念的内涵和外延
1. 识记:
(1)概念的内涵。
(2)概念的外延。
2. 理解和应用:在具体的语言环境中正确识别某个概念的内涵

和外延。

(二)概念的种类

理解和应用:在具体的语言环境中正确认识某个概念属于何种概念。

(三)概念间的关系

1.识记:概念间的五种基本关系。

2.理解:

(1)属种关系。

(2)判定表示若干概念之间关系的欧勒图是否正确。

3.简单应用:用欧勒图表示若干概念之间的关系。

4.综合应用:从给定的条件出发,推出给定的概念之间的关系,并用欧勒图表示它们的关系。

(四)定义

1.识记:属加种差定义。

2.理解:定义的规则及违反规则所犯的逻辑错误。

3.简单应用:运用有关定义的知识分析具体的定义是否正确。

(五)划分

1.识记:二分法。

2.理解:划分的规则及违反规则所犯的逻辑错误。

3.简单应用:运用有关划分的知识分析具体的划分是否正确。

(六)概念的限制和概括

1.识记:概念的内涵与外延之间的反变关系。

2.理解和应用:分析某个具体的限制或概括是否正确。

三、第三章判断(一)的考核要求

(一)判断的特征和分类

1.识记:

(1)判断的逻辑特征。

(2)简单判断。

(3)复合判断。

2.理解:普通逻辑研究各种判断的形式以及具有这些形式的判断之间的真假规律。

(二)性质判断的定义和种类

识记:

(1)性质判断的基本类型及其逻辑形式。

(2)特称量项的含义。

(三)性质判断的真假条件

1.识记:根据主谓项外延之间的关系,确定给定的性质判断的真假。

2.理解和应用:

(1)根据给定的性质判断的真假,确定主、谓项外延之间的关系,并用欧勒图表示这种关系。

(2)根据给定的主、谓项外延关系,写出相应的性质判断。

(四)对当关系

1.识记:同素材的 A,E,I,O 四种判断的矛盾关系、反对关系、下反对关系和差等关系。

2.理解:由一个性质判断的真假确定其余三个同素材的性质判断的真假。

3.简单应用:从已知条件出发,运用对当关系来确定给定判断的真假。

4.综合应用:从设定的条件出发,综合运用对当关系的知识来解答问题。

(五)性质判断主谓项的周延性

1.识记:A,E,I,O 四种性质判断主项和谓项的周延情况。

2.理解和应用:

(1)根据性质判断主项和谓项的周延情况,画出相应判断主谓项外延关系的欧勒图。

(2)根据主项或谓项的周延情况,确定相应的性质判断的质或量。

(六)关系判断

1.识记：

(1)对称关系。

(2)非对称关系。

(3)反对称关系。

(4)传递关系。

(5)非传递关系。

(6)反传递关系。

2.理解和应用：

(1)确定用自然语言表达的判断是否为关系判断。

(2)确定某个具体的关系属于何种关系。

四、第四章判断(二)的考核要求

(一)联言判断

1.识记：

(1)联言判断的联结词。

(2)联言判断的逻辑形式。

2.理解：联言支的真假与联言判断真假之间的关系(真值表)。

3.简单应用：根据自然语言表达的联言判断写出其逻辑形式。

(二)选言判断

1.识记：

(1)相容选言判断的联结词。

(2)相容选言判断的逻辑形式。

(3)不相容选言判断的联结词。

(4)不相容选言判断的逻辑形式。

2.理解：

(1)选言支的真假与相容选言判断真假之间的关系(真值表)。

(2)选言支的真假与不相容选言判断真假之间的关系(真值表)。

3.简单应用:

(1)根据自然语言表达的具体相容选言判断或不相容选言判断写出其逻辑形式。

(2)根据给定的选言支的真值确定相容选言判断或不相容选言判断的真值;根据相容选言判断或不相容选言判断的真值,确定各选言支的真值。

(三)假言判断

1.识记:

(1)充分条件。

(2)必要条件。

(3)充分条件假言判断的联结词。

(4)必要条件假言判断的联结词。

(5)充分必要条件假言判断的联结词。

(6)充分条件假言判断的逻辑形式。

(7)必要条件假言判断的逻辑形式。

(8)充分必要条件假言判断的逻辑形式。

2.理解:

(1)前后件的真假与充分条件假言判断真假的关系(真值表)。

(2)前后件的真假与必要条件假言判断真假的关系(真值表)。

(3)前后件的真假与充分必要条件假言判断真假的关系(真值表)。

3.简单应用:

(1)判别自然语言表达的具体假言判断的种类,并写出其逻辑形式。

(2)根据给定的前、后件的真值,确定假言判断的真值。

(3)将一充分条件假言判断转换成与其等值的必要条件假言判断,或将一必要条件假言判断转换成与其等值的充分条件假言判断。

(四)负判断

1.识记:

(1)负判断的联结词。

(2)负判断的逻辑形式。

2.理解:各种复合判断的负判断与其等值判断间的等值关系。

3.简单应用:

(1)写出给定的性质判断的负判断相等值的性质判断及等值公式。

(2)写出给定的复合判断的负判断相等值的判断及等值公式。

(五)真值表的判定作用

1.识记:各种复合判断的真值表。

2.简单应用:

(1)根据支判断的真假,运用真值表方法判定一复合判断的真值。

(2)运用真值表方法判定给定两个复合判断之间的真假关系。

3.综合应用:运用真值表方法解应用题。

五、第五章普通逻辑的基本规律的考核要求

(一)同一律

1.识记:

(1)同一律的内容和公式。

(2)同一律的作用。

2.理解:同一律的要求和违反同一律要求所犯的逻辑错误。

3.简单应用:根据同一律的要求分析实际思维中的逻辑错误。

(二)矛盾律

1.识记:

(1)矛盾律的内容和公式。

(2)矛盾律的作用。

2.理解:矛盾律的要求和违反矛盾律要求所犯的逻辑错误。

3.简单应用:根据矛盾律的要求分析思维中的逻辑错误。

(三)排中律

1.识记:

(1)排中律的内容和公式。

(2)排中律的作用。

2.理解:排中律的要求和违反排中律要求所犯的逻辑错误。

3.简单应用:根据排中律的要求分析思维中的逻辑错误。

4.综合应用:根据同一律、矛盾律和排中律的有关知识解应用题。

六、第六章演绎推理(一)的考核要求

(一)推理的定义和分类

1.识记:推理的分类。

2.理解:演绎推理的有效性。

(二)对当关系的直接推理

1.识记:对当关系推理的有效式。

2.理解和应用:

(1)辨别给定的对当关系的推理是否有效。

(2)根据对当关系从给定前提推出结论。

(三)判断变形的直接推理

1.识记:

(1)换质法和换位法的基本有效式。

(2)换位法的规则。

2.理解和应用:

(1)辨别给定的判断变形的推理是否有效。

(2)连续进行换质位推理或换位质推理。

(四)三段论的定义、结构及规则

1.识记:

(1)三段论的定义。

(2)三段论的组成。

(3)三段论的规则。

(4)三段论的格。

(5)三段论的式。

2.理解:对于用自然语言表达的三段论,写出其逻辑形式,指出其格与式。

3.简单应用:

(1)分析给定的三段论是否有效。

(2)确定从给定的前提能否得出结论。

4.综合应用:

(1)用三段论的基本规则证明有关三段论的某一论题。

(2)用三段论的规则、格和式的知识填充未完成的三段论的结构式。

七、第七章演绎推理(二)的考核要求

(一)联言推理

1.识记:

(1)联言推理的分解式。

(2)联言推理的组合式。

2.简单应用:根据联言推理的有效式,由给定的前提推出结论。

(二)选言推理

1.识记:

(1)相容选言推理的否定肯定式。

(2)不相容选言推理的肯定否定式和否定肯定式。

2.理解:

(1)相容选言推理的规则。

(2)不相容选言推理的规则。

3.简单应用:

(1)判定一选言推理是否有效。

(2)根据选言推理的规则,由给定的前提推出结论。

(3)分析思维实际中违反选言推理规则所犯的逻辑错误。

(三)假言推理

1．识记：

(1)充分条件假言推理的肯定前件式和否定后件式。

(2)必要条件假言推理的否定前件式和肯定后件式。

2．理解：

(1)充分条件假言推理的规则。

(2)必要条件假言推理的规则。

3．简单应用：

(1)判定一假言推理是否有效。

(2)根据假言推理的规则，由给定的前提推出结论。

(3)分析思维实际中违反假言推理规则所犯的逻辑错误。

4．综合应用：根据联言推理、选言推理、假言推理的知识解应用题。

(四)二难推理

1．识记：二难推理的四种有效形式。

2．理解：

(1)二难推理的要求。

(2)破斥错误二难推理的方法。

3．简单应用：

(1)判定一个二难推理属何种形式。

(2)根据二难推理的有效式，由给定的前提推出结论。

(3)判定一个二难推理是否有效。

八、第八章归纳推理的考核要求

(一)归纳推理的特点

1．识记：归纳推理的特点。

2．理解：归纳推理与演绎推理的联系和区别。

(二)完全归纳推理

1．识记：

(1)完全归纳推理的公式。

(2)完全归纳推理的特点。

2.理解:完全归纳推理的优点和局限性。

(三)不完全归纳推理

1.识记:

(1)简单枚举法的公式。

(2)科学归纳法的公式。

2.理解:

(1)辨别用自然语言表达的简单枚举法和科学归纳法,写出其推理形式。

(2)应用简单枚举法时容易犯的错误。

(四)穆勒五法

1.识记:穆勒五法的内容和图式。

2.理解:穆勒五法的特点。

3.简单应用:根据具体的判明因果联系的事例,指出其使用的是何种探求因果联系的方法。

九、第九章类比推理和假说的考核要求

1.识记:

(1)类比推理的公式。

(2)类比推理的特点。

2.理解:

(1)类比推理与演绎推理、归纳推理的区别。

(2)类比推理易犯的错误。

十、第十章论证的考核要求

(一)论证及其与推理的关系

1.识记:论证的组成。

2.理解:论证与推理的联系和区别。

3.简单应用:分析一个具体论证的论题、论据、论证方式和方法。

(二)论证的种类

1.识记:

(1)论证的分类。

(2)反证法。

(3)选言证法。

2.简单应用:分析日常思维中一论证的结构,指出它所使用的论证方法。

(三)论证的规则

1.识记:

(1)论证的五条具体规则。

(2)论证过程中常犯的逻辑错误。

2.简单应用:运用论证的规则分析某一论证所犯的逻辑错误。

(四)反驳

1.识记:

(1)反驳的组成。

(2)反驳的分类。

(3)归谬法。

2.理解:驳倒了对方的论据和论证方式,并不等于驳倒了对方的论题。

3.简单应用:分析日常思维中某一反驳的结构,指出它所用的方法。

注意不同题型的特点

普通逻辑考试的试题类型,不能说它绝对不变,有时也会作些调整和变动,但是,几个主要的题型却是相对稳定的。这些题型为:

(1)选择题。

(2)填空题。

(3)图表题。

(4)分析题。

(5)综合题。

一、选择题与填空题

选择题和填空题的特点是题量大、覆盖面广。在一份试卷中选择题和填空题的试题数量约有 35 个之多。就考核的知识点而言,可以覆盖到《普通逻辑原理》一书中的各章内容。就考核的能力层次而言,既有考核对于逻辑知识的识记能力的试题,也有考核对于逻辑知识的理解和应用能力的试题,而以后者为主。因此,要想顺利地通过普通逻辑的考试,取得较为理想的成绩,靠死记硬背是绝对不行的。

怎样才能提高对于逻辑知识的理解和应用能力呢? 在学习阶段,多做一些在书本上找不到现成答案的习题,是很有好处的。因为求解这些题目,就会迫使自己去理解和应用相关的知识点。下面举几个实例。

1.若 $\overline{P}ES$ 取值为真,则 $\overline{P}AS$ 取值为_____;若 SIP 取值为真,则 $SA\overline{P}$ 取值为_____。

这是一道填空题,求解这一试题,需要应用性质判断之间的对当关系的有关知识,并且知道这种对当关系是以同素材作为前提条件的。$\overline{P}ES$ 与 $\overline{P}AS$ 是素材相同(即主项均为 $\overline{P}$,谓项均为 S)的 E 判断和 A 判断,两者为不同真可同假的反对关系,E 判断为真,则 A 判断为假,所以,第一空白处应填"假"。SIP 与 $SA\overline{P}$ 是素材不同的 I 判断和 A 判断,所以两者不是差等关系,SIP 取值为真,$SA\overline{P}$ 取值不是"可真可假"。为了将它们纳入对当关系的系统,应对"$SA\overline{P}$"作等值变换处理。只要对"$SA\overline{P}$"使用换质法,即可等值变换为 SEP,SIP 与 SEP 是素材相同的 I 判断与 E 判断,两者为不同真、不同假的矛盾关系,SIP 取值为真,则 SEP 取值为假,因为 SEP 等值于 $SA\overline{P}$,所以,$SA\overline{P}$ 也应取值为假。如果你能够正确地求解这一试题,也就意味着你已经理解并能正确应用性质判断之间的对当关系的有关知识了。

2."如果他不买电冰箱就买电视机",转换为等值的联言判断的负判断,即_____;也可转换为等值的相容选言判断,即_____。

本题也是一道填空题。总的说来,填空题是一种较为容易的题型,但是,这决不意味着每一填空题都是较为容易的。现在我们面对的这道填空题就是一道难度较大的填空题。要想正确地给出答案,必须掌握复合判断间的等值关系。而复合判断间的真假关系及其等值转换,这是普通逻辑中的一个重点,也是一个难点。要想突破这一难点,首先要掌握教科书中给出的复合判断的负判断及其等值判断的公式。结合本题的题设,我们要用到的是充分条件假言判断的负判断及其等值判断的公式,即$\neg(p \rightarrow q) \leftrightarrow p \wedge \neg q$。如果等值式的两端都加以否定,我们就可以得到一个新的等值公式,即$(p \rightarrow q) \leftrightarrow \neg(p \wedge \neg q)$,如果用"他不买电冰箱"取代"p",用"他买电视机"取代"q",就可以得到与题设"如果他不买电冰箱就买电视机"相等值的联言判断的负判断,即"并非他既不买电冰箱,也不买电视机"。$\neg(p \wedge q) \leftrightarrow (\neg p \vee \neg q)$,因为$(p \rightarrow q) \leftrightarrow \neg(p \wedge \neg q)$,所以$(p \rightarrow q) \leftrightarrow (\neg p \vee q)$。与"如果他不买电冰箱就买电视机"相等值的相容选言判断,是"他或者买电冰箱,或者买电视机"。

3."某商店没有一台洗衣机是上海产的"和"并非某商店的洗衣机都是上海产的",这两个判断之间的关系是( )。

A.不能同真,不能同假

B.不能同真,可能同假

C.可能同真,不能同假

D.可能同真,可能同假

这是一道单项选择题。本题的命题目的在于考核考生对于性质判断之间的对当关系以及性质判断的负判断与性质判断之间的等值关系方面的逻辑知识的理解和应用能力。正确地回答此题,先要将"并非某商店的洗衣机都是上海产的"等值转换为"某商店有些洗衣机不是上海产的"。而它与"某商店没有一台洗衣机是上海产的"为可同真、可同假的差等关系。所以,正确的选择是 D。

4.当 S 类与 P 类具有( )关系或( )关系时,SEP 为假而

POS 为真。

    A.全同   B.S 真包含于 P   C.S 真包含 P

    D.交叉   E.全异

这是一道双项选择题。正确求解这一试题,需要理解和应用有关性质判断的真假条件的知识。我们知道,性质判断的真假取决于主项与谓项之间的外延关系为何种关系。SEP 为真,S 与 P 之间的外延关系应为全异关系,现题设规定 SEP 为假,所以,S 与 P 之间的外延关系不可能为全异关系。题设又告诉我们,POS 为真,因此,P 与 S 之间的外延关系不应为全同关系和 P 真包含于 S(或 S 真包含 P)的关系。综上所述,S 类与 P 类具有真包含于关系或交叉关系时,SEP 为假而 POS 为真,所以,正确的选择是 B 和 D。

    5.如果甲不去工厂调查,则乙和丙也都不去工厂调查,再加上:

    A.甲去工厂调查,所以,乙和丙也都去工厂调查

    B.甲不去工厂调查,所以,丙也不去工厂调查

    C.乙和丙都不去工厂调查,所以,甲不去工厂调查

    D.或者乙去工厂调查,或者丙去工厂调查,所以,甲去工厂调查

    E.因此,只有乙和丙都不去调查,甲才不去工厂调查

    分别组成五个推理,其中正确的是(   )、(   )、(   )、(   )、(   )。

    本题是一道多项选择题。多项选择题的正确选项有两项或两项以上。只有全部选对,才能得分。所以,这是一种难度较大的题型。要想正确地求解上述这道多项选择题,必须掌握充分条件假言推理的推理规则,相容选言判断与联言判断的负判断的等值关系,联言推理的分解式以及充分条件假言判断与必要条件假言判断之间的等值关系等多方面的逻辑知识。根据充分条件假言推理"否定前件不能否定后件,肯定后件不能肯定前件"的规则,可以确定 A 和 C 是不正确的,可予以排除。根据充分条件假言推理的肯定前件式和联言推理分解式,可以确定 B 是正确的。根据"或者乙去工厂调查,或者丙去工厂调查"等值于"并非乙和丙都不去工厂调查"和充分条件假言

推理否定后件式,可以确定 D 是正确的。根据"如果甲不去工厂调查,则乙和丙也都不去工厂调查"等值于"只有乙和丙都不去工厂调查,甲才不去工厂调查",可以确定 E 也是正确的。所以,本题的正确选项是 B,D,E。

二、图表题

图表题是欧勒图解题和真值表解题的合称,是普通逻辑考试所特有的题型。

欧勒图解法是用圆圈图形来表示概念外延间的各种关系的一种直观工具。这种方法是瑞士数学家欧勒(1707~1783)提出的。用欧勒图不仅能简单明了地表示性质判断的真假条件,说明同素材的性质判断之间的真假关系,而且也是检验换位法、三段论推理形式是否正确和证明三段论规则的一种辅助工具,所以,学习普通逻辑,应当知道这一种方法,并学会应用。下面举几个实例。

1.下面三句话,一真两假,试确定 S 与 P 的外延关系。

(1)有 S 是 P。

(2)有 S 不是 P。

(3)有 P 不是 S。

这一道试题,虽然也可以用文字叙述的方法来求解,但不如运用欧勒图解法来得简单明了。根据题设中给出的三个特称判断,我们可以统一作图表如下:

	S,P	S P	P S	S P	S	P
(1) S I P	T	T	T	T		F
(2) S O P	F	F	T	T		T
(3) P O S	F	T	F	T		T

由表可见,只有当 S 与 P 之间为全同关系时,才符合"三句话,一真两假"的题设条件。

2．下列推理形式是否有效?用欧勒图解法说明之。

(1)有些 S 不是 P,所以,有些 P 不是 S。

(2)所有 S 都是 P,所以,有些 P 是 S。

我们在前面已经提出过,一个推理的形式是有效的,当且仅当不出现前提真而结论假这样一种情况。

我们假设上述推理形式(1)中的前提是真的,S 与 P 之间的外延关系有且只有三种可能情况,用欧勒图表示,即:

第一种可能情况为:

第二种可能情况为:

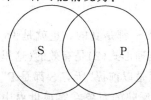

第三种可能情况为:

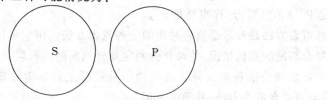

在第一种可能情况下,(1)中的结论"有些 P 不是 S"为假。在第二种和第三种可能情况下,"有些 P 不是 S"为真。

由此可见，推理形式(1)有可能出现前提真而结论假这样一种情况。所以，推理形式(1)不是有效的。

再看推理形式(2)，假设(2)中的前提"所有 S 都是 P"为真，则 S 与 P 之间的外延关系有且只有两种可能。用欧勒图表示，即：

第一种可能情况为：

第二种可能情况为：

在这两种可能情况下，"有些 P 是 S"都是真的。也就是说，不会出现前提真而结论假的情况，所以，推理形式(2)是有效的(这里有一点要说明一下：推理形式(2)的有效性是以前提"所有 S 都是 P"中的主项 S 不是空概念为条件的，即 S 所反映的对象在客观世界中是存在的。如果 S 是一个空概念，则推理形式(2)不能成立，由前提"所有 S 都是 P"推不出结论"有些 P 是 S")。

真值表方法是普通逻辑中常用的一种逻辑方法。用它可以表示任一复合判断的真值情况，并可作为判定复合判断间的真假关系，以及一个复合判断推理形式是否有效的一种逻辑工具。学习普通逻辑，应当知道真值表方法，并学会应用。

首先，应当学会列各种复合判断的真值表。比如，有下面这样一道试题：

请列出下列 A，B，C 三判断的真值表，并回答当 A，B，C 三判断恰为一真两假时,甲和乙是否考上大学。

A.如果甲考上大学,那么乙也考上大学。

B.乙考上大学,当且仅当甲考上大学。

C.如果甲考上大学,那么乙没有考上大学。

列 A,B,C 三判断的真值表,先要列出这三个复合判断的逻辑形式。用 p 表示:"甲考上大学";用 q 表示:"乙考上大学",上述三判断的逻辑形式可表示为:

A. p→q

B. p↔q

C. p→ ¬ q

列 A,B,C 三判断的真值表,要以《普通逻辑原理》教科书中所列的真值表(第 93 页至 106 页)为基本依据。

p	q	¬ q	p→q	p↔q	p→ ¬ q
T	T	F	T	T	F
T	F	T	F	F	T
F	T	F	T	F	T
F	F	T	T	T	T

这里,A 和 B 的真值表与教科书中的真值表是一样的。值得注意的是判断 C 的真值表,怎么列? 教科书中没有现成的答案。这就需要以充分条件假言判断和负判断的基本真值表为依据来进行计算。因为判断 C 的后件 ¬ q 为负判断,因此,先要列出 ¬ q 的真值表,负判断的基本真值表告诉我们,当原判断为真时,负判断为假;当原判断为假时,负判断为真。上述真值表中,q 的真值情况,从第一行到第四行分别是 T,F,T,F,因此, ¬ q 的真值情况应依次是 F,T,F,T。判断 C"p→ ¬ q"的真值情况,由前件"p"和后件" ¬ q"的真值情况来确定。根据充分条件假言判断的基本真值表,当前件为真而后件为假时,该充分条件假言判断为假,而在其他三种情况时,该充分条件假言判断均为真。上述真值表中的第一行,前件"p"为真,而后件" ¬

q"为假,所以,"p→￢q"为假,第二行至第四行,"p→￢q"均为真。

从上述的真值表,可以看到只有当"p"为真而"q"为假时,A,B,C三判断才符合"一真两假"的题设条件。由此可得,甲考上了大学,而乙没有考上大学。

第二,要学会用真值表方法判定复合判断间的真假关系。看下面这一试题:

列出 A,B 判断的真值表,并判定两者是否为矛盾关系。

A.如果小王是司机,那么小李也是司机。

B.如果小王是司机,那么小李不是司机。

用 p 表示:"小王是司机";q 表示:"小李是司机"。

A.p→q

B.p→￢q

列表如下:

p	q	￢q	p→q	p→￢q
T	T	F	T	F
T	F	T	F	T
F	T	F	T	T
F	F	T	T	T

由表可见,判断 A 和 B 为"不同假,可同真"的关系,所以,不是矛盾关系。

第三,还要学会用真值表方法判定一个复合判断推理是否形式有效。下面举两个实例。

1.如果这部文艺作品是优秀的文艺作品,那么它就会有艺术性;这部文艺作品没有艺术性,可见,这部文艺作品不是优秀的文艺作品。

请用真值表方法判定这一推理形式的有效性。

回答这一试题,第一步应当先将这一具体推理的逻辑形式列出来。

设 p 代表:"这部文艺作品是优秀的文艺作品";q 代表:"这部文

艺作品有艺术性",上面这一充分条件假言推理逻辑形式为:

如果 p 那么 q

非 q

所以,非 p

第二步,将推理式改换为蕴涵式,就是将前提(如果前提有两个或两个以上,则用合取联结词"∧"将这些前提联结起来成为联言式)作为前件,将结论作为后件,然后用蕴涵符号"→"将前后件联结起来,这样就构成了一个蕴涵式。然后用真值表方法判定它是否为永真蕴涵式。如果是永真蕴涵式,则表明它所对应的推理式是有效的;不然,就不是一个有效的推理式。

将上面那个推理形式表示为蕴涵式,就是:

$(p \rightarrow q) \land \neg q \rightarrow \neg p$

列表如下:

p	q	$\neg p$	$\neg q$	$p \rightarrow q$	$(p \rightarrow q) \land \neg q$	$(p \rightarrow q) \land \neg q \rightarrow \neg p$
T	T	F	F	T	F	T
T	F	F	T	F	F	T
F	T	T	F	T	F	T
F	F	T	T	T	T	T

由表可见,"$(p \rightarrow q) \land \neg q \rightarrow \neg p$"为永真蕴涵式,这说明"$p \rightarrow q$;$\neg q$;所以$\neg p$"这一推理形式是有效的。

2.李文或者是小说家,或者是散文家;他是小说家,所以,他不是散文家。

用真值表方法判定这一推理是否有效。

设 p 代表:"李文是小说家";q 代表:"李文是散文家",将上述推理式写成蕴涵式:

$(p \lor p) \land p \rightarrow \neg q$

列表如下：

P	q	¬q	p∨q	(p∨q)∧p	(p∨q)∧p→¬q
T	T	F	T	T	F
T	F	T	T	T	T
F	T	F	T	F	T
F	F	T	F	F	T

由表可见，"(p∨p)∧p→¬q"不是永真蕴涵式，这表明上面那个推理形式不是有效的。

三、分析题

分析题是普通逻辑考试中的重点题型之一。分析题是重点考核考生对于逻辑知识的理解和应用能力的题型。回答分析题，文字不在于多，而在于能否说清楚"为什么"。当然，并不是说每一道分析题都要回答"为什么"，比如单纯的结构分析题，不必回答"为什么"，但是，有关对错分析题，则是必须回答"为什么"的。下面举几个实例。

1.列出下列推理的形式结构，并分析是否有效。

人只有坚定才能出成就，他出了成就，所以，他是坚定的。

本题是一道考核考生是否具有从具体的推理抽象出它的逻辑形式以及是否能够理解和应用必要条件假言推理规则的能力的试题。正确的回答是：

上述推理的形式结构为：

$$p \leftarrow q$$

$$\frac{q}{\text{所以 } p}$$

写成横式："p←q，q，所以 p"（或者(p←q)∧q→p)也可以，此推理是有效的。因为这是一个必要条件假言推理，符合"肯定后件就要肯定前件"的推理规则。

2.以 P，M，S 为大、中、小项，排出下列三段论的格与式，并分析其是否有效。

有的科学家是劳动模范,有些劳动模范是有重大发明创造的,所以,有的科学家是有重大发明创造的。

本题是考核考生是否掌握了三段论的格与式以及一般规则的逻辑知识的试题。正确的回答是:

此三段论的格与式为:

  MIP
  <u>SIM </u>
  SIP

此三段论无效,因为它犯了"中项两次不周延"的错误(如果用三段论一般规则中的导出规则"两个特称前提不能推出结论"作为依据进行分析,或者用第一格的特殊规则"大前提应是全称的"作为依据进行分析,也都可以)。

答题时要注意的是三段论中的大、小前提的先后次序,试题中的三段论,小前提在先,大前提在后,在排三段论的格与式时,应作调整,整理成规范形式,其先后次序为:大前提、小前提、结论。

3.指出以下论证的论题、论证方式和论证方法。

党政领导干部必须提高科学文化水平。因为,如果党政领导干部不提高科学文化水平,他们所负责的各个部门的组织领导工作就不能适应新形势的需要,我国的"四化"事业就难以顺利地向前发展。

此论证中的论题为:党政领导干部必须提高科学文化水平。论证方式为:演绎论证。论证方法为:间接论证(答"反证法"也对)。

本题是有关论证的结构分析题,只要答出有关论证的组成要素就行了。

4.写出下列推理的形式结构,并分析其是否有效。

如果他基础好并且学习努力,那么他能取得好成绩;他没有取得好成绩;所以,他基础不好,学习也不努力。

此推理的形式结构为:$p \land q \rightarrow r$,$\neg r$,所以$\neg p \land \neg q$。此推理无效。因为其前提可推出"他基础不好或学习不努力"($\neg p \lor \neg q$),而由"$\neg p \lor \neg q$"推不出"$\neg p \land \neg q$"(他基础不好,学习也不努力)。

此题中的推理过程,可以分作两步,第一步是充分条件假言推理否定后件式,"他没有取得好成绩"是对假言前提的后件"他能取得好成绩"的否定,由此就可得出对前件的否定,即"并非'他基础好并且学习努力'",推理的这一步是有效的。"并非'他基础好并且学习努力'"等值于"他基础不好或学习不努力",但是,以"他基础不好或学习不努力"为前提,却推不出"他基础不好并且学习不努力"的结论。所以,第二步推理是无效的。因此,总的来说,此推理的前提推不出结论,所以,不是有效的。

5.以下列(1)、(2)两前提能否推演出结论(3)?并用符号表示这个推理步骤。

(1)如果这次春游或去九寨沟,或去小三峡,那么小王也要去,小李也要去。

(2)或者小王不要去,或者小李不要去。

(3)这次春游不去九寨沟。

本题是考核考生有关复合判断推理能力的试题,正确的回答是:由(1)、(2)两前提能推演出结论(3)。推理的步骤是:

(2)等值于(4)"并非'小王也要去,小李也要去'"。

根据充分条件假言推理的否定后件式,由(1)和(4),可得出(5)"并非'这次春游或去九寨沟,或去小三峡'"。

(5)等值于(6)"这次春游不去九寨沟,也不去小三峡"。

根据联言推理的分解式,由(6)可得出结论:这次春游不去九寨沟。

推理过程也可以用符号表示。设 p 表示"这次春游去九寨沟";q 表示"这次春游去小三峡";r 表示"小王要去";s 表示"小李要去",推理过程如下:

(1)$(p \lor q) \rightarrow r \land s$ 前提

(2)$\neg r \lor \neg s$ 前提

(3)￢(r∧s)	(2)等值
(4)￢(p∨q)	(1)、(3)否定后件
(5)￢p∧￢q	(4)等值
(6)￢p	(5)联言分解

所以,能得结论:这次春游不去九寨沟。

6. 对下列 A,B 两种意见,甲都赞成,乙都反对。试问:甲、乙两人的断定是否违反逻辑基本规律的要求? 为什么?

A. 老赵和老李都去珠海。

B.“如果老赵去珠海,那么老李也去珠海”这种说法不对。

本题的命题目的在于考核考生是否掌握了逻辑基本规律的要求以及复合判断之间的真假关系的知识。正确的回答是:甲的断定违反了矛盾律的要求,乙的断定不违反逻辑基本规律的要求。因为 A 与 B 这两种意见是不同真、可同假的反对关系。

这里解题的关键在于能否看清 A 与 B 这两种意见是反对关系。A 是一个联言判断;B 是充分条件假言判断的负判断,否定词后置,“这种说法不对”同“并非”一样,是对“如果老赵去珠海,那么老李也去珠海”这一充分条件假言判断的否定,它等值于“老赵去珠海,而老李不去珠海”,它与“老赵和老李都去珠海”不同真,可同假。

7. 试分析下列语句作为定义和划分有无错误? 为什么?

直言判断就是不含其他判断而只反映事物具有某种性质的判断,它可以分为肯定判断、否定判断、全称判断和特称判断。

本题是考核考生是否掌握定义和划分的有关规则的试题。正确的回答是:关于“直言判断”的定义是不正确的,因为它犯了“定义过窄”的错误。对“直言判断”的划分,也不正确,因为它犯了“子项相容”的错误(根据“每次划分必须按照同一标准进行”这一划分规则进行分析也可以,这一划分犯了“划分标准不同一”的错误)。

四、综合题

综合题是普通逻辑考试中的重点题型之一。综合题是重点考核考生对于逻辑知识的综合应用能力的题型。这里所说的逻辑知识的重点是有关性质判断的主谓项的外延关系、三段论、复合判断推理以及逻辑规律等方面的知识。这种题型难度较大，但是，只要平时多加练习，勤于思考，不断积累解题经验，提高解题技巧，那么，顺利地破解这类试题，获取满意的成绩，是完全可以做到的。下面举几个实例。

1. 设 A, B, C 分别为有效三段论的前提和结论, D 是与结论 C 相矛盾的性质判断, 试证: A, B, D 中肯定判断必是两个。

根据题设, A, B 为有效三段论的前提, 根据三段论的一般规则, A, B 的组合有且只有两种可能情况。一种情况为 A, B 两个前提均肯定; 另一种情况为一个肯定、一个否定。

如果 A, B 两前提均肯定, 那么结论 C 必肯定, D 与 C 相矛盾, 则 D 必为否定, 因此, A, B, D 中两个肯定。

如果 A, B 两前提一为肯定、一为否定, 那么结论 必为否定, D 与 C 相矛盾, 则 D 必为肯定, 因此, A, B, D 中也是两个肯定。

综上所述, 根据题设条件, 可证 A, B, D 中肯定判断必是两个。

正确地求解这一试题, 当然首先应当掌握三段论的一般规则, 其中"两个否定前提推不出结论"和"如果前提有一否定, 则结论否定; 如果结论否定, 则前提有一否定"这两条一般规则是必须掌握的。但是, 仅仅知道这两条一般规则, 还不一定就能顺利地破解这一试题。这里很重要的一点是解题方法的问题。能否找到恰当的解题方法, 是能否顺利地破解这一试题的关键所在。在求解上面这一试题时, 我们采用了"分情况证明法"。因为我们要证明的论题"A, B, D 中肯定判断必是两个", 是一个必然肯定模态判断, 要证明它, 必须考虑根据题设条件, A 和 B 两前提的组合究竟有多少种可能情况, 并证明在各种可能情况下, A, B, D 中肯定判断都是有两个。因此, 采用"分情况证明法"是恰当的方法。

2.A,B,C三人从政法大学毕业后,一个当上了律师,一个当上了法官,还有一个当上了检察官。但究竟谁担任什么司法工作,人们开始不清楚,于是作了如下猜测。

甲:A当上了律师,B当上了法官。

乙:A当上了法官,C当上了律师。

丙:A当上了检察官,B当上了律师。

后来证实,甲、乙、丙三人的猜测都是只对了一半。问:A,B,C各担任什么司法工作? 请写出推导过程。

假设"A当上律师"为真,则根据题意,甲的另一半猜测"B当上了法官"为假。如果假设成立,则乙的猜测中"A当上了法官"为假,而"C当上了律师"为真。这样A和C都当上了律师,而没有人当上法官,这与题意不符。所以,"A当上了律师"的假设不成立,即"A当上了律师"为假。

根据题意,甲的猜测中,"A当上了律师"为假,则"B当上了法官"为真。由此可知,"A当上了法官"为假。在乙的猜测中,前一半为假,则另一半"C当上了律师"为真。由此又可知"B当上了律师"为假。在丙的猜测中,后一半为假,则前一半"A当上了检察官"为真。

所以,A当上了检察官,B当上了法官,C当上了律师。

在求解此试题时,我们采用了假设演绎法。这也是一种很有用的解题方法。值得注意的是,要得出的结论不能作为假设引入解题过程之中。比如,有人假设"A当上了检察官"为真,则"A当上了律师"和"A当上了法官"为假,根据题意,可得"B当上了法官"为真,"C当上了律师"为真。所以,A当上了检察官,B当上了法官,C当上了律师。这一解题过程在逻辑上是不能成立的,因为"A当上了检察官为真",这是一种假设,也就是预期理由,因为"A当上了检察官"是否为真,并没有得到证明。不过,允许结论的否定作为假设前提引入推导过程之中。比如,我们假设"A当上了检察官"为假,根据题意,丙的猜测前一半为假,则另一半"B当上了律师"为真,由此可知"A当上了律师"为假。根据题意,甲的猜测中前一半为假,另一半"B当上了法官"为真。这样,B既当律师又当法官,这是不符合题意的。所以,"A当上了检察官"为假的假设,不成立,所以,"A当上了检察官"为真。这种证明方法,也叫间接证明法,或者叫做归谬证明法。这是一种很有用的证明方法。

3.已知:

(1)若甲和乙都参加自学考试,则丙不参加自学考试。

(2)只有乙参加自学考试,丁才参加自学考试。

(3)甲和丙都参加了自学考试。

问:丁是否参加了自学考试?请写出推导过程。

求解此类试题,能否迅速地找到正确的切入点是解题的一个关键。寻找切入点的方法很多,其中有一个方法,就是从结论入手,采用逆溯的思维方法。要知道丁是否参加自学考试,根据(2)应先知道乙是否参加了自学考试;而要知道乙是否参加自学考试,根据(1)又应先知道甲和丙是否参加自学考试;根据(3),我们已知甲和丙都参加了自学考试。这样,我们已经追溯到了推理过程的出发点,也就是整个推理过程的切入点,即从(3)入手。整个推理过程可表述如下:

根据联言推理分解式,由(3)可得(4)甲参加了自学考试,(5)丙参加了自学考试。

根据充分条件假言推理否定后件式,由(1)和(5)可得(6)并非甲和乙都参加自学考试。

(6)等值于(7)甲不参加自学考试或乙不参加自学考试。

根据相容选言推理否定肯定式,由(4)和(7)可得(8)乙不参加自学考试。

根据必要条件假言推理否定前件式,由(2)和(8)可得结论:丁不参加自学考试。

推理过程也可用符号表示:

设 p 表示"甲参加自学考试";q 表示"乙参加自学考试";r 表示"丙参加自学考试";s 表示"丁参加自学考试",推理过程如下:

(1)p∧q→¬r   前提

(2)q←s   前提

(3)p∧r   前提

(4)p   (3)联言分解

(5)r   (3)联言分解

(6)¬(p∧q)   (1)、(5)充分条件假言推理否定后件

(7)¬p∨¬q   (6)等值

(8)¬q   (4)、(7)选言推理否定肯定

(9)¬s   (2)、(8)必要条件假言推理否定前件

4.已知:

(1)A 真包含于 B。

(2)有 C 不是 B。

(3)若 C 不真包含 A,则 C 真包含于 A。

问:A 与 C 具有什么关系?请写出推导过程,并用欧勒图将 A,B,C 三个概念在外延上可能有的关系表示出来。

试题要求"写出推导过程",因此,求解试题,应当有意识地去构造有效推理。我们看到已知条件(3),这是一个充分条件假言判断,可以作为充分条件假言推理的前提之一,但是,要构成充分条件假言推理,还需要有一个前提,这个前提或者肯定假言前提的前件,即"C 不真包含 A",或者否定假言前提的后件,即并非"C 真包含于 A"。在已知条件中没有这样现成的前提。从已知条件(1)和(2)能否推得这样的"前提"(即中间结论)呢?(2)是一个性质判断,如果要构成三段论推理,还需要有一个性质判断,这个性质判断应当是全称肯定判断,并且与(2)中的特称否定判断有一个共同项。在已知条件中,没有这样现成的全称肯定判断。我们看到已知条件(1),它告诉我们 A 真包含于 B,根据全称肯定判断的真假与主谓项外延关系之间的对

应关系,从已知条件(1),可以得出"所有 A 都是 B",这正是我们所需要的全称肯定判断。由"所有 A 都是 B"和"有 C 不是 B"可得"有 C 不是 A",由此可得"并非 C 真包含于 A",它和已知条件(3)可构成充分条件假言推理否定后件式,所以结论是"C 真包含 A"。A,B,C 之间的外延关系有两种可能,如下图示。

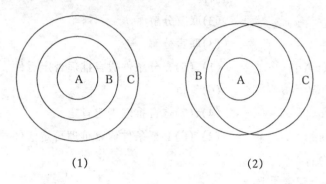

(1)   (2)

第二编

重点提要、难点解析
与题型例示

第一章 引 论

重点提要

本章的主要内容是普通逻辑的研究对象和学习普通逻辑的意义。重点应掌握以下问题:

一、思维形式

思维形式是指思维对客观世界的反映方式。概念、判断、推理是最基本的思维形式。其中概念是思维结构的基本组成要素,推理是由判断组成的思维形式。

二、思维的逻辑形式

思维的逻辑形式是本章的核心内容。它由两部分构成:逻辑常项和逻辑变项。逻辑常项是决定不同思维的逻辑形式的惟一标准。普通逻辑主要就是从不同方面研究各种不同的思维的逻辑形式。

三、学习普通逻辑的意义

学习普通逻辑的目的和意义在于发挥逻辑学的工具作用,做到在日常生活、学习和工作中自觉运用逻辑思维,避免犯各种逻辑错误。具体说来,有以下几点:

1.有助于正确地认识世界,获取新知识。

2.有助于准确、严密地表达思想。

3.有助于准确地识别各种逻辑错误,驳斥谬误,论证思想。

4.有助于更好地学习其他各门科学知识。

5.有助于提高办事效率。

难点解析

如何理解思维的逻辑形式,如何识别各种不同的思维的逻辑形式是本章的一个难点。下面就来分析这两个问题。

思维的逻辑形式是普通逻辑最重要的研究对象之一。任何思维都是由具体内容和逻辑形式构成的。思维的具体内容就是反映在概念、判断和推理中的特定对象及其属性,而思维的逻辑形式则是思维内容各部分之间的联系方式或形式结构。思维的具体内容是各门具体科学的研究对象,普通逻辑则主要研究思维的逻辑形式,或者说,普通逻辑是撇开思维的具体内容,从各类思维的逻辑形式方面来研究思维的。

概念是最基本的思维形式,是构成判断和推理的基本要素,而推理则是由判断构成的,推理的逻辑形式可以归结为构成推理的每一判断的逻辑形式。因此,我们以判断为例,通过判断的逻辑形式分析思维的逻辑形式的基本特征及其结构。考察下列判断:

(1)如果某事物是金属,那么该事物是导电的。

(2)如果天下雨,那么地就湿。

(3)如果没有生产力的发展,就没有社会的进步。

这三个判断的内容各不相同,但都有共同的形式结构"如果……那么……"。如果分别用 p_1, q_1, p_2, q_2, p_3, q_3 表示每个判断的具体内容,则上述判断的逻辑形式可分别表示为:

1)如果 p_1,那么 q_1。

2)如果 p_2,那么 q_2。

3)如果 p_3,那么 q_3。

思维的逻辑形式是由两部分构成的:一是逻辑常项,另一是逻辑变项。逻辑常项是指思维各部分内容之间的形式结构,是逻辑形式中固定不变的部分,如上述判断中的"如果……那么……"就是逻辑常项。逻辑变项是逻辑形式中可变的部分,可以代以不同的内容,如前述的 p_1, q_1, p_2, q_2, p_3, q_3 就是逻辑变项。对思维的逻辑形式来说,起决定作用的是逻辑常项,而不是逻辑变项。这就是说,变项不同而常项相同的逻辑形式属同一逻辑形式,而变项相同常项不同的逻辑形式属不同的逻辑形式。上述三个判断就是内容不同而逻辑形式相同的判断,其逻辑形式具有相同的常项,不同的变项。尽管思维的逻辑形式与思维的具体内容具有紧密的联系,但思维的逻辑形式又具有相对独立性。撇开具体内容去研究思维的逻辑形式不仅是可能的,而且也是十分必要的,它有助于我们更好地研究思维的规律,更好地发挥逻辑学的普遍应用性。普通逻辑着重研究两类判断:复合判断和简单判断中的性质判断。把复合判断分为联言判断、相容的选言判断、不相容的选言判断、充分条件假言判断、必要条件假言判断、充分必要条件假言判断和负判断,就是根据各种判断中不同的逻辑常项而划分的。这些逻辑常项在复合判断中称为联结词,分别是:并且($\land$),或者($\lor$),要么($\veebar$),如果……那么……($\rightarrow$),只有……才……($\leftarrow$),当且仅当($\leftrightarrow$)和并非($\neg$)。普通逻辑把性质判断分为全称肯定判断、全称否定判断、特称肯定判断和特称否定判断(单称判断作全称判断处理),也是按性质判断中不同的逻辑常项来划分的。这些逻辑常项即量项和联项是:所有……是……(A),所有……不是……(E),有些……是……(I)和有些……不是……(O)。不同的逻辑常项决定不同的逻辑形式,所以,性质判断的逻辑形式也可根据其逻辑常项简记为 A,E,I,O。普通逻辑还研究了模态判断。不同的模态判断也取决于不同的逻辑常项——作为模态判断标志的模态词"必然($\Box$)"和"可能($\Diamond$)"。

尽管普通逻辑在研究思维的逻辑形式时撇开了思维的具体内容,但与现代逻辑完全以符号化的形式研究逻辑形式不同,普通逻辑所研究的思维的逻辑形式通常是以自然语言(即日常语言)的形式出现的。同一逻辑形式的含义是确定的,但表达同一逻辑形式的自然语言形式却不是确定的,同一逻辑形式可以用不同的语言形式去表达。这就给确定不同思维的逻辑形式带来了一定的困难。例如,表达逻辑常项"$\land$"的语词通常有"并且"、"不但……而且……"、"既

……又……"等;表达"→"的语词通常有"如果……那么……"、"只要
……就……"、"若……则……"等;表达全称判断量项的语词有"所
有"、"一切"、"任何"、"凡是"等,表达"□"的语词有"必然"、"必定"、
"一定"等。

此外,在有些判断中,逻辑常项通常省略,例如"鱼目岂能混珠?"
就省略了逻辑常项。通常,要确定用复杂的语言形式表示的判断或
推理的逻辑形式,基本方法是:通过比较该判断和推理同已有的能准
确确定其逻辑形式的判断和推理在语言表达形式上的异同,识别出
该判断或推理的形式结构,找出其逻辑常项,如果省略了逻辑常项就
把逻辑常项补回来,最后得出其逻辑形式。

题型例示

一、填空题

在 $(p \rightarrow q \vee r)$ 中,逻辑常项是_____。在"并非所有金属都是
固体"中,逻辑常项是_____。

答:→,∨;并非,所有,都是。

二、写出下列判断的逻辑形式

1.当且仅当甲或乙获得第一名,丙和丁方能都出线。

答:逻辑形式是 $p \vee q \leftrightarrow r \wedge s$。其中 p 表示"甲获得第一名",q 表
示"乙获得第一名",r 表示"丙出线",s 表示"丁出线"。

2.人不犯我,我不犯人;人若犯我,我必犯人。

答:该判断可以理解为"如果人不犯我,那么我就不犯人;并且如
果人犯我,那么我必犯人"。其逻辑形式可表示为 $(\neg p \rightarrow \neg q) \wedge (p \rightarrow q)$。其中 p 表示"人犯我",q 表示"我犯人"。

三、写出下面推理的逻辑形式

　　　　汞是液体，

　　　　汞是金属，

　　　　所以，并非所有金属都不是液体。

　　答：该推理的逻辑形式是：

　　　　所有 M 是 P

　　　　所有 M 是 S

　　　　所以，并非所有 S 都不是 P

　　在表述一个推理的逻辑形式时，要求同一逻辑变项代表同一对象内容，这样才能显示出构成推理的各判断之间的逻辑联系，以确定推理是否有效。

第二章　概　念

重点提要

本章的主要内容是应用多种简单的逻辑方法去明确概念的内涵与外延。学习本章应着重掌握如下内容:

一、概念的内涵与外延

概念的内涵是反映在概念中的对象的特有属性或本质属性,通称概念的含义。概念的外延是指具有概念所反映的特有属性或本质属性的对象,通称概念的使用范围。

二、概念的种类

按照不同标准,可对概念进行不同分类。依概念所反映的对象是一个还是一个以上,可把概念分为单独概念和普遍概念;依概念所反映的对象是集合体还是非集合体,可把概念分为集合概念和非集合概念;依概念所反映的对象具有或不具有某种属性,可把概念分为正概念和负概念。前两种分类是需要着重掌握的。

三、概念间的关系

概念间的关系仅指概念外延间的关系,与内涵无关。

两个概念的外延至少有一个是重合的称为相容关系,否则就是全异关系。相容关系又分为全同关系、真包含关系、真包含于关系和交叉关系。全异关系又称为不相容关系。

真包含于第三个概念之中的两个概念之间的全异关系还可以进一步分为矛盾关系和反对关系 。

四、用欧勒图表示概念之间的关系

欧勒图可以非常直观有效地表达概念外延之间的关系。此外，欧勒图还可以表达性质判断主、谓项外延之间的关系，验证一个三段论是否有效。因此，必须熟练地掌握。

五、定义

定义是明确概念内涵的一种逻辑方法。最常用的定义方法是属加种差定义。此外，还有语词定义。相对于语词定义，属加种差定义又称为真实定义。

特别要注意掌握定义的规则，主要有以下几点：

1. 定义项与被定义项的外延应是全同关系；否则就会犯"定义过宽"或"定义过窄"的逻辑错误。

2. 定义项中不得直接或间接地包含被定义项；否则就会犯"同语反复"或"循环定义"的逻辑错误。

3. 定义项应是内涵与外延都很明确的概念，不得用比喻下定义；否则就会犯"定义含混"的逻辑错误。

六、划分

划分是依据某个标准，把一个概念所反映的对象分为若干个小类来揭示这个概念的外延的逻辑方法。

划分是由母项和子项两部分组成。母项与子项之间是属概念与种概念、类与分子的关系，在外延上是真包含关系。把母项分为若干子项的根据叫做划分标准。

划分可分为一次划分和连续划分。一次划分中还有一种特别的划分方法即二分法。

划分的规则有以下几点：

1. 每次划分的子项外延之和应恰好等于母项的外延；否则就会犯"划分不全"或"多出子项"的逻辑错误。

2.每次划分应按照同一标准进行;否则就会犯"划分标准不一"的逻辑错误。

3.划分的各子项外延的关系应是全异关系;否则就会犯"子项相容"的逻辑错误。

七、概念的限制与概括

概念的限制与概括的逻辑依据是概念内涵与外延之间的反变关系。应注意这种反变关系仅仅存在于具有属种关系的概念之间。

概念的限制是通过增加概念的内涵以缩小其外延来明确概念的一种逻辑方法。限制的极限是单独概念。

概念的概括是通过减少概念的内涵以扩大其外延来明确概念的一种逻辑方法。概括的极限是最大类的概念,叫范畴。

一个概念同其限制概念之间应是真包含关系,否则对该概念的限制就是错误的。一个概念同其概括概念之间应是真包含于关系,否则对该概念的概括就是错误的。

难点解析

一、如何确定一个概念是集合概念还是非集合概念

确定一个概念是否集合概念不仅是概念研究的重要问题,也是正确进行简单判断推理(尤其是三段论)的理论基础之一。下面对这一问题做一简要分析。

根据一个概念所反映的对象是否是集合体可把概念分为集合概念和非集合概念。集合概念就是反映集合体的概念,非集合概念就是反映非集合体的概念。所谓集合体,就是由许多个体组成的统一整体。集合体的性质不是组成它的个体的性质的简单相加。通常的情况是,许多个体组成一个统一集合体之后,会产生各个体都不具有的性质。也就是说,集合体所具有的性质并不必然为组成它的每一个体所具有,这是集合体的根本特征。例如,在"中国人是勤劳勇敢

的"这一判断中,概念"中国人"反映的就是一个集合体,它由一个个的中国人组成,但中国人具有的勤劳勇敢的性质并不必然为每一单个的中国人所具有,所以,这里的"中国人"就是一个集合概念。在考察一个概念是否集合概念时,需要区别两类关系:集合体与组成它的个体,类与组成类的分子。类是由许多性质相同的个体组成的综合体,是对同类个体共性的概括,组成类的个体又称为类的分子。例如,概念"城市"反映的就是一个类,它是对北京、上海、杭州等个体共同性质的概括,这些个体都属于"城市"这个类,因而是该类的分子。类与集合体的根本区别在于:凡是类所具有的性质必然为该类的每一分子所具有,而集合体的性质并不必然为组成该集合体的每一个体所具有。既然类与集合体存在根本区别,因此,若一个概念所反映的对象是一个类而不是集合体,则它必然不是集合概念。

非集合概念是与集合概念相对而言的。凡不是集合概念的概念,必然是非集合概念。判断一个概念是否集合概念还必须根据该概念所处的具体的语言环境,简称语境。在自然语言中,语词是有歧义的,同一语词在不同的语境可以表达不同的概念。例如,在"人是由古猿进化而来的"这一语句中,"人"表达的就是一个集合概念,而在"人是能思维的高等动物"这一语句中,"人"反映的是一个类,而不是集合体,因而是非集合概念。离开了具体的语境,抽象谈论任何一个语词表达的是集合概念还是非集合概念都是没有意义的。

二、集合概念、非集合概念与普遍概念、单独概念之间的关系是怎样的

上面这个问题可分为以下四个方面来加以讨论。

1. 集合概念与普遍概念是否相容。

2. 集合概念与单独概念是否相容。

3. 非集合概念与普遍概念是否相容。

4. 非集合概念与单独概念是否相容。

把概念分为集合概念与非集合概念是根据这个概念所反映的是

不是集合体。把概念分为普遍概念与单独概念，是根据这个概念反映的只是一个事物，还是由两个或两个以上的事物组成的类。两种分类的标准是不一样的。那么，二者之间的关系怎样？

首先，集合概念与单独概念是相容的。集合概念可以是一个单独概念，反之，单独概念也可以是一个集合概念。例如，在判断"人是由古猿进化而来的"这一语句中，主项"人"就是一个集合概念，因为只有把人作为一个集合体才具有"由古猿进化而来"的性质，而集合体的每个个体，即作为单个个体的人都不具有这种性质。同时，"人"又是一个单独概念，因为这里实际上断定的是"人类"由古猿进化而来，作为一个集合体的人类当然只有一个，不可能有两个或两个以上的人类。

其次，非集合概念与普遍概念是相容的。实际上，绝大多数的非集合概念都是普遍概念。例如，"人是一种能思维的高等动物"，其中的"人"和"高等动物"既是非集合概念，又是普遍概念。

再次，非集合概念与单独概念也是相容的。例如，"中国是一个文明古国"中的"中国"就既是非集合概念又是单独概念。

最后，只有集合概念与普遍概念是不相容的。这就是说，如果一个概念是集合概念，则它不可能是普遍概念；如果一个概念是普遍概念，则它也不可能是集合概念。为什么呢？第一，集合概念是反映集合体的概念，而普遍概念则是反映类的概念。集合体和类除了它们都是由同类事物构成以外，集合体总有一些属性不可能是构成它们的每一个分子都具有的；而类则要求构成它的每一个类分子都必须具有该类所具有的所有属性。这就决定了集合体和类是彼此排斥的。一个概念不可能同时反映彼此排斥的事物。所以，集合概念与普遍概念是不可能相容的。第二，再从实际情况来看，比如，有这样一个实例：在"先进的球队不等于没有后进的队员，所以，……"这句话中，"球队"这个概念是集合概念，它所反映的对象是指由一个一个的队员构成的集合体。这时，如果它同时也是普遍概念，那么，只有两种可能。其一，它指称的那个由一个一个的队员构成的集合体同时也是由那些队员组成的类。这是不可能的,上面已提到,集合体与类彼此排斥。其二,它指称的那个由一个一个的队员构成的集合体同时也是由一个一个的集合体组成的类。这也是不可能的,由一个一个队员构成的集合体与由一个一个集合体组成的类不是同一个事物,而是两个不同的事物。一个概念可以在不同环境中反映不同的事物(严格地说,在这种场合,不仅事物是两个,概念也是两个,仅仅是同一个语词而已。),但不可能在同一环境中反映不同的事物。

排除一个集合概念可以同时是一个普遍概念的所有可能,就是证明了一个集合概念不可能同时又是普遍概念。为什么有人认为一个集合概念可以同时是一个普遍概念呢? 这是把"只能任意指称某一个"与"可以同时指称每一个"混淆了,把这两个不同的概念当作同一个概念的缘故。

三、如何正确理解概念间的属种关系

概念间的属种关系是普通逻辑的一个重要理论。属种关系涉及到有关概念的以下内容:

1．内涵与外延之间的反变关系仅存在于具有属种关系的概念之间,而无属种关系的概念之间的内涵无所谓丰富与不丰富,外延无所谓大小。

2．普通逻辑所考察的概念之间的全异关系主要是矛盾关系和反对关系。而只有真包含于同一属概念的两个种概念之间,才会存在矛盾关系和反对关系。

3．属加种差定义是一种最常用的定义方法。对一个概念进行属加种差定义,最关键的就是找出这个概念的邻近的属概念和种差。

4．划分、分类、列举实质上是把一个概念的全部或部分种概念列出来。划分、分类、列举的母项与子项之间都必须是属种关系。否则就是错误的划分、分类或列举。

5．概念的限制与概括以概念内涵与外延之间的反变关系为逻辑依据。而概念的限制就是找出一个属概念的种概念,概念的概括

就是找出一个种概念的属概念。

因此，正确理解和识别概念间的属种关系是十分必要的。

概念间的属种关系是这样一种关系：种概念的外延必须全部包含在属概念的外延之中，而且只能成为属概念外延的一部分，属概念与种概念之间是真包含关系；而属概念的内涵则必须全部包含在种概念的内涵之中，而且只能成为种概念内涵的一部分。识别属种关系的基本方法当然是分析两个概念的外延之间和内涵之间的关系，看它们是否具有属种关系的特征。下面介绍一种比较实用的识别两个概念是否属种关系的经验方法——"是"字法。这种方法分为两步：

第一步，先用"是"字把要判定的两个概念 a 和 b 联结成两个判断"a 是 b"和"b 是 a"。

第二步，进行判别。

(1)如果两个判断中有一个而且只有一个正确，那么，待判定的两个概念之间的关系是属种关系。正确判断的主项位置上的概念是种概念，谓项位置上的概念是属概念。

(2)如果两个判断都正确，那么，这两个概念之间的关系不是属种关系而是同一关系。

(3)如果两个判断都不正确，那么，这两个概念之间的关系也不是属种关系。请看实例。

例1："学生"和"大学生"。

先用"是"字把这两个概念联结成如下两个不同的判断：

①学生是大学生。

②大学生是学生。

分析：

这两个判断中有而且只有一个判断正确，即②"大学生是学生"。所以，这两个概念之间的关系是属种关系。在正确判断的主项位置上的"大学生"是种概念，在谓项位置上的"学生"是属概念。

例2："大城市"和"上海"。

先构成如下判断：

①大城市是上海。

②上海是大城市。

分析：

这两个判断中有而且只有一个判断正确,即②。所以,是属种关系。"上海"是种概念,"大城市"是属概念。

例3:"鲁迅"和"《狂人日记》的作者"。

先构成如下判断：

①鲁迅是《狂人日记》的作者。

②《狂人日记》的作者是鲁迅。

分析：

两个判断都正确。所以,不是属种关系,而是同一关系。

例4:"鲁迅全集"和"祝福"。

先构成如下判断：

①鲁迅全集是《祝福》。

②《祝福》是鲁迅全集。

分析：

两个判断都不正确。所以,不是属种关系。"鲁迅全集"相对于"《祝福》"是一个集合概念。它们之间的关系反映的是集合体与构成集合体的个体之间的关系,在外延上是全异关系。

例5:"唯心主义"和"黑格尔"。

先构成如下判断：

①唯心主义是黑格尔。

②黑格尔是唯心主义。

分析：

两个判断都不正确。所以,不是属种关系。这两个概念之间的关系是非同一论域的全异关系。"唯心主义"的种概念应该是"黑格尔的唯心主义",而不是"黑格尔"。

四、划分时,违反"每次划分的标准必须同一"的规则是否必然违反"划分的子项应当互不相容"的规则,反之是否也是这样

一个正确的划分,除了要遵循"划分的子项外延之和必须恰好等于母项的外延"这一规则外,还需遵循以下两条规则:

1.每次划分的标准必须同一;否则,就要犯"划分标准不一"的逻辑错误。

2.划分的子项应当互不相容;否则,就要犯"划分的子项相容"的逻辑错误。

很多人认为,"划分标准不一"必然导致"划分的子项相容",反之亦然。前者是后者的充分必要条件。这实际上是不对的。

那么,违反"每次划分的标准必须同一",是否必然违反"划分的子项应当互不相容"呢?回答是肯定的。这是因为任何一个划分标准都不可避免地要给被划分的类中每一个类分子至少规定一种"身份"。如果同时采用一个以上的划分标准,类分子就具有多重"身份",各子项就不可能相互排斥。

下面是一个容易引起错觉的实例:

有人根据等角数目把三角形分成三等角三角形、两等角三角形和不等角三角形,同时又根据等边数目把三角形分成三等边三角形、两等边三角形和不等边三角形,最后,只列举出三等角三角形、两等角三角形和不等边三角形三个子项。这样,这个划分就成了: ·

三角形可分为三等角三角形、两等角三角形和不等边三角形。

这里是同时采用两个不同的划分标准,可是,划分子项仍然排斥,而且子项之和正好等于母项。然而,这是错觉。因为同时采用两个划分标准所得划分的结果应该是六个而不是只有三个子项。只要把六个子项全部列举出来,就不难看到子项之间不可能是相互排斥的。

反之,关于第二个问题,违反"划分的子项应当互不相容"是否必

然违反"每次划分的标准必须同一",回答是:一般是这样,但不是必然的。一个简单的实例是:某些商品的零售价格有时只规定,比如说,1公斤以上的1.50元/公斤;1公斤以下的1.00元/公斤。正好1公斤的怎么办? 没有具体规定。这一方面固然是犯了"子项不全"的逻辑错误,另一方面也是犯了"子项相容"的逻辑错误。因为正好1公斤重的价格没有规定可以理解成允许灵活处理,按两种价格中任意一种价格出售都行。这个实例一方面说明了当划分根据同一时,划分的子项并不一定不相容;另一方面也说明了划分子项不相容不一定是由划分标准不同引起的。

因此,"划分标准不一"仅仅是"划分子项相容"的充分条件,而不是必要条件。

题型例示

一、填空题

1. 如果两概念 a 和 b 在外延上是相容的,则 a 和 b 可能具有的外延关系是_____。

答:全同关系、真包含关系、真包含于关系、交叉关系。

2. 如果概念 a 和 b 是由概念 c 通过正确划分所得,则 a 和 b 的外延关系是_____。

答:矛盾关系。因为这是一个正确的划分,a 和 b 外延之和恰好等于 c 的外延,并且 a 和 b 是全异关系。

3. 对概念进行限制或概括的逻辑依据是_____。

答:概念内涵和外延之间的反变关系。

二、选择题

1. 下列简单逻辑方法中,用于揭示概念内涵的是(　　　)。

(1)概念的概括与限制。

(2)定义。

(3)划分。

(4)分类。

(5)列举。

答:(2)。

分析:

在简单的逻辑方法中,只有定义是用来揭示概念内涵的,其他的均用于明确概念的外延。

2.下列各组概念中,具有矛盾关系的是( )。

(1)集合概念与非集合概念。

(2)对一个概念进行二分法后所得的两个概念。

(3)概念间的相容关系与全异关系。

(4)演绎推理与归纳推理。

(5)必然性推理与或然性推理。

答:(1)、(2)、(3)、(5)。

分析:

选项(4)是反对关系,因为按照推理的思维过程,可把推理分为演绎推理、归纳推理和类比推理。

3.当"有些 a 是 b"为真时,a 与 b 在外延上可能具有的关系是( )。

(1)全同关系。

(2)a 真包含 b。

(3)a 真包含于 b。

(4)交叉关系。

(5)全异关系。

答:(1)、(2)、(3)、(4)。

分析:略。

4."划分的标准不一"是"划分的子项相容"的( )条件。

(1)充分。

(2)必要。

(3)充分必要。

(4)既非充分又非必要。

答:(1)。

分析:

"划分标准不一"仅是"划分的子项相容"的充分条件,而非必要条件或充分必要条件。一个划分,如果划分的标准不一,则必然会导致划分的子项相容,反之则不然。进一步的原因参见本章难点解析。

5.下列各题属于正确划分的是( )。

(1)思维的最基本形式分为概念、判断、推理。

(2)思维的逻辑形式分为逻辑常项和逻辑变项。

(3)定义分为定义项、定义联项和被定义项。

(4)判断分为模态判断和非模态判断。

(5)推理分为前提和结论。

答:(1)、(4)。

分析:

本题主要考查划分与分解的区别。划分是把属概念分为若干种概念,分解则是将一个整体分为若干部分,整体与部分之间是全异关系,而不是属种关系。本题只有(1)和(4)是正确的,它遵循了划分的三条规则。选项(2)、(3)、(5)都是分解。

6.下列对概念的限制与概括都正确的是( )。

(1)"逻辑学"限制为"普通逻辑",概括为"科学"。

(2)"无效推理"限制为"结论虚假的推理",概括为"推理"。

(3)"选言判断"限制为"相容的选言判断",概括为"复合判断"。

(4)"三段论"限制为"第一格三段论",概括为"演绎推理"。

(5)"求同求异并用法"限制为"求同法",概括为"探求因果联系的逻辑方法"。

答:(1)、(3)、(4)。

分析:

判定对一个概念的限制是否正确,就是要看这个概念是否真包含限制后的概念,若真包含,就是正确的,反之则是错误的。判定对一个概念的概括是否正确,就是要看这个概念是否真包含于概括后的概念,若真包含于,就是正确的,反之则是错误的。选项(2),"无效推理"与"结论虚假的推理"不是真包含关系,结论虚假的推理未必就是无效的推理,所以,限制错误。选项(5),"求同求异并用法"与"求同法"是探求因果联系的五种基本逻辑方法中不同的两种方法,两者是反对关系,而非真包含关系,所以,限制也是错误的。选项(1)、(3)、(4)都符合上述限制和概括的规则,是正确的。

三、图解题

用同一欧勒图表示下列用**黑体**标出的概念之间的外延关系。

划分由两部分构成,一是划分的母项,一是划分的子项。划分根据不同层次可分为**一次划分**和**连续划分**。而二分法属于一种特殊的一次划分,它是以对象有无某种属性为**划分标准**,把一个属概念分为一个正概念和一个负概念。

答:分别用 a,b,c,d,e,f,g 表示概念"划分","划分的母项","划分的子项","一次划分","连续划分","二分法"和"划分标准"。其外延关系可表示为:

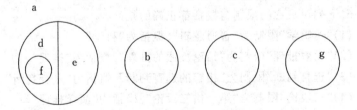

特别是,a 与 b,c,g 都不是真包含关系,而是全异关系。

2.已知 SAP 假,而 POS 真,请用欧勒图表示 S 与 P 之间的外延关系。

答:SAP 假等值于 SOP 真,即 SOP 与 POS 同真,则 S 与 P 的外延关系可以是交叉关系或全异关系。欧勒图示如下：

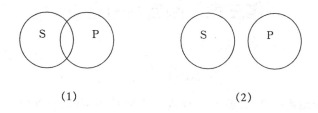

(1)　　　　　　　　　　(2)

四、分析题

判定下列各题是否有逻辑错误，如有，请指出。

1. 物质不灭，黄金是物质，所以，黄金不灭。

答：本题把"物质不灭"中的"物质"（集合概念）与"黄金是物质"中的"物质"（非集合概念）这两个不同的概念当作同一概念使用，犯了"混淆概念"的错误。

2. "划分"可定义为"划分就是把一个概念所反映的对象划分为若干小类，即把一个属概念划分为若干种概念的逻辑方法"。

答：这是一个错误的定义。因为在定义项中直接包含了被定义项"划分"，犯了"同语反复"的逻辑错误。

3. 有的人，包括工人、干部、知识分子、党员、国家公务员等，都应无一例外地遵守国家法令。

答：本题是一个错误的列举，犯了"列举标准不一"和"列举子项相容"的逻辑错误。

4. 只有学好了逻辑和数学，才能更有效地学习生物学、物理学、化学、经济学、哲学等自然科学。

答：把"经济学"、"哲学"概括为"自然科学"是错误的，"自然科学"与前两个概念均不是真包含关系（属种关系），而是全异关系。

第三章　判断(一)

重点提要

本章介绍简单判断,核心内容是性质判断,应重点掌握以下内容:

一、判断的定义及其两个基本特征

判断是对思维对象有所断定的思维形式。它的两个基本特征是:

1.判断对思维对象要有所断定,即要么肯定,要么否定,未置可否不是判断。

2.判断都有真假,即要么是真的,要么是假的,无所谓真假的不是判断。

二、判断的种类

按不同标准可对判断作不同的分类。

1.根据判断本身是否含有其他的判断,可把判断分为简单判断和复合判断。简单判断就是自身不包含其他判断的判断。其变项是概念(词项)。复合判断就是自身还包含有其他判断的判断,它是由简单判断通过一个或多个联结词构成的判断,其最基本的变项是简单判断。简单判断可进一步分为性质判断和关系判断。复合判断可进一步分为联言判断、相容的选言判断、不相容的选言判断、充分条件假言判断、必要条件假言判断、充分必要条件假言判断和负判断。

2.根据判断是否含有模态词,可把判断分为模态判断和非模态判断。相对于前者,非模态判断又称实然判断。

三、性质判断的定义、构成和种类

1. 性质判断是断定思维对象具有或不具有某种性质的判断。

2. 性质判断由四个部分构成:主项、谓项、联项和量项。

但在一些用日常语言表达的性质判断中,有些部分(主要是联项和量项)可能被省略,需要通过分析语句把省略的部分补回来。

3. 性质判断的种类。

按联项和量项的不同,性质判断可分为以下六种:

全称肯定判断。逻辑形式为:所有 S 都是 P,简称为 SAP 或 A。

全称否定判断。逻辑形式为:所有 S 都不是 P,简称为 SEP 或 E。

特称肯定判断。逻辑形式为:有些 S 是 P,简称为 SIP 或 I。

特称否定判断。逻辑形式为:有些 S 不是 P,简称为 SOP 或 O。

单称肯定判断。逻辑形式为:这个 S 是 P。

单称否定判断。逻辑形式为:这个 S 不是 P。

传统逻辑把单称判断当作全称判断处理。因此,单称肯定判断和单称否定判断的逻辑形式也可分别简记为 A 和 E。这样,性质判断共有 A,E,I,O 四种基本形式。

四、同一素材的四种基本性质判断之间的真假关系

同一素材的性质判断是指主项和谓项都分别相同的性质判断。同一素材的四种基本性质判断之间存在着固定不变的真假关系,传统逻辑又称为对当关系。这种关系可用下列"逻辑方阵"图表示:

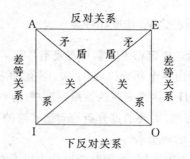

对当关系有以下四种：

1.矛盾关系。存在于 A 与 O ,E 与 I 之间。不可同真,也不可同假。

2.反对关系。存在于 A 与 E 之间。不可同真,可以同假。

3.下反对关系。存在于 I 与 O 之间。不可同假,可以同真。

4.差等关系。存在于 A 与 I,E 与 O 之间。全称判断真,特称判断必真;全称判断假,特称判断真假不定;特称判断真,全称判断真假不定 ;特称判断假,全称判断必假。

注意:在这个问题上,不可以把单称判断处理为全称判断。同一素材的单称肯定判断与单称否定判断之间是矛盾关系,而不是反对关系。

五、用欧勒图表示四种基本性质判断的真假

欧勒图可以直观地显示性质判断的真假。其方法是:用欧勒图表示出性质判断主项 S 和谓项 P 在外延上可能存在的全部五种关系,A,E,I,O 四种判断在这五种关系下,都有惟一确定的真假。如下表所示:

判断类型 \ S与P的外延关系（判断的真假）	$\bigcirc$ S P	$\bigcirc$ S⊃P	$\bigcirc$ P⊃S	S⋈P	S ○ P
A	真	真	假	假	假
E	假	假	假	假	真
I	真	真	真	真	假
O	假	假	真	真	真

　　这个表同时也证明,对当关系是成立的。例如,当 A 真(表格第二、三列)时,E 必假,I 必真,O 必假;当 A 假(表格第四、五、六列)时,E 真假不定,I 真假不定,而 O 必真。

六、性质判断主谓项的周延性

　　只有主、谓项才存在周延问题。如果一个性质判断的主项(或谓项)的全部外延都得到了形式上的断定,就称该主项(或谓项)是周延的,否则就是不周延的。

　　四种基本性质判断主谓项的周延性见下表:

判断类型 \ 词项（周延性）	主　项	谓　项
A	周　延	不周延
E	周　延	周　延
I	不周延	不周延
O	不周延	周　延

　　单称判断的主项都是周延的,普通逻辑正是在这个意义上把单

称判断作全称判断处理。

词项的周延性对简单判断推理是否有效往往具有决定意义,必须熟练掌握。

七、关系判断

应着重掌握关系的性质。普通逻辑主要介绍了关系的两种性质:对称性和传递性。

1. 对称性。

关系的对称性有三种情况:对称关系、反对称关系和非对称关系。

对特定领域中的任意对象 a 和 b,如果 a 和 b 具有关系 R,则 b 和 a 也具有关系 R,就称 R 是对称关系;如果 a 和 b 具有关系 R,则 b 和 a 一定不具有关系 R,就称 R 是反对称关系;如果 a 和 b 具有关系 R,则 b 和 a 可能具有关系 R,也可能不具有关系 R,就称 R 是非对称关系。

2. 传递性。

关系的传递性有三种情况:传递关系、反传递关系和非传递关系。

对特定领域中的任意对象 a,b 和 c,如果 a 和 b 有关系 R,并且 b 和 c 有关系 R,那么 a 和 c 必有关系 R,就称 R 是传递关系;若 a 和 c 一定没有关系 R,就称 R 是反传递关系;若 a 和 c 可能有也可能没有关系 R,就称 R 是非传递关系。

难点解析

一、如何判定一个性质判断属何种类型的性质判断

性质判断又叫直言判断,它是断定对象具有或不具有某种性质的判断。性质判断由主项、谓项、联项、量项所组成,联项常用"是"或"不是"表示,一般称为判断的质。

量项是表示判断中主项数量的概念,一般称为判断的"量"。按照判断质和量的不同,性质判断可分为如下六种:单称肯定判断、单称否定判断、特称肯定判断、特称否定判断、全称肯定判断、全称否定判断。那么如何才能正确判断一个性质判断属何种类型呢?我们来看下面的例题:

指出下列判断各属何种性质判断:

(1)任何逻辑难题都不是不可解答的。

(2)那个男孩挺英俊的。

(3)有的人是不善于交往的。

(4)款式新颖的服装受欢迎。

(5)占全世界人口四分之一的中国人民是勤劳勇敢的。

(6)难道《红楼梦》不是一部优秀的小说吗?

(7)没有一个产品是合格的。

正确回答上面的问题,以下几点是值得注意的:

第一,辨析不同的判断类型,其根据不在于判断的实际内容,而在于逻辑常项的不同。在性质判断中,逻辑常项就是联项和量项。因此,我们要根据联项和量项的不同来确定某一个性质判断属于哪一种。如果联项是"是",那么这个判断就是肯定的,如果联项是"不是",那么这个判断就是否定的;如果量项是用"所有"、"任何"等语词来表达的全称量项,则这个判断是全称的。如果量项是用"有"、"有的"、"有些"等语词来表达的特称量项,则这个判断是特称的。据此,我们就可以确定(1)是全称否定判断;(3)是特称肯定判断(注意(1)的联项是"不是";(3)的联项是"是")。

第二,单称判断的主项指称某一个单独的对象,它是一个单独概念。就语言表达方面说,表达单称判断主项的语词,可以是一个专用名词,如"鲁迅"、"杭州西湖"等等。也可以是一个摹状词(那些包含了数目序列,或最高程度限制词的,或包含了"这个"、"那个"等指示词的语词叫做摹状词),如"清朝的末代皇帝","最早使用的那一台电子计算机","那个姑娘"等等。因此,如果表达主项的语词是一个专用名词或摹状词,则这个判断为单称判断,否则不是。由此,我们可以确定(2)和(5)是单称肯定判断。这里要注意的是"占全世界人口四分之一的中国人民"是一个单独概念,因为"占全世界人口四分之一的中国人民"是一个统一的整体,也就是一个单独的实体,"勤劳勇敢的"这个属性属于作为整体的"中国人民"。

第三,在自然语言的表达中,量项和联项有被省略的现象。但是,特称量项的语词标志"有的"等不能省略,否定联项的语词标志"不"、"不是"等也不能省略。因此,可省略的逻辑常项只能是全称量项和肯定联项,据此,我们可断定(4)是全称肯定判断。

第四,由于自然语言表达的多样性,一个表达性质判断的语句不一定是"量项＋主项＋联项＋谓项"这样一种标准的结构,比如可能采用反问句的形式等等。碰到这种情况,我们先得进行逻辑的整理和加工,把它转换成标准的形式,然后再确定它的类型。比如(6)实际上可转换成"《红楼梦》是一部优秀的小说"这样一个陈述句;(7)可转换成"所有产品都不是合格的"这样一个陈述句。据此,我们可确定(6)是单称肯定判断;(7)是全称否定判断。

二、如何正确理解特称判断的量项的含义

在现代汉语中,用来表示特称量项的语词通常是"有"、"有的"、"有些",但普通逻辑的特称判断中的特称量项"有些"(或"有的")与我们日常用语中所说的"有些"是不同的。日常用语中,当我们讲"有些干部是青年人"时,往往意味着"有些干部不是青年人",而讲"有些干部不是青年人"时,也往往意味着"有些干部是青年人"。但是,作为特称量项的"有些",只是指:存在着(或者说"有")S是(或不是)P的情况,即是断定具有P的S的存在,但这种具有P的S究竟有多少,却未作断定。因此,特称量项"有些"是指"至少有一个",具体地说,它可以是"有一个",也可以是"有几个",乃至于可以是"全部"。因此,从逻辑上说,当我们断定了"有的干部是青年人"时,并不意味着同时断定了"有的干部不是青年人",反之亦然。我们决不能将特

·70·

称量项与日常用语中的"有些"的用法混同起来。

由于特称量项的含义有时不易掌握，所以我们换一种方式再来讨论"有些"（或"有的"）的含义。在日常生活中，老师与学生之间可能有这样的对话：

老师："你班有没有同学达到国家体育锻炼标准？"

学生："有。"

学生的回答"有"这一个词实际上表达了"我班有些（或有的）同学达到了国家体育锻炼标准"（"有的 S 是 P"）这样一个特称肯定判断。从师生两人的对话来看，某班学生中只要有一个人是"达标"的，学生的回答就是真的。如果某班学生中有些"达标"，而有些没有"达标"，这时学生的回答依然是真的，只有当某班没有一个学生"达标"时，学生的回答才是假的。可见，"有些"（或"有的"）所反映的数量是不确定的，少到只有一个，多到全体，都可适用。但"有些"（或"有的"）也有很确定的一面，即反映了的确至少存在着一个，或者说不是没有。"有的 S 是 P"反映了至少存在着一个东西，它既是 S 又是 P。"有的 S 不是 P"反映了至少有一个东西，它是 S 而不是 P。总之，"有些"的含义是"至少有一个"，或"至少存在着一个"。由于这个原因，特称判断又叫做存在判断。

三、如何正确理解和把握 A，E，I，O 之间的真假关系

A，E，I，O 之间的真假关系也就是传统逻辑中用逻辑方阵所表示的"对当关系"，它是指 A，E，I，O 四种判断，当其素材相同（即主项相同，谓项相同）时彼此在真假方面所必然存在的一种相互制约的关系。正确理解和把握这种关系，需注意如下几点：

第一，这里讲 A，E，I，O 之间的真假关系，其中 A，E，I，O 必须具有相同的素材，即这些判断中的主项和谓项必须分别是相同的。如："班里所有的学生都是年轻人"（A），"班里所有的学生都不是年轻人"（E），"班里有的学生是年轻人"（I），"班里有的学生不是年轻人"（O），这些都是主项、谓项分别相同，即具有相同素材的判断。假如

其中主项或谓项不相同，那么就不具有这种对当关系。例如，"所有学生是团员"（A），"所有学生都不是浙江人"（E），"有的学生抽香烟"（I），"有的学生不是三好学生"（O），这四个判断尽管也是 A，E，I，O，但它们之间显然就不具有上面所说的对当关系。

第二，根据对当关系，我们可以由一个判断的真假，推知同一素材的其他三个判断的真假。比如由"班里有的学生是美国人"这个 I 判断之假，我们就可推知与其同素材的 A 判断为假，E 判断为真，O 判断为真。同样，由"任何人都不是没有缺点的"这个 E 判断之真，我们就可推知与其同素材的 A 判断为假，I 判断为假，O 判断为真。这里由一个判断的真假推知其他三个判断的真假，实际上已经有了直接推理的性质。

第三，对当关系中所谓真假不定的情况，是对由一个判断的真假不能必然推出另一个判断的真或假的情况（如由 A 或 E 的"假"不能必然推出 E 或 A 的"真"；由 I 和 O 的"真"，不能必然推出 A 和 E 的"真"）而作的逻辑概括。例如，当 A 判断假时，E 判断可以是真的（例如，"所有人都是十全十美的"为假，"所有人都不是十全十美的"为真），也可以是假的（例如，"参加逻辑学自学考试的都是男青年"为假，"参加逻辑学自学考试的都不是男青年"也为假）。对这两种情况加以逻辑的概括，就只能说当 A 判断假时，E 判断真假不定。这里需要指出的是，判断之间的真假关系和两个具体判断在事实上的真或假，是不能混同的。例如，事实上，"基本粒子都是不可分的"（A）为假，而"基本粒子都不是不可分的"（E）为真。但这是根据具体科学知识来判定的。假如仅仅根据对当关系，那么并不能必然地由"基本粒子都是不可分的"为假，而推出"基本粒子都不是不可分的"为真，因为仅仅根据对当关系，由前一判断假，无法判定后一判断的真假。

这里要注意，关于对当关系，逻辑上所探讨的是：当 A，E，I，O 中的任一个，比如 A，当具有 A 形式的具体判断为真或为假时，具有其他三种形式的具体判断的真假情况如何。具有 A，E，I，O 形式的具体判断都是无穷多的,逻辑上总结的对当关系,要能概括无穷多的具体判断。比如,当 A 形式的具体判断为真时,具有 E 形式的具体判断,不管其具体内容如何多样,逻辑上能断定其必假;当 A 形式的具体判断为假时,具有 E 形式的具体判断有的为真,有的为假。至于某一个具有 E 形式的特定的具体判断,如"基本粒子不是不可分的",它的真假性自然是确定的,而不是不定的,但逻辑上只能判定它的可真性(或可假性),而不能判定其必真性(或必假性),最终判定其真假的是实践。

第四,A,E,I,O 之间真假关系的讨论,是建立在 S 类与 P 类都不空的假设上的。如果 S 类、P 类是空类,也就是说,如果主项 S 所反映的对象或者谓项 P 所反映的属性是不存在的,那么,A,E,I,O 之间的真假关系是不能成立的。比如,"有的鬼不是蓝眼睛的"(O)为假,根据下反对关系,"有的鬼是蓝眼睛的"(I)应当为真,但实际上后者仍然为假,这里的真假制约关系之所以不能成立,原因就在于"鬼"这个主项所反映的对象实际上是不存在的。同样道理,由"永动机不是英国人发明的"(E)为假,我们并不能根据矛盾关系而确定"有的永动机是英国人发明的"(I)为真。因为"永动机"这个概念所反映的对象也是不存在的。

四、如何理解性质判断中词项的周延性

周延性是指在性质判断中对主项、谓项外延数量的断定情况。如果在一个性质判断中,对它的主项(或谓项)的全部外延作了断定,那么这个性质判断的主项(或谓项)就是周延的;如果未对主项(或谓项)的全部外延作断定,或者说,只是对主项(或谓项)的至少部分外延作了断定,那么这个判断的主项(或谓项)就是不周延的。

为了更好地把握周延与不周延的确切含义,应注意下面两点:

第一,周延问题指的是在一个性质判断中,对其主项和谓项的外延数量的断定情况。因此,离开性质判断,就任何一个孤立的概念而言,是无所谓周延与否的。

第二,在一个性质判断中,主、谓项的周延问题所表示的仅仅是判断者对主项与谓项外延之间关系的一种认识,一种断定,而并不是直接表示主项和谓项所反映的对象本身在现实中实际存在的客观关系。因此,我们不能根据主项和谓项所反映的对象类之间的客观关系去判定判断中的项的周延情况。

基于这种认识,我们认为,由于全称判断的主项受到全称量词"所有"的约束,因而全称判断的主项都是周延的。否定判断"所有 S 都不是 P"同时断定了"所有 P 都不是 S","有些 S 不是 P"同时断定了"所有 P 都不是有些 S",因而否定判断的谓项都是周延的。

最容易引起误解的是肯定判断谓项的周延性。其实,肯定判断的谓项是不周延的,而且也根本不会有例外出现,即不存在一个谓项周延的肯定判断。因为在"所有 S 都是 P"中,仅仅断定 S 类的全部分子都是 P 类的分子,并没有断定"所有 P 都是 S",即没有断定 P 类的全部分子都是 S 类的分子。在"有些 S 是 P"中,也没有断定"所有 P 都是有些 S"。因此,肯定判断的谓项都不周延。

为什么有些人会认为肯定判断的谓项有时也是周延的呢?他们往往举出以下例子,例如肯定判断"偶数是能被 2 整除的数"和"有些人是科学家",认为其谓项"能被 2 整除的数"和"科学家"都是周延的。理由是"所有能被 2 整除的数都是偶数","所有科学家都是人"。这种分析实际上是错误的。因为在"偶数是能被 2 整除的数"这个判断中,就"偶数"和"能被 2 整除的数"这两个概念所反映的对象在现实中的实际关系来说,二者确实是相等的,但是,判断的项的周延性不是说这种对象之间的客观存在的关系问题,而是说人们在判断中对主谓项的外延的断定问题。就"偶数是能被 2 整除的数"这一判断而言,它所告诉我们的仍然是"偶数"的全部分子是包含在"能被 2 整除的数"之中,而并未同时断定后者的全部分子也包含在前者之中。因此,我们仍然只能说,其谓项"能被 2 整除的数"是不周延的。而当有人提出谓项周延时,他们所根据的事实上已经不是这一判断本身,而是根据别的判断。例如,由于他们根据具体知识的分析,已经确知该判断是一个定义,因而,他们所根据的事实上是下述这样一个判断:"不仅偶数是能被 2 整除的数,而且能被 2 整除的数是偶数。"(事实上,定义的判断形式正好是"S 是 P 而且 P 是 S",而不单纯是"S 是 P")。既然如此,当然可以说"能被 2 整除的数"是周延的,但这已经不是根据给定的原有判断,而是按另外的某个判断了,即根据"能被 2 整除的数是偶数"这一判断来进行分析了。同样,有的人之所以认定在"有些人是科学家"这一判断中谓项是周延的,也不是基于这一判断本身出发的,而是基于他们已经知道"所有科学家都是人"这一判断而提出的。所以,仅仅从给定判断本身来进行分析,根据我们给"周延"所下的定义,只能认为肯定判断的谓项是不周延的。

周延问题是一种断定问题,断定问题是主观方面的问题,但它以性质判断 S 与 P 的外延关系的客观情况为依据。以 A 为例,具有 A 形式的具体判断不管其具体内容如何千变万化,但就 S 与 P 的外延关系来说,不外乎两种情况,一是 S 对 P 是真包含于关系,P 对 S 是真包含关系,二是 S 与 P 是同一关系。二者的共同之处是在 S 与 P 的关系中 S 涉及全部外延,而 P 并不都涉及全部外延,而是涉及"至少部分"外延。因此我们断定"所有 S 是 P","至少有些 P 是 S",这一断定是符合客观实际的。我们说,A 的主项 S 周延,谓项 P 不周延,正是这个意思。

题型例示

一、填空题

1. 若 SAP 与 SEP 均假,则 S 与 P 可能具有的外延关系是_____;若 SIP 假,则 S 与 P 的外延关系是_____。

答:交叉或 S 真包含 P;全异关系。

分析:略。

2. 同一素材的"这个 S 是 P"与"这个 S 不是 P"之间的关系是_____。

答:矛盾关系。

分析:

"这个 S 是 P"与"这个 S 不是 P"是矛盾关系。在这个问题上,不能把单称判断当全称判断处理,否则就成了反对关系。

3．根据性质判断的对当关系,SEP 真,则 SOP 为＿＿＿＿,SAP为＿＿＿＿。

答:真;假。

分析:略。

4．如果一个性质判断的主项周延,谓项不周延,则这个性质判断的逻辑形式是＿＿＿＿。与之具有矛盾关系的判断的逻辑形式是＿＿＿＿。

答:SAP;SOP。

分析:

主项周延、谓项不周延的性质判断是全称肯定判断。

5．与"没有哪一种商品不是劳动产品"具有矛盾关系的判断的主谓项的周延情况是＿＿＿＿。

答:主项不周延,谓项周延。

分析:

"没有哪一种商品不是劳动产品"表达的是全称肯定判断"所有商品都是劳动产品",与之具有矛盾关系的判断是"有些商品不是劳动产品",故主项不周延、谓项周延。

6．从性质判断的类型来看,"人固有一死"属于＿＿＿＿,"人民群众是历史的创造者"属于＿＿＿＿,"中国历史上至少有一次农民起义取得了最终的胜利"属于＿＿＿＿。

答:全称肯定判断;单称肯定判断;特称肯定判断。

分析:

第一个判断中的"人"是一个普遍概念,故应是全称肯定判断。第二个判断中的"人民群众"是一个集合概念,故又是单独概念,属单称肯定判断。第三个判断准确地体现了特称判断量项"有些"的逻辑特征,是一特称肯定判断。

7. 断定一个判断是性质判断还是关系判断的标准是＿＿＿＿,断定一个判断是简单判断还是复合判断的标准是＿＿＿＿。

答:看这个判断是断定对象具有或不具有某种性质还是断定对象之间具有或不具有某种关系;看这个判断中是否包含有其他判断。

分析:略。

8. "张三尊敬他的老师",这个判断的关系项是＿＿＿＿。从关系的性质看,这个判断的关系项具有＿＿＿＿性。

答:尊敬;非对称,非传递。

分析:略。

二、选择题

1. 同一素材的性质判断具有(　　　　)。

(1) 相同的变项,相同的常项。

(2) 相同的变项,不同的常项。

(3) 不同的变项,相同的常项。

(4) 不同的变项,不同的常项。

答:(2)。

分析:

同一素材的性质判断就是指主项和谓项完全相同的性质判断,而主项和谓项就是性质判断的变项。素材相同的性质判断的量项有"有些"与"所有"的区分,联项有"是"与"不是"的区分,因而其常项是不同的,故选(2)。

2. 在概念外延的各种关系中,既具有对称性,又具有非传递性的是(　　　　)。

(1) 全同关系。

(2) 真包含关系。

(3) 真包含于关系。

(4) 交叉关系。

(5) 全异关系。

答:(4)、(5)。

分析:

概念间的全同关系具有对称性和传递性。真包含关系具有反对称性和传递性。真包含于关系也具有反对称性和传递性。交叉关系具有对称性和非传递性。当 a 和 b 具有交叉关系,b 和 c 具有交叉关系,a 和 c 可能具有交叉关系,也可能具有全同关系、真包含关系、真包含于关系或全异关系。全异关系具有对称性和非传递性,理由同上。故选(4)、(5)。本题是一个典型题,有助于正确理解概念外延间的关系。

3. 判断间的蕴涵关系,就其对称性和传递性看应是(　　　　)。

(1) 对称且传递。

(2) 对称但非传递。

(3) 非对称且非传递。

(4) 非对称但传递。

(5) 反对称且反传递。

答:(4)。

分析:

判断间的蕴涵关系具有非对称性。如果 p 蕴涵 q,那么 q 可能蕴涵 p,也可能不蕴涵 p。蕴涵关系同时具有传递性。如果 p 蕴涵 q,q 蕴涵 r,则 p 必蕴涵 r,这就是假言联锁推理。

4. 两个常项完全不同,但变项完全相同的性质判断之间的真假关系是(　　　　)。

(1) 可以同真,可以同假。

(2) 可以同真,不可同假。

(3) 不可同真,可以同假。

(4) 不可同真,不可同假。

(5) 无法确定。

答:(4)。

分析：

设其中一个性质判断是 SAP，则与之常项完全不同且变项完全相同的性质判断必是 SOP。反之亦然。二者之间是矛盾关系；设其中一个判断为 SEP，则与之常项完全不同且变项完全相同的判断必是 SIP。反之亦然。二者也是矛盾关系。均不可同真，不可同假。故选(4)。

5."A 和 B 具有反对关系"与"A 和 B 都是性质判断"，这两个判断的类型是(　　　　)。

(1) 前者是关系判断，后者是性质判断。

(2) 两者都是性质判断。

(3) 前者是关系判断，后者是联言判断。

(4) 前者是简单判断，后者是复合判断。

(5) 两者都是简单判断。

答：(3)、(4)。

分析：

第一个判断"A 和 B 具有反对关系"是断定 A 和 B 之间具有"反对关系"这种关系，因而是一关系判断，又是一简单判断。第二个判断是断定"A 是性质判断并且 B 是性质判断"，这是一个以两个性质判断为联言支的联言判断，也是一个复合判断。要特别区分开关系判断和以性质判断为联言支的联言判断。类似的例子如关系判断"A 和 B 是网球对手"和联言判断"A 和 B 是网球选手"。

6.当 S 真包含于 P 时，以 S 为主项，P 为谓项的性质判断的真假情况是(　　　　)。

(1) SAP 真而 SEP 假。

(2) SIP 真而 SOP 假。

(3) SIP 真且 SOP 真。

(4) SAP 真假不定而 SEP 假。

(5) SAP 真而 SEP 真假不定。

答：(1)、(2)。

分析：

解答此类题目可参阅本章重点提要的第五个问题：用欧勒图表示四种基本性质判断的真假。

7. SIP 与 SOP 不可同真并且不可同假时，S 与 P 可能具有的外延关系是（　　　　）。

(1) 全同关系。

(2) S 真包含 P。

(3) S 真包含于 P。

(4) 交叉关系。

(5) 全异关系。

答：(1)、(3)、(5)。

分析：

题设"SIP 与 SOP 不可同真，不可同假"意味着 SIP 与 SOP 有且仅有一个为真，有且仅有一个为假。可参阅重点提要的第五个问题：用欧勒图表示四种基本性质判断的真假。

8. 有些大于 0 且小于或等于 10 的整数不能被 a 整除。这一判断可理解为（　　　　）。

(1) 有些大于 0 且小于或等于 10 的整数能被 a 整除。

(2) 在大于 0 且小于或等于 10 的整数中，至少有一个不能被 a 整除。

(3) 并非所有大于 0 且小于或等于 10 的整数都能被 a 整除。

(4) 可能所有大于 0 且小于或等于 10 的整数都不能被 a 整除。

(5) 完全无法确定在大于 0 且小于或等于 10 的整数中，有几个不能被 a 整除，视 a 的具体情况而定。

答：(2)、(3)、(4)。

分析：

本题主要考查对特称判断量项"有些"的理解。说大于 0 且小于或等于 10 的整数有些不能被 a 整除，是说至少有一个整数(可能所有这一范围内的整数)不能被 a 整除，也就是说，并非这一范围内的整数都能被 a 整除,而绝不意味着有些整数能被 a 整除。故正确选项为(2)、(3)、(4)。

9.下列表达全称肯定判断或全称否定判断的是( )。

(1) 凡人皆有死。

(2) 所有甲班学生和所有乙班学生都是共青团员。

(3) 鱼目岂能混珠。

(4) 年年岁岁花相似,岁岁年年人不同。

(5) 没有一个正数不大于负数。

答:(1)、(3)。

分析:

本题主要考查能否从用复杂的语言形式表达的判断中准确地抽取出逻辑常项。逻辑常项是判定一个判断属何种判断的关键所在。容易判定,选项(1)是一个全称肯定判断。选项(2)是由两个全称肯定判断构成的联言判断,是一个复合判断,不合题意。选项(3)既可以化为一个全称肯定判断"所有鱼目都是不能混珠的",也可以化为一个全称否定判断"所有鱼目都不是能混珠的"。选项(4)也是一个由两个全称肯定判断构成的联言判断,但省略了联结词"并且"。选项(5)是一个关系判断。故正确的选项应是(1)、(3)。

10.下列性质判断中,主项周延、谓项不周延的是( )。

(1) 占世界人口四分之一的中国人是爱好和平的。

(2) 这本教材中的逻辑题都不是不可解的。

(3) 这个班并非所有的学生都是党员。

(4) 这架飞机上的乘客都是法国人。

(5) 张三是这支小分队的队员。

答:(1)、(4)、(5)。

分析:

选项(1)中,"占世界人口四分之一的中国人"是一个集合概念,因为单个中国人未必具有"爱好和平"的性质,所以,它又是一个单独概念,该判断主项周延、谓项不周延。选项(2)是一个 E 判断,主、谓项均周延。选项(3)可转化为"这个班有些学生不是党员",故主项不周延,谓项周延。选项(4)是一个 A 判断,主项周延,谓项不周延。选项(5)是一个单称肯定判断,主项周延,谓项不周延。故正确选项是(1)、(4)、(5)。

11."没有一个 S 是 P"与"没有一个 S 不是 P"之间具有( )。

(1) 矛盾关系。

(2) 等值关系。

(3) 反对关系。

(4) 下反对关系。

(5) 差等关系。

答:(3)。

分析:

"没有一个 S 是 P"意即"所有 S 都不是 P","没有一个 S 不是 P"意即"所有 S 都是 P"。所以,二者是 E 判断和 A 判断的关系,即反对关系。

三、判断题

根据对当关系,指出能驳斥下列判断的相应判断。

1．人的本性都是自私的。

2．没有一种金属是液体。

3．太阳系的有些行星不是沿椭圆轨道绕太阳运行的。

4．有些神学家是唯物主义者。

答:用一个判断 a 去驳斥另一个判断 b,就是说如果 a 是真的,则 b 一定是假的。在四种性质判断 A, E, I, O 中,驳斥 A 的判断有 E 和 O,驳斥 E 的判断有 A 和 I,驳斥 I 的判断只有 E,驳斥 O 的判断只有 A。

驳斥上述各题的性质判断可以是:

(1) 有些人的本性不是自私的。

(2) 有些金属是液体。

(3) 太阳系的所有行星都是沿椭圆轨道绕太阳运行的。

(4) 所有神学家都不是唯物主义者。

四、证明题

1. 在对当关系中,已知矛盾关系和差等关系成立,求证:反对关系也成立。

证明:

要证明反对关系成立,即是要证明 A 判断和 E 判断之间存在这种关系:A 真 E 必假,E 真 A 必假,A 假 E 真假不定,E 假 A 真假不定。

设 A 真,根据矛盾关系,O 必假,根据差等关系,E 必假。故 A 真 E 必假。同理可证 E 真 A 必假。设 A 假,根据矛盾关系,O 必真,根据差等关系,E 真假不定。同理可证,E 假则 A 真假不定。所以,反对关系成立。

2. 在对当关系中,已知矛盾关系和差等关系成立,求证:下反对关系也成立。

证明:

要证明下反对关系,就是要证明 I 判断和 O 判断之间存在这种关系:I 真则 O 真假不定,O 真则 I 真假不定,I 假则 O 必真,O 假则 I 必真。

设 I 真,根据矛盾关系,E 必假,根据差等关系,O 真假不定。同理可证,O 真则 I 真假不定。设 I 假,根据矛盾关系,E 必真,根据差等关系,O 必真。同理可证,O 假 I 必假。因此,下反对关系也成立。

第四章 判断(二)

重点提要

本章介绍复合判断和模态判断。应重点掌握各复合判断的逻辑形式、真值情况以及各种复合判断(及其负判断)之间的相互转化。

一、联言判断

1．定义：

联言判断就是断定两种或两种以上情况同时存在的判断。

2．逻辑形式：

最简单的联言判断(最简单的复合判断是指只含有一个联结词的复合判断)即由两个联言支构成的联言判断,其逻辑形式是"p并且q",用符号表示就是"$p \land q$"。

3．真值情况：

一个联言判断是真的,当且仅当它的每一联言支都取值为真。这一真值情况可通过以下真值表体现出来：

p	q	$p \land q$
T	T	T
T	F	F
F	T	F
F	F	F

该真值表可以作为对真值联结词"$\land$"的定义。

二、相容的选言判断

1．定义：

相容的选言判断就是断定两种或两种以上情况至少有一种存在的判断。

2．逻辑形式：

最简单的选言判断，即由两个选言支构成的选言判断，其逻辑形式为"p 或者 q"，用符号表示就是"p∨q"。

3．真值情况：

一个相容的选言判断是真的，当且仅当至少有一个选言支取值为真；或者说，一个相容的选言判断是假的，当且仅当它的每个选言支取值为假。这一真值情况可通过真值表显示如下：

p	q	p∨q
T	T	T
T	F	T
F	T	T
F	F	F

该真值表可作为对真值联结词"∨"的定义。

三、不相容的选言判断

1．定义：

不相容的选言判断是断定两种或两种以上的情况有且仅有一种存在的判断。

2．逻辑形式：

最简单的不相容的选言判断的逻辑形式是"要么 p，要么 q"，用符号表示为"p∨q"。

3．真值情况：

一个不相容的选言判断是真的，当且仅当其所有选言支中，有且仅有一个选言支取值为真。可用真值表表示为：

p	q	p∨̇q
T	T	F
T	F	T
F	T	T
F	F	F

该真值表也是对真值联言词"∨̇"的定义。

相容的选言判断和不相容的选言判断是选言判断的两种形式。

四、充分条件假言判断

1. 定义：

充分条件假言判断就是断定一个判断(p)是另一个判断(q)的充分条件的判断。其中 p 称为前件，q 称为后件。p 是 q 的充分条件是说有 p 必有 q，无 p 未必无 q。

2. 逻辑形式：

最简单的充分条件假言判断的逻辑形式是"如果 p，那么 q"，用符号表示就是"p→q"。

3. 真值情况：

一个充分条件假言判断是真的，当且仅当其前件假或后件真；或者说，一个充分条件假言判断是假的，当且仅当其前件真而后件假。用真值表表示如下：

p	q	p→q
T	T	T
T	F	F
F	T	T
F	F	T

该真值表也是对联结词"→"的定义。

五、必要条件假言判断

1.定义：

必要条件假言判断就是断定一个判断(p)是另一个判断(q)的必要条件的判断。p是q的必要条件是说无p必无q,有p未必有q。

2.逻辑形式：

最简单的必要条件假言判断的逻辑形式是"只有p,才q",用符号表示就是"p←q"。

3.真值情况：

一个必要条件假言判断是真的,当且仅当其前件真或后件假;或者说,一个必要条件假言判断是假的,当且仅当其前件假而后件真。其真值表为：

p	q	p←q
T	T	T
T	F	T
F	T	F
F	F	T

该真值表也是对"←"的定义。

六、充分必要条件假言判断

1.定义：

充分必要条件假言判断就是断定一个判断(p)是另一个判断(q)的充分必要条件的判断。p是q的充分必要条件是说有p必有q,无p必无q。

2.逻辑形式：

最简单的充分必要条件假言判断的逻辑形式是"p,当且仅当q",用符号表示就是"p↔q"。

3.真值情况：

一个充分必要条件假言判断是真的，当且仅当其前件与后件的取值相同，即同真或同假。其真值表为：

p	q	p↔q
T	T	T
T	F	F
F	T	F
F	F	T

该真值表也是对真值联结词"↔"的定义。

七、负判断

1. 定义：

负判断就是否定一个判断的判断。

2. 逻辑形式：

负判断的逻辑形式是被否定的判断的逻辑形式（设为"p"）前加上一个"并非"联结词，即"并非 p"，用符号表示就是"¬ p"。

3. 真值情况：

一个负判断是真的，当且仅当被否定的判断取值为假。也就是说，一个判断与其负判断的真值正好相反。

八、模态判断

1. 定义：

模态判断就是含有模态词"必然"或"可能"的判断。

2. 模态判断的种类及逻辑形式：

普通逻辑主要介绍了四种最基本的模态判断，它们是：

(1)必然肯定模态判断，逻辑形式为"必然 p"，符号为"□p"。

(2)必然否定模态判断，逻辑形式为"必然非 p"，符号为"□¬ p"。

(3)可能肯定模态判断，逻辑形式为"可能 p"，符号为"◇p"。

（4）可能否定模态判断,逻辑形式为"可能非 p",符号为"◇￢p"。

3．同一素材的模态判断之间的真假关系：

同一素材的模态判断之间的真假关系类似于同一素材的性质判断之间的真假关系。见下面的"逻辑方阵"图：

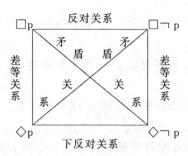

（1）□p 与◇￢p,□￢p 与◇p 之间均是矛盾关系。

（2）□p 与□￢p 之间是反对关系。

（3）◇p 与◇￢p 之间是下反对关系。

（4）□p 与◇p,□￢p 与 ◇￢p 之间均是差等关系。

九、负判断的等值判断及等值公式

一个判断的负判断的等值判断并不是惟一的(严格地说,是无限多的),这里仅介绍最常用的等值判断。

1．性质判断 A,E,I,O 的负判断的等值判断及等值公式：

（1）SAP 的负判断为并非 SAP,符号化为$\overline{SAP}$,与之等值的判断是 SOP ,其等值公式可记作$\overline{SAP}$↔SOP。

（2）SEP 的负判断为$\overline{SEP}$,$\overline{SEP}$↔SIP 。

（3）SIP 的负判断为$\overline{SIP}$,$\overline{SIP}$↔SEP。

（4）SOP 的负判断为$\overline{SOP}$,$\overline{SOP}$↔SAP。

2．复合判断的负判断的等值判断及等值公式：

（1）联言判断 p∧q 的负判断是 ￢(p∧q),￢(p∧q)↔(￢p∨

$\neg q$)。

(2) 相容的选言判断 $p \lor q$ 的负判断是 $\neg(p \lor q)$，$\neg(p \lor q) \leftrightarrow (\neg p \land \neg q)$。

(3) 不相容的选言判断 $p \veebar q$ 的负判断是 $\neg(p \veebar q)$，$\neg(p \veebar q) \leftrightarrow (p \land q) \lor (\neg p \land \neg q)$。

(4) 充分条件假言判断 $p \rightarrow q$ 的负判断是 $\neg(p \rightarrow q)$，$\neg(p \rightarrow q) \leftrightarrow (p \land \neg q)$。

(5) 必要条件假言判断 $p \leftarrow q$ 的负判断是 $\neg(p \leftarrow q)$，$\neg(p \leftarrow q) \leftrightarrow (\neg p \land q)$。

(6) 充分必要条件假言判断 $p \leftrightarrow q$ 的负判断是 $\neg(p \leftrightarrow q)$，$\neg(p \leftrightarrow q) \leftrightarrow (p \land \neg q) \lor (\neg p \land q)$。

(7) 负判断 $\neg p$ 的负判断是 $\neg \neg p$，$\neg \neg p \leftrightarrow p$。

3. 模态判断的负判断的等值判断及等值公式：

(1) $\square p$ 的负判断是 $\neg \square p$，$\neg \square p \leftrightarrow \diamondsuit \neg p$。

(2) $\square \neg p$ 的负判断是 $\neg \square \neg p$，$\neg \square \neg p \leftrightarrow \diamondsuit p$。

(3) $\diamondsuit p$ 的负判断是 $\neg \diamondsuit p$，$\neg \diamondsuit p \leftrightarrow \square \neg p$。

(4) $\diamondsuit \neg p$ 的负判断是 $\neg \diamondsuit \neg p$，$\neg \diamondsuit \neg p \leftrightarrow \square p$。

十、真值表的判定作用

真值表方法是普通逻辑最重要的研究方法之一。主要有以下作用：

1. 判定任一复合判断的逻辑值(或真值)：

即一个复合判断与构成该复合判断的每一个命题变项(命题变项是指构成复合判断的简单判断)之间的真假关系。

2. 判定两个判断(通常含有相同的命题变项)：

是否等值，是否为矛盾关系，是否为反对关系等。

难点解析

一、如何理解复合判断的联结词

联结词是复合判断中联结各支判断,表明各支判断之间的逻辑关系的概念。联结词具有以下的特点:

1.联结词是复合判断的标志,不同联结词决定不同的复合判断。

任何一个复合判断,无论它有多么复杂,都是由两部分构成,一部分是复合判断的支判断(简单判断),另一部分就是联结词。复合判断中联结词的多少决定了一个复合判断的复杂程度。支判断是构成复合判断的基本单位,是复合判断逻辑形式中的逻辑变项;联结词则联结各支判断,并使之具有一定的逻辑关系,是复合判断逻辑形式中的逻辑常项。不同的联结词决定了不同的复合判断。本章中的"并且(∧)"、"或者(∨)"、"要么……要么……(∨̇)"、"如果……那么……(→)"、"只有……才……(←)"、"当且仅当(↔)"、"并非(¬)"等就分别决定了联言判断、相容的选言判断、不相容的选言判断、充分条件假言判断、必要条件假言判断、充分必要条件假言判断、负判断等。

2.复合判断的联结词仅仅是"真值联结词"。

复合判断的联结词仅仅具有真值意义或逻辑意义,它是用来表示一个复合判断的真假与构成它的命题变项的真假之间的关系的一种逻辑符号。也就是说,一个复合判断的真假取决于它所包含的支判断的真假以及该复合判断的联结词。正是从这个意义上把联结词称为真值联结词。从根本上说,一个复合判断的真值取决于其中所含的联结词。联结词在普通逻辑中往往通过自然语言表达出来,例如,表达"∧"的"并且",表达"→"的"如果……那么……"。但要注意,用符号表示的真值联结词和用自然语言表达的联结词的含义是不完全相同的。一是用符号表示的真值联结词的含义是确定的,而用自然语言表达的联结词,不同的人对之可能有不同的理解。二是自然语言中的联结词所联结起来的两个支判断,一般要求它们之间具有内容上的某种联系,而用符号表示的真值联结词联结起来的支判断并不要求有具体内容上的任何关系,仅考虑支判断的真假。

那么,怎样看待普通逻辑中既用自然语言,又用符号语言表示的联结词? 正确的态度是:这两类联结词都是真值联结词,惟一不同的是表达方式不一样;用真值联结词联结起来的支判断未必有具体内容上的联系,真值联结词只具有逻辑意义。本章中的相关真值表就是对这些真值联结词的逻辑定义。

二、如何正确理解充分条件假言判断和必要条件假言判断的真值情况

充分条件假言判断的逻辑形式是"如果 p 那么 q"(也可写成"p→q"),它的真值情况是:只有当前件(p)真而后件(q)假时,它才是假的,其他的情况下都是真的。这也就是充分条件假言判断最基本的逻辑特征。其真值表为:

p	q	p→q
T	T	T
T	F	F
F	T	T
F	F	T

那么如何理解充分条件假言判断的真假情况呢?

首先我们可以从"充分条件"的定义出发来加以理解。"充分条件"(准确地说是"充分不必要条件")是说,如果有 p,则一定有 q;如果无 p 则可以有 q,也可以无 q;或者说,如果 p 真则 q 一定真;如果 p 假,则 q 可真可假。由充分条件的定义我们可以看出,在 p 真 q 真,p 假 q 真,p 假 q 假的情况下,"p→q"都可以是真的,但是,p 真 q 假时,"p→q"不能是真的,而只能是假的。充分条件说如果 p 真那么 q 一定是真的,当 p 真而 q 假,就与充分条件的定义相悖。

其次,我们还可以结合具体的例子来理解。比如,事实上一个人得了阑尾炎,那么他必然会肚子疼,由此人们作出"如果小李得了阑尾炎,那么他就会肚子疼"这样一个充分条件假言判断。如果客观上 p 确是 q 的充分条件,如阑尾炎是肚子疼的充分条件,那么,充分条件假言判断"如果一个人得了阑尾炎,那么他一定会肚子疼"是真的,也就是说,它不会出现"得了阑尾炎而肚子不疼"的情况。如果客观上 p 不是 q 的充分条件,如努力学习不是获得诺贝尔奖的充分条件,在这样的情况下,充分条件假言判断"如果一个人努力学习那么他一定会获得诺贝尔奖"是假的,因为会出现"努力学习而没有获得诺贝尔奖"的情况。

必要条件假言判断的逻辑形式是"只有 p 才 q"(也可写成"p ← q"),它的真假情况是:只有当前件(p)假而后件(q)真时,它才是假的,其他的情况下都是真的。这也就是必要条件假言判断最基本的逻辑特征。如何理解必要条件假言判断的真假情况,我们亦可以从"必要条件"的定义出发来加以理解,同时结合具体的实例来分析。

三、如何区分性质判断的负判断和性质判断中的否定判断

所谓负判断,就是对原判断本身进行否定而构成的复合判断。性质判断的负判断不是性质判断,而是一种复合判断。负判断与被否定的判断之间是矛盾关系,不可同真,不可同假。例如"所有天鹅都是白色的"的负判断是"并非所有天鹅都是白色的",该判断与"所有天鹅都是白色的"是矛盾关系。

性质判断中的否定判断与性质判断的负判断的主要区别在于:前者是否定对象具有某种性质的判断,是性质判断,属于简单判断。例如"任何人都不是完美无缺的",这是性质判断中的全称否定判断,它否定的是"任何人"具有"完美无缺"的性质。而性质判断的负判断则是对性质判断本身的否定,例如"并非任何人都是完美无缺的",就是对"任何人都是完美无缺的"这一性质判断的否定,而不是对"任何

人"具有"完美无缺"的性质的否定。

把握性质判断的负判断和性质判断中的否定判断,关键是要懂得:

1. $\overline{SAP}$不等值于 SEP。

2. $\overline{SEP}$不等值于 SAP。

3. $\overline{SIP}$不等值于 SOP。

4. $\overline{SOP}$不等值于 SIP。

四、怎样把握与复合判断的负判断相等值的判断

最常见的复合判断的负判断是相容的选言判断的负判断、联言判断的负判断和三种假言判断的负判断。它们的形式分别是:

1. $\neg(p \lor q)$。

2. $\neg(p \land q)$。

3. $\neg(p \to q)$。

4. $\neg(p \leftarrow q)$。

5. $\neg(p \leftrightarrow q)$。

那么怎样来把握与这些复合判断的负判断相等值的判断呢? 我们可以借助于这些复合判断的真值表来加以把握。它们的真值表如下:

p	q	p∧q	p∨q	p→q	p←q	p↔q
T	T	T	T	T	T	T
T	F	F	T	F	T	F
F	T	F	T	T	F	F
F	F	F	F	T	T	T

我们先看 $\neg(p \lor q)$ 等值于什么。$\neg(p \lor q)$ 的意思就是说,$p \lor q$ 这个相容的选言判断为假,$p \lor q$ 为假,在真值表上是最后一行,在 $p \lor q$ 为假时,真值表上 p,q 的真假情况怎样呢? 一看就清楚,这时,p 是假的(可用 $\neg p$ 表示),同时,q 也是假的(可用 $\neg q$ 表示),所以我们可得:$\neg(p \lor q) \leftrightarrow (\neg p \land \neg q)$,这是一条德摩根定律,叫做否定选

· 94 ·

言得联言。这里要注意,¬(p∨q)决不等值于(¬p∨¬q),这一点我们可借助于真值表来加以证明。

p	q	¬p	¬q	p∨q	¬(p∨q)	¬p∧¬q	¬p∨¬q
T	T	F	F	T	F	F	F
T	F	F	T	T	F	F	T
F	T	T	F	T	F	F	T
F	F	T	T	F	T	T	T

从表上可见,¬(p∨q)等值于¬p∧¬q,但不等值于¬p∨¬q。比如,"并非他或者会写报告文学或者会写电影剧本"等值于"他既不会写报告文学又不会写电影剧本",但不等值于"他或者不会写报告文学或者不会写电影剧本"。

我们再看¬(p∧q)等值于什么?¬(p∧q)的意思就是说 p∧q 这个联言判断是假的,p∧q 为假,在真值表上是第2,3,4行,这时 p,q 的真假情况有三种可能:p真q假,p假q真,p假q假,概括起来说就是p,q至少有一为假(即p假或q假),因此,我们可得:¬(p∧q)↔(¬p∨¬q),这也是一条德摩根定律,叫做否定联言得选言。这里要注意¬(p∧q)不等值于¬p∧¬q(读者可以用真值表证明)。比如:"并不是他既会下象棋又会打桥牌"等值于"他或者不会下象棋或者不会打桥牌",而不等值于"他既不会下象棋也不会打桥牌"。

那么¬(p→q)等值于什么呢?借助于真值表很容易看出,¬(p→q)即(p→q)为假时,真值表上是第二行,这时,p,q的真假情况怎样呢?p真(即p)而且q假(即¬q)。所以,¬(p→q)↔(p∧¬q)。可以用另一种方法求¬(p→q)的等值判断。从p→q的真值表看,p为假(即¬p)或q为真时,p→q取值为真。所以,(p→q)↔¬p∨q,这就是蕴析律(即蕴涵式与析取式之间相互转换的定律)。基于此,¬(p→q)(即 p→q 为假)也就是¬p∨q 为假,即¬(¬p∨q),根据德摩根定律,¬(¬p∨q)↔(p∧¬q),因此,¬(p→q)↔(p∧¬q)。例如"并非如果一个人有丰富的想象力,那么就一定能创作出非常成功的文学作品"等值于"一个人有丰富的想象力,但不一定能创作出非常成功的文学作品"。

借助于真值表,根据同样的道理,我们还可以得到如下两个等值式:

$$\neg(p \leftarrow q) \leftrightarrow (\neg p \wedge q)$$

$$\neg(p \leftrightarrow q) \leftrightarrow (p \wedge \neg q) \vee (\neg p \wedge q)$$

请读者用真值表方法证明之,并自行举例说明这两个等值式。

这里值得注意的是,在具体解题的过程中,往往需要把有关性质判断负判断的等值式的知识与复合判断负判断的等值式的知识综合运用,因此,这时候我们就需全面考虑,不能忽略任何一个方面。

比如,有这样一个试题:写出与"并不是所有的'电大'学生都或者看过《红楼梦》,或者看过《水浒传》,或者看过《三国演义》"这一判断相等值的判断。

有的考生说该判断的等值判断是:"所有的'电大'学生都没看过《红楼梦》,并且没看过《水浒传》,并且没看过《三国演义》。"这个回答是不正确的。因为他们仅仅注意到了否定选言应得联言,而没有注意到否定全称应得特称。

有的考生则说该判断的等值判断是"有的'电大'学生没看过《红楼梦》,或者没看过《水浒传》,或者没看过《三国演义》。"这个回答同样是不正确的。因为他们仅仅注意到了否定全称应得特称,但没有注意到否定选言应得联言。正确的回答应该是:与原判断相等值的判断是"有的'电大'学生没看过《红楼梦》,并且没看过《水浒传》,并且也没有看过《三国演义》"。

五、如何正确理解模态判断之间的对当关系

模态判断可分成四种:必然肯定判断(必然 p),必然否定判断(必然非 p),可能肯定判断(可能 p),可能否定判断(可能非 p)。

"必然 p"为真,当且仅当在所有可能情况下 p 都真。如果 p 代表"或者 A,或者非 A",它就必然真。"可能 p"为真,当且仅当至少有的可能情况下 p 为真。如 p 代表"或者 A 或者 B",它就可能真。"必

然非 p"为真,当且仅当在所有的可能情况下,p 都假,如 p 代表"A 并且非 A"。"可能非 p"为真,当且仅当至少有的可能情况下 p 为假,如 p 代表"或者 A 或者 B"。

必然 p,必然非 p,可能 p,可能非 p,这四种模态判断之间存在着一种相互制约的真假关系。而这种真假关系正好与 A,E,I,O 四种性质判断在逻辑方阵中所表示的对当关系是一致的。因此,我们也可以用一个正方图形来表示它们之间的真假关系,这就是所谓模态判断间的对当关系。正如 A 和 O 的关系一样,必然 p 和可能非 p 也是必有一真必有一假的矛盾关系,正如 E 和 I 的关系一样,必然非 p 和可能 p 也是必有一真必有一假的矛盾关系。正如 A 和 E 的关系一样,必然 p 和必然非 p 是不能同真、但可同假的反对关系;正如 I 和 O 的关系一样,可能 p 和可能非 p 是不能同假、但可同真的下反对关系;同样,正如 A 和 I,E 和 O 的关系一样,必然 p 和可能 p,必然非 p 和可能非 p 之间都是差等关系。

因此,只要我们理解了性质判断之间的对当关系,并记住模态判断之间的对当关系与性质判断之间的对当关系的某种对应情况,那么正确地理解和把握模态判断之间的对当关系是不会有什么困难的。

比如,若我们知道"明天必然下雨"(必然 p)为真,则根据模态判断间的对当关系,就可推知"明天必然不下雨"(必然非 p)为假,"明天可能下雨"(可能 p)为真,"明天可能不下雨"(可能非 p)为假。又比如,如果我们知道"这个生产计划可能完不成"(可能非 p)为假,则可推知"这个生产计划必然完成"(必然 p)为真,"这个生产计划必然完不成"(必然非 p)为假,"这个生产计划可能完成"(可能 p)为真。

这里尤其值得重视的是,根据模态对当关系中的矛盾关系和负判断与原判断之间所具有的矛盾关系,我们可以得到如下四个等值式:

1."并非可能 p"等值于"必然非 p"。比如,"并非明天晚上他可能会去看电影"等值于"明天晚上他必然不会去看电影"。

2．"并非必然非 p"等值于"可能 p"。比如，"并非第一生产小组的生产任务必然完不成"等值于"第一生产小组的生产任务可能完得成"。

3．"并非必然 p"等值于"可能非 p"。比如，"并非某系排球队必然获得本届校运会的冠军"等值于"某系排球队可能不能获得本届校运会的冠军"。

4．"并非可能非 p"等值于"必然 p"。比如，"并非李老师可能没有读过《水浒传》"等值于"李老师必然读过《水浒传》"。

上述四种等值关系,总结起来就是:否定"必然"得"可能",否定"可能"得"必然"。"不必然"等值于"可能不","不可能"等值于"必然不"。

六、如何正确理解矛盾关系和反对关系

在两个判断之间,如果一个真则另一个必假,如果一个假则另一个必真,这种既不能同真,也不能同假(其中必是一真一假)的关系,逻辑上叫做矛盾关系。A 与 O 之间的关系,E 与 I 之间的关系是人们常见的矛盾关系。那么矛盾关系是否仅指 A 与 O,E 与 I 之间的关系呢? 回答是否定的。除了 A 与 O,E 与 I 之间的关系之外,性质判断之间的矛盾关系还包括同素材的单称肯定判断与单称否定判断之间的关系。比如,"莎士比亚是英国人"与"莎士比亚不是英国人"这两个判断之间就是必有一真、必有一假的矛盾关系。

复合判断之间的矛盾关系常见的有如下几对:

1．"p 或 q"与"非 p 且非 q"。比如,"杨老师或者懂德语或者懂法语"(p 或 q)与"杨老师既不懂德语又不懂法语"(非 p 且非 q)。

2．"p 且 q"与"非 p 或非 q"。比如,"这架录音机价廉物美"(p 且 q)与"这架录音机或者价不廉或者物不美"(非 p 或者非 q)。

3．"如果 p 则 q"与"p 且非 q"。比如,"如果他得了阑尾炎,那么他就会肚子疼"(如果 p 则 q)与"他得了阑尾炎但肚子没疼"(p 且非 q)。

4."只有p才q"与"非p且q"。比如,"一个人只有上了高考分数线,才能被高校录取"(只有p才q)与"一个人没上高考分数线,但也能被高校录取"(非p且q)。

5."当且仅当p,才q"与"(p且非q)或(非p且q)"。比如,"当且仅当他是文科学生,才看过《红楼梦》"(p↔q),与"他是文科学生,但他没看过《红楼梦》,或者他不是文科学生,但看过《红楼梦》"((p且非q)或(非p且q))。

很显然,"p"与"并非p","p且q"与"并非(p且q)"。"非p或q"与"并非(非p或q)","如果p那么q"与"并非如果p那么q"等等都是矛盾关系。

模态判断之间的矛盾关系(我们这里仅限于《普通逻辑原理》教材的范围)有如下几对:

(1)必然肯定判断(必然p)与可能否定判断(可能非p)。比如,"今年某地的棉花生产必然会获得好收成"(必然p)与"今年某地的棉花生产可能不会获得好收成"(可能非p)。

(2)必然否定判断(必然非p)与可能肯定判断(可能p)。比如,"某厂第一季度的生产任务必然不会超额完成"(必然非p)与"某厂第一季度的生产任务可能会超额完成"(可能p)。

在两个判断之间,如果一个真则另一个必假;一个假则另一个真假不定,这种两个判断之间不能同真,但可同假的关系,逻辑上叫做反对关系。A与E之间的关系是我们常见的反对关系,那么,反对关系是否仅指A与E的关系呢?回答同样是否定的。除了A与E的关系之外,主项相同,谓项为反对关系的两个单称肯定判断,也可以构成反对关系。比如,"某单位的工作人员小李是党员"与"某单位的工作人员小李是团员"。

复合判断之间的反对关系最常见的一对是"p且q"与"非p且非q"。例如:"王老师既会唱歌又会跳舞"(p且q)与"王老师既不会唱歌又不会跳舞"(非p且非q)。但是"p或q"与"非p或非q"之间不是可以同假而不可同真的反对关系,而是可同真而不同假的下反对关系,有兴趣的读者可以用真值表方法加以判明。

模态判断之间的反对关系(仅限于《普通逻辑原理》教材的范围)
是:必然肯定判断(必然 p)与必然否定判断(必然非 p)。比如,"天真
活泼的小玲玲高中毕业后必然能考上大学"(必然 p)与"天真活泼的
小玲玲高中毕业后必然不能考上大学"(必然非 p)。

但可能肯定判断(可能 p)与可能否定判断(可能非 p)不是不能
同真、可以同假的反对关系,而是不能同假、可以同真的下反对关系。
比如,"明天可能天气转晴"(可能 p)与"明天可能天气不会转晴"(可
能非 p)就是不能同假、但可同真的下反对关系。

题型例示

一、填空题

1.已知 p∨q 取值为假,则¬p∨¬q 的取值为_____,¬p∧¬
q 取值为_____,p→q 取值为_____,¬p↔¬q 取值为_____。

答: 真、真、真、真。

分析:

p∨q 取值为假,则 p, q 均取值为假。把 p, q 的值代入每个判
断,即可求出该判断的真值。

2.已知¬□¬p 取值为真,则□p 取值为_____,◇p 取值为
_____,◇¬p 取值为_____。

答:真假不定、真、真假不定。

分析:

¬□¬p 的取值为真,则□¬p 取值为假。根据模态判断之间
的对当关系,即可求得□p,◇p,◇¬p 的值。

3.与¬p→¬q 等值的必要条件假言判断是_____。

答:¬q←¬p 或 p←q。

分析:

本题涉及到充分条件假言判断与必要条件假言判断之间的等值

· 100 ·

转换,转换公式为:$(p \rightarrow q) \leftrightarrow (q \leftarrow p)$;$(p \rightarrow q) \leftrightarrow (\neg p \leftarrow \neg q)$。

4.一个必要条件假言判断是假的,当且仅当其前件取值为_____,后件取值为_____。一个充分条件假言判断是真的,当且仅当其前件取值为_____或者后件取值为_____。

答:假、真;假、真。

分析:略。

5.与"没有一个学生没通过这次逻辑学考试"的负判断等值的判断是_____。

答:有些学生没通过这次逻辑学考试。

分析:

"没有一个学生没通过这次逻辑学考试"表达的是一个 A 判断,即"所有的学生都通过了这次逻辑学考试"。并非 SAP 等值于 SOP。

6.与"并非如果所有的 S 都是 P,那么,所有的 P 都是 S"相等值的联言判断是_____。

答:所有的 S 都是 P,但有些 P 不是 S。

分析:

与"并非如果所有的 S 都是 P,那么所有的 P 都是 S"等值的联言判断为"所有的 S 都是 P,但并非所有 P 都是 S",该判断又等值于"所有的 S 都是 P,但有些 P 不是 S"。

7."并非不努力学习而能取得好成绩",若将这一判断转化为充分条件假言判断,可表达为_____;若将它转化为必要条件假言判断,可表述为_____;若将它转化为选言判断,则可表述为_____。

答:如果不努力学习,就不能取得好成绩;只有努力学习,才能取得好成绩;或者努力学习,或者不能取得好成绩。

分析:略。

8."有些人是长生不老的"的负判断是_____,与之相等值的判断是_____。

答:并非有些人是长生不老的;所有人都不是长生不老的。

分析:略。

9.如果￢p∨q取值为真,则￢q是￢p的_____条件(充分、必要、充分必要或既非充分又非必要)。

答:充分。

分析:

￢p∨q取值为真,则p→q取值为真,则￢q→￢p取值为真,故￢q是￢p的充分 条件。

10.从等值关系、矛盾关系、反对关系、下反对关系看,$\overline{SAP}$与$\overline{SEP}$之间具有_____关系,￢p∨q与p∧￢q之间具有_____关系,￢(p→q)与p∧￢q之间具有_____关系,p∧q与p∧￢q之间具有_____关系。

答:下反对、矛盾、等值、反对。

分析:

$\overline{SAP}$与$\overline{SEP}$分别等值于 SIP 和 SOP。故二者是下反对关系。复合判断之间的关系可依据其真值表,再根据等值、矛盾、反对关系的定义求得。

二、选择题

1. 正确表示"所有 S 都是 P"(用 p 表示)与"所有 S 都不是 P"(用 q 表示)这两个判断之间的真假关系的是(　　　　)。

(1) p∨q。

(2) ￢(p∧q)。

(3) p→￢q。

(4) ￢p→q。

(5) p∨q。

答:(2)、(3)。

分析:

p 与 q 之间具有反对关系,即 p 真 q 必假,p 假 q 真假不定,反之亦然。故 p→￢q 正确表达了这种关系。因为 p 真时,根据充分条件假言推理的肯定前件式,从 p→￢q 可推出￢q,即 q 假;当 p 假

(即￢p)时,从 p→￢q 不能推出 q 真或 q 假,因为充分条件假言推理的否定前件式是无效式。同理,q→￢p 也可推得:q 真 p 必假,q 假 p 真假不定。此外,一切与 p→￢q 等值的判断都能表示 p 与 q 之间的反对关系。故本题选(2)、(3)。

2. 正确表示"所有 S 都必然不是 P"(用 p 表示)与"有些 S 可能是 P"(用 q 表示)这两个判断之间的真假关系的是(   )。

(1) ￢p∨￢q。

(2) ￢p→q。

(3) p↔￢q。

(4) p∨̇q。

(5) ￢p∨̇￢q。

答:(3)、(4)、(5)。

分析:

"所有 S 都必然不是 P"的逻辑形式是□SEP,"有些 S 可能是 P"的逻辑形式是◇SIP。

根据模态判断之间的真假关系和性质判断之间的对当关系,□SEP↔￢◇$\overline{SEP}$↔￢◇SIP ,所以□SEP 与◇SIP 之间是矛盾关系,即 p 与 q 之间是矛盾关系。在各选项中,表达 p 与 q 是矛盾关系的判断有(3),(4),(5)。以选项(4)为例,对判断 p∨̇q 来说,当 p 真时,根据不相容选言推理的肯定否定式,可推出 q 必假;同理,当 q 真时,p 必假;根据不相容选言推理的否定肯定式,当 p 假时,必推出 q 真;同理,当 q 假时,p 必真。故 p∨̇q 反映了 p 与 q 的矛盾关系。另外,选项(3)、(4)的判断与 p∨̇q 是等值的。

3. 当 p∨q 真而 p∨̇q 假时,下列判断取值为真的是(   )。

(1) (p∨̇q)→(p∨q)。

(2) (p∨̇q)→p。

(3) q→(p∨̇q)。

103

(4) p↔q。

(5) r→p∧q(r 为任意判断)。

答:(1)、(2)、(4)、(5)。

分析:

由题意可得,只有当 p 与 q 均取值为真时,才能使 p∨q 真,并且 p∨q 假。把 p,q 的值代入各选项即可求得(1)、(2)、(4)为真。此外,一个蕴涵式的后件为真(p∧q 真),前件不论真假(r 真或假),该蕴涵式为真,故选项(5)也是真的。

4.与"不必然如果有些天鹅是白色的,那么所有天鹅都是白色的"相等值的判断是(   )。

(1)可能是如果有些天鹅是白色的,那么所有天鹅都是白色的。

(2)必然是有些天鹅是白色的并且有些天鹅不是白色的。

(3)可能是有些天鹅是白色的并且有些天鹅不是白色的。

(4)不可能所有的天鹅都是白色的,但有些天鹅不是白色的。

(5)不必然或者所有天鹅都不是白色的,或者所有的天鹅都是白色的。

答:(3)、(5)。

分析:

"不必然如果有些天鹅是白色的,那么所有天鹅是白色的"的逻辑形式是:¬□(SIP→SAP)。¬□(SIP→SAP)↔◇¬(SIP→SAP)↔◇(SIP∧$\overline{SAP}$)↔◇(SIP∧SOP);此外¬□(SIP→SAP)↔¬□(SIP∨SAP)↔¬□(SEP∨SAP)。

在各判断的逻辑形式中,只有(3)、(5)满足这种等值关系。

5.下列各组判断中,具有矛盾关系的是(   )。

(1)p→q 与¬p→¬q。

(2)p→¬q 与 p∧q。

(3)p∨q 与¬p∧¬q。

(4)(¬p∧¬q)→(¬s∧¬t)与¬(p∨q)∧(s∨t)。

(5)p∧q 与¬p∧¬q。

答:(2)、(3)、(4)。

分析:

根据矛盾关系的定义和各组判断的真值表,即可求出结论。

6. 下列各组判断中,具有反对关系的是(　　　)。

(1) $\neg\lozenge\neg p$ 与 $\neg\lozenge p$。

(2) $\overline{S}A\overline{P}$ 与 $\overline{S}E\overline{P}$。

(3) $p\leftrightarrow q$ 与 $p\veebar q$。

(4) $\neg p\wedge\neg q$ 与 $\neg p\veebar\neg q$。

(5) $p\rightarrow q$ 与 $q\rightarrow p$。

答:(1)、(2)、(4)。

分析:略。

7. 与 $(\neg p\wedge\neg q)\rightarrow\neg(r\wedge s)$ 的负判断相等值的判断是(　　　)。

(1) $\neg(p\vee q)\wedge(r\wedge s)$。

(2) $(p\wedge q)\wedge(\neg r\wedge\neg s)$。

(3) $\neg((p\vee q)\vee(\neg r\vee\neg s))$。

(4) $(\neg r\vee\neg s)\rightarrow(\neg p\wedge\neg q)$。

(5) $r\wedge s\rightarrow p\vee q$。

答:(1)、(3)。

分析:略。

8. 若 $(p\rightarrow q)$ 与 $(\neg p\vee\neg q)$ 均取值为真,则 p,q 的取值必为(　　　)。

(1) p 真且 q 真。

(2) p 真且 q 真假不定。

(3) p 假且 q 真。

(4) p 假且 q 真假不定。

(5) p,q 均真假不定。

答:(4)。

分析：

在同一真值表中列出 p→q 与 ¬p∨¬q 的真值，则可知当 p 取值为假并且只有取值为假时，无论 q 取值为真或假，p→q 与 ¬p∨¬q 均真。故选(4)。

9. "并非只有¬p才¬q"等值于( )。

(1) 如果¬p，那么¬q。

(2) 只有¬q，才¬p。

(3) 并非只有 q，才 p。

(4) p 且¬q。

(5) ¬p 且 q。

答：(3)、(4)。

分析：略。

10. 若 p,q 均取值为假，则与 p∨q 相等值的判断是( )。

(1) p→q。

(2) ¬p→q。

(3) p∧q。

(4) p∨̇q。

(5) p↔¬q。

答：(2)、(3)、(4)、(5)。

分析：

p,q 均假时，p∨q 必假。故与 p∨q 等值的判断即是那些在 p 与 q 均假时也取值为假的判断。符合条件的是(2)、(3)、(4)、(5)。

三、表解题

1. 列出(1)、(2)两个判断的真值表，并判定(1)是(2)的充分、必要、充分必要还是既非充分又非必要条件？

(1) ¬(p∨q)。

(2) ¬p∨¬q。

答：首先列出(1)、(2)的真值表：

p	q	¬p	¬q	p∨q	¬(p∨q)	¬p∨¬q
T	T	F	F	T	F	F
T	F	F	T	T	F	T
F	T	T	F	T	F	T
F	F	T	T	F	T	T

从表中可以看出,当判断(1)(即¬(p∨q))取值真时,判断(2)(即¬p∨¬q)必真;判断(1)取值为假时,判断(2)可真可假。这就是说,有(1)必有(2),无(1)未必无(2),故(1)是(2)的充分条件。

2．在下列三个判断中,只有一个是真的:

(1)并非甲不是或者乙不是英国人。

(2)甲乙两人中至少有一人是英国人。

(3)如果甲是英国人,那么乙就不会是英国人。

列出这三个判断的真值表,判定哪个判断是真的,甲是不是英国人,乙是不是英国人。

答:分别用 p,q 表示"甲是英国人"、"乙是英国人",则三个判断的逻辑形式为:

(1) ¬(¬p∨¬q)。

(2) p∨q。

(3) p→¬q。

把各判断的真值列在同一真值表中:

p	q	¬p	¬q	¬p∨¬q	¬(¬p∨¬q)	p∨q	p→¬q
T	T	F	F	F	T	T	F
T	F	F	T	T	F	T	T
F	T	T	F	T	F	T	T
F	F	T	T	T	F	F	T

由于三个判断仅有一个是真的,从真值表可知,在真值表的最后一行,即 p,q 均取值为假时,仅有一个判断即判断(3)是真的。

因此,只有判断(3)真,可以判定甲、乙 都不是英国人。

3. 已知:判断(1)为"如果乙队出线,则甲队出线",判断(2)为"当且仅当甲队出线,乙队才不出线",判断(3)是与判断(1)相矛盾的判断。构造三个判断的真值表并回答:当这三个判断有且仅有一个判断为真时,能不能确定甲、乙队是否出线。

答:用 p 表示"甲队出线",q 表示"乙队出线",则三个判断的逻辑形式是:

(1) q→p。

(2) p↔¬q。

(3) ¬(q→p)。

三个判断的真值表如下:

p	q	¬q	q→p	p↔¬q	¬(q→p)
T	T	F	T	F	F
T	F	T	T	T	F
F	T	F	F	T	T
F	F	T	T	F	F

从表中可以看出,要使三个判断仅有一个为真,只有 p ,q 同真或同假。因此,或者甲队、乙队同时出线,或者甲队、乙队同时不出线。

四、综合分析题

已知下列判断两真两假,试判定推理 A,推理 B 是否有效:

1. 如果推理是 A 是无效的,则推理 B 就是有效的。

2. 推理 B 是有效的。

3. 推理 A 不必然无效。

4. 并非推理 A 可能有效。

答:本题涉及到模态判断之间的真假关系、复合判断之间的真假关系。

首先写出各判断的逻辑形式，以 p 表示"推理 A 有效"，q 表示"推理 B 有效"：

(1) ⌐p→q。

(2) q。

(3) ⌐□⌐p。

(4) ⌐◇p。

判断(3)"⌐□⌐p"等值于"◇p"，与判断(4)是"矛盾关系"，因此判断(3)与判断(4)必然是"一真一假"。由于已知四个判断"两真两假"，故另外两个判断(1)、(2)必然也是"一真一假"。设判断(2)真，即"q"真，根据充分条件假言判断的真值表，"⌐p→q"必真，即若判断(2)真，判断(1)也必然真，与题意矛盾，故判断(2)假，判断(1)真。由于"q"假，因此，若要使判断"⌐p→q"真，必使"⌐p"取值为假，故"p"取值为真。

综上所述，可知推理 A 有效，推理 B 无效。

109

第五章 普通逻辑的基本规律

重点提要

普通逻辑的基本规律是关于思维的逻辑形式的规律。它从不同方面体现了思维的确定性,要求人们在思维过程中遵守逻辑规律。学习本章所应重点掌握的内容是:

一、普通逻辑的三条基本规律的内容、公式及要求

1.同一律。

内容:在同一思维过程中,每一思想与其自身是同一的。

公式:A 是 A,或 $p \rightarrow p$,其中 A 表示任意概念,p 表示任意判断。

要求:

(1)在使用概念时,概念的内涵和外延是确定的,不能随意变换。违反该要求就会犯"混淆概念"或"偷换概念"的逻辑错误。

(2)在运用判断进行推理和论证时,判断必须保持自身的同一,不能随意变换,违反该要求就会犯"转移论题"或"偷换论题"的逻辑错误。

2.矛盾律。

内容:在同一思维过程中,两个互相矛盾或互相反对的思想不可同真,必有一假。

公式:A 不是非 A,或 $\neg(p \wedge \neg p)$。

要求:

(1)在使用概念时,一个概念不能既反映某个对象,又不反映该对象。

(2)在运用判断时,不能同时断定一对互相矛盾或反对的判断为真,必须承认其中必有一假。

违反矛盾律的上述两项要求就要犯"自相矛盾"的逻辑错误。

3．排中律。

内容：在同一思维过程中，两个互相矛盾的思想不能同假，必有一真。

公式：A 或者非 A，或 p∨￢p。

要求：

(1)在概念方面，对某一对象，或者用 A 去反映它，或者用非 A 去反映它，二者必居其一。

(2)在运用判断时，对一对互相矛盾的判断，必须承认其中有一个是真的，而不能同时断定它们是假的。

违反上述要求就要犯"模棱两可"的逻辑错误。

二、普通逻辑基本规律的作用范围

1．普通逻辑基本规律只在人们的思维领域中起作用，客观事物不存在是否遵守逻辑规律的问题。

2．只有在同一思维过程中，这些逻辑规律才是有效的。所谓同一思维，是指在同一时间，针对同一对象、同一关系的思维。离开了这一条件，普通逻辑基本规律就是无效的。

难点解析

一、如何判定是否违反矛盾律

所谓违反矛盾律是指违反矛盾律的要求，不是违反矛盾律自身。在思维过程中，由于违反了矛盾律的要求而产生的矛盾称为逻辑矛盾。违反矛盾律的要求的逻辑错误称为"自相矛盾"。

矛盾律要求在同一思维过程中不应该承认具有矛盾关系或反对关系的判断都真。例如，如果在同一思维过程中，承认下列各对具有矛盾关系或反对关系的判断都真，就犯了"自相矛盾"的逻辑错误。

(1) 所有参加自学考试者都是为了获得真才实学。

有些参加自学考试者不是为了获得真才实学。

（2）他是浙江人。

他是福建人。

（3）如果他肯花钱，那么，他就能买到一切。

他肯花钱，但是他没有买到一切。

（4）明天老大来或者老二来。

明天老大不来，老二也不来。

矛盾律还要求不应该承认含有具有矛盾关系或反对关系的概念的判断为真。例如，如果承认下列判断为真，也是犯了"自相矛盾"的逻辑错误。

（5）那位老人在一个世纪里活了100多岁（在一个世纪里小于或等于100岁，100多岁即大于100岁，两者具有矛盾关系）。

（6）他是成千上万的死难同胞中的幸存者（死难同胞是已死的人，幸存者是活着的人，两者具有矛盾关系）。

（7）我基本上完全听懂了（基本上就是不完全，完全与不完全具有矛盾关系）。

（8）展出了将近200多件展品（将近200件是不足200件，200多件是多于200件，两者具有反对关系）。

矛盾律要求不承认具有矛盾关系或反对关系的判断都真，也要求不承认含有具有矛盾关系或反对关系的概念的判断为真，但都不是无条件的，并非只要承认彼此矛盾的判断或彼此反对的判断都真，或者承认含有具有矛盾关系或反对关系的概念的判断为真，就违反矛盾律的。那末，什么是不违反矛盾律的呢？

1. 在同一思维过程中，承认具有下反对关系的判断都真不违反矛盾律。

例如，承认下列各对具有下反对关系判断都真，不犯"自相矛盾"的逻辑错误。

（1）有些参加自学考试者是为了获得真才实学。

有些参加自学考试者不是为了获得真才实学。

（2）如果花钱就能买到一切。

　　如果不花钱也能买到一切。

2．承认不在同一时间，或者不在同一方面对同一对象所作的彼此矛盾的或反对的判断都真，不违反矛盾律。例如：

（1）这姑娘原先很腼腆，现在已如此落落大方了（时间不同）。

（2）这书店里的书，数量很少，种类很多（方面不同）。

3．如果一个判断含有这样的概念，它们虽然彼此矛盾或反对，但是表达的是不同时间，或者不同方面的属性，那么，承认这样的判断为真，不违反矛盾律。例如：

（1）一年等于20年（方面不同：一年指时间，20年指功效）。

（2）舞台上的灯光突然由明变暗。（方面虽同，时间不同）。

4．如果一个判断含有这样的概念，它们虽然彼此矛盾，但正确地反映了事物的辩证矛盾，那么，承认这样的判断为真，不违反矛盾律。例如：

（1）运动是物体在同一瞬间既在同一地方，又不在同一地方。

（2）社会主义生产关系和生产力的发展既相适应，又不相适应。

　　辩证矛盾与逻辑矛盾是性质完全不同的两类矛盾。辩证矛盾是事物自身固有的矛盾，普遍地存在于自然界、人类社会和人的思维之中。所谓"没有矛盾就没有世界"指的就是事物的辩证矛盾。思维的任务是寻找适当的思维形式正确地反映它们。逻辑矛盾是在思维过程中由于违反了矛盾律的要求而产生的逻辑错误，只存在于思维领域。思维的任务是发现逻辑矛盾并按照矛盾律的要求及时排除它们。现在的困难是：一个含有具有矛盾关系的概念的判断到底是正确地反映了事物的辩证矛盾，还是由于违反矛盾律而产生的逻辑矛盾，还没有在逻辑形式上加以区分的妥善的和公认的方法，只能根据具体内容作具体分析。从逻辑上研究辩证矛盾不是普通逻辑的任务，要由辩证逻辑来担当。

二、如何判定是否违反排中律

所谓违反排中律是指违反排中律的要求,不是违反排中律自身。违反排中律的要求的错误称为"两不可"或者称为"模棱两可"。

排中律要求在同一思维过程中,对具有矛盾关系的判断,不应该都否定,必须承认其中一个是真的。例如,如果对下列各对具有矛盾关系的判断都否定,就犯了"两不可"的错误。

(1)所有参加自学考试者都是为了获得真才实学。

有些参加自学考试者不是为了获得真才实学。

(2)他是浙江人。

他不是浙江人。

(3)如果他肯花钱,那么,他就能买到一切。

他肯花钱,但是他没有买到一切。

(4)明天老大来或者老二来。

明天老大不来,老二也不来。

排中律要求在同一思维过程中,对具有下反对关系的判断,不应该都否定,必须承认其中有一个是真的。例如,如果对下列各对具有下反对关系的判断都否定,就犯了"两不可"的逻辑错误。

(5)有些参加自学考试者是为了获得真才实学。

有些参加自学考试者不是为了获得真才实学。

(6)如果花钱就能买到一切。

如果不花钱也能买到一切。

"含糊其辞"也是"两不可"逻辑错误的一种表现形式。例如:

甲:"你预习了吗?"

乙:"谁说我没有预习?"

甲:"那么,你已经预习了?"

乙:"谁说我预习了?"

排中律反对"两不可"不是无条件的,并非同时否认任何两个判断都是违反排中律的。那末,什么是不违反排中律的呢?

1．同时否定两个具有反对关系的判断不违反排中律。

例如，下列对话都没有违反排中律。

A．问："赢球啦？"

答："不是。"

问："输球啦？"

答："不是，平了。"

B．问："这次参加逻辑学自学考试的都及格吗？"

答："没有。"

问："都不及格吗？"

答："不是。半数及格，半数不及格。"

C．问："明天老大老二都来？"

答："不是。"

问："明天老大来，老二不来？"

答："不是。老大老二都不来，也许只是老二来。"

2．对于具有矛盾关系或下反对关系的判断，只是由于某种原因不知道哪一个是真的，没有具体表态，或者无法具体表态，不违反排中律。

例如，下列对话都没有违反排中律。

A．学生："老师，我逻辑及格吗？"

老师："忘了。"

学生："我没有及格？"

老师："记不准了。要查一查才能告诉你。"

B．一些工人："这次事故王工程师要负责任。"

另一些工人："这次事故王工程师没有责任。"

厂长："现在还不能说王工程师要负责任，也不能说王工程师没有责任。等事故原因调查清楚后，结论自然会有的。"

三、如何正确地判定一个逻辑错误是违反矛盾律还是排中律

矛盾律要求对具有矛盾关系或反对关系的判断不能都肯定。否则，就"自相矛盾"，也就是犯"两可"的错误。排中律要求对具有矛盾关系或下反对关系的判断不能都否定。否则，就犯了"两不可"的错误。

对于具有反对关系的判断来说，只是涉及违反不违反矛盾律的问题，不涉及违反不违反排中律的问题。对于具有下反对关系的判断来说，只是涉及违反不违反排中律的问题，不涉及违反不违反矛盾律的问题。既涉及违反不违反矛盾律，又涉及违反不违反排中律的只有具有矛盾关系的判断。对于具有矛盾关系的判断，怎样判定是违反矛盾律，还是违反排中律，一般说来，也是清楚的，不大会混淆的。对它们"两可"就违反了矛盾律。例如：

我赞成去劳动，也赞成不去劳动。

对它们"两不可"，就违反了排中律。例如：

我反对去劳动，也反对不去劳动。

那么为什么有时对是违反矛盾律，还是违反排中律会分辨不清楚，确定不下来呢？这是与多重使用否定词和肯定、否定之间的等值变换相关连的。例如：

（1）我不赞成去劳动，也不赞成不去劳动。

这是一个由两个否定判断构成的复合判断。犯了"两不可"的错误，因而，违反了排中律。可是，否定判断是可以通过推理转化为肯定判断的。第一个否定判断"我不赞成去劳动"，可以通过换质推理转化成判断"我赞成不去劳动"。第二个否定判断可以通过消去双重否定转化成肯定判断"我赞成去劳动"。这样，上面的由两个否定判断构成的复合判断，现在就成了由两个肯定判断构成的复合判断：

（2）我赞成不去劳动，也赞成去劳动。

现在犯的已不是"两不可"而是"两可"的错误了，违反的不再是

排中律,而是矛盾律了。

那么,到底是"两不可",还是"两可",违反排中律,还是违反矛盾律呢?要回答这个问题,必须把"原判断"和"等值判断"区别开来。所谓原判断,是指一个分析过程开始时,判断持有的形式,在我们的实例中是(1)。所谓等值判断,是指从原判断出发,经过等值推理后获得的形式,在我们的实例中是(2)。一个判断犯什么错误,违反那条规律的要求,应以原判断为准。但也不排斥对等值判断作出分析。否则,就会"公说公有理,婆说婆有理",不知所以,失去准绳。

题型例示

一、填空题

1. 根据普通逻辑规律中的_____律,若假言判断"如果天下雨,那么地就湿"真,则联言判断_____假。

答:矛盾,"天下雨且地没有湿"。

分析:

矛盾律要求互相矛盾或互相反对的判断不可同真,即从一个判断是真的推出另一与之具有矛盾或反对关系的判断是假的,所根据的是矛盾律。联言判断"天下雨且地没有湿"与假言判断"如果天下雨,那么地就湿"具有矛盾关系。

2. 根据普通逻辑规律中的_____律,若"有些鸟不会飞"为假,则特称性质判断_____必真;若"当且仅当一个数能被 a 整除,它才能被 b 整除"为假,则选言判断_____必真。

答:排中,"有些鸟会飞";"一个数能被 a 整除,但不能被 b 整除,或者,一个数不能被 a 整除但能被 b 整除"。

分析:

排中律要求具有矛盾关系或下反对关系的判断不可同假,即从一个判断是假的推出另一个与之具有矛盾关系或下反对关系的判断是真的,所根据的是排中律。因此,根据排中律,若"有些鸟不会飞"

为假,则与之具有矛盾关系的判断"所有鸟都会飞"、具有下反对关系的判断"有些鸟会飞"均真;若"当且仅当一个数能被 a 整除,它才能被 b 整除"为假,则与之具有矛盾关系的选言判断"一个数能被 a 整除但不能被 b 整除,或者,一个数不能被 a 整除但能被 b 整除"必真。

3.既肯定"并非 p"又肯定"并非非 p"违反了_____律的要求。

答:矛盾。

分析:

对两个判断所做出的判定是否违反矛盾律,关键看两点:第一,是否同时肯定这两个判断;第二,所肯定的两个判断是否矛盾或反对关系。若不同时满足这两点,则或者没有违反矛盾律,或者违反的是其他逻辑规律。本题中,"并非 p"与"并非非 p"是矛盾关系,故同时肯定这两个判断就违反了矛盾律的要求。

二、选择题

1.人民群众是历史的创造者,老王是人民群众,所以老王是历史的创造者。这一推理(   )。

(1)是一个正确的第一格三段论推理。

(2)违反了同一律的逻辑要求。

(3)违反了矛盾律的逻辑要求。

(4)违反了排中律的逻辑要求。

(5)没有违反普通逻辑基本规律的要求。

答:(2)。

分析:

该推理试图构造一个第一格的三段论,但却有四个不同的词项,因此,实质上不是三段论推理。错误的原因在于把"人民群众是历史的创造者"中作为集合概念的"人民群众"与"老王是人民群众"中为非集合概念的"人民群众"当作同一概念使用。这是推理中违反同一律要求的常见逻辑错误——混淆概念。因此,本题应选(2)。

2.下列论断中,违反矛盾律要求的是(   )。

（1）□p 真且◇¬p 真。

（2）ＳＩＰ̄真且ＳＯＰ̄真。

（3）ＳＥＰ假且ＳＩＰ假。

（4）p∧q 真且 p∨̇q 真。

（5）aＲb 真且 aＲ̄b 真。

答：(1)、(4)、(5)。

分析：

同时肯定一对互相矛盾或反对的判断为真,则违反矛盾律的要求,反之亦然。本题中,选项(1)的□p 与◇¬p 是矛盾关系,同时断定它们真则违反矛盾律。选项(2)中,SIP̄ 与 SOP̄ 是下反对关系,不存在是否违反矛盾律的问题。选项(3)是同时断定一对互相矛盾的判断(SEP 与 SIP)为假,违反的是排中律而不是矛盾律。选项(4),p∧q 与 p∨̇q 是反对关系,同时断定其为真则违反矛盾律的要求。选项(5),aＲb 与 aＲ̄b 是矛盾关系,同时断定其为真则违反了矛盾律的要求。故选(1)、(4)、(5)。

3.下列论断中,违反排中律要求的是(　　　　)。

（1）p→q 假并且 p↔¬q 假。

（2）◇SAP 假并且◇SOP 假。

（3）p∧q 假并且¬p∧¬q 假。

（4）¬p→¬q 假并且¬p∧q 假。

（5）并非"这个 S 是 P",并非"这个 S 是非 P"。

答：(1)、(2)、(4)、(5)。

分析：

一个论断违反排中律的要求,当且仅当这个论断是同时否定一对具有矛盾关系或下反对关系的判断。选项(1)中,p→q 与 p↔¬q 是下反对关系,不可同假,但可同真,所以,同时断定其为假违反了排中律。选项(2),SAP 与 SOP 是矛盾关系,SAP↔SOP̄,故◇SAP↔◇SOP̄,而◇SOP̄ 与◇SOP 是下反对关系,同时断定其为假必然违反排中律。选项(3),$p \land q$ 与 $\lnot p \land \lnot q$ 是反对关系,可以同假,同时否定它们并不违反排中律。选项(4)中的 $\lnot p \to \lnot q$ 与 $\lnot p \land q$ 是矛盾关系,选项(5)中的"这个 S 是 P"与"这个 S 是非 P"是矛盾关系,同时否定它们都是违反排中律的,故选(1)、(2)、(4)、(5)。

4.下列各情况中,违反普通逻辑基本规律要求的是( )。

(1) 循环定义。

(2) 划分不全。

(3) 论证中的"转移论题"。

(4) 论证中的"论证过多"或"论证过少"。

(5) 同时否定一个复合判断及其负判断的等值判断。

答:(3)、(4)、(5)。

分析:

普通逻辑基本规律的要求与一般的逻辑规则是不同的,违反前者必定同时违反了某条逻辑规则,但违反一般的逻辑规则并不意味着一定也违反了普通逻辑基本规律。选项(1),"循环定义"只是违反了定义的一般规则,选项(2),"划分不全"只是违反了划分的一般规则,二者均没有违反普通逻辑基本规律的要求。论证中的"转移论题"违反了同一律的要求,而论证中的"论证过多"或"论证过少"都是"转移论题"的一种表现,实质上也是违反了同一律的要求。而一个复合判断与其负判断的等值判断之间是矛盾关系,同时否定它们必然违反了排中律的要求。故应选(3)、(4)、(5)。

三、综合分析题

1.下列三个判断,只有一个是真的,能否断定 A 组和 B 组有些成员不去旅游。

(1) A 组和 B 组的所有成员都去旅游。

(2) 并非 A 组和 B 组都有些成员不去旅游。

(3) 如果 B 组所有成员都去旅游,那么 A 组中必有一些成员不去旅游。

答:用 p 表示"A 组所有成员去旅游",用 q 表示"B 组所有成员去旅游",则三个判断的逻辑形式可分别表示为:

1) p∧q

2) ┐(┐p∧┐q)

3) q→┐p

判断(q→┐p)等值于┐(p∧q),即(3)与(1)是矛盾关系,根据排中律二者必有一真。已知三个判断只有一个为真,故判断(2)是假的。由判断┐(┐p∧┐q)是假的,可推出 p 与 q 都是假的。故可得出结论:A 组有些成员不去旅游,B 组也有些成员不去旅游。

解答此类题目,一般是首先写出判断的逻辑形式,然后找出其中哪些判断之间具有等值、矛盾、反对或下反对关系。两等值判断同真或同假,具有矛盾或反对关系的两判断必有一假(据矛盾律),具有矛盾或下反对关系的两判断必有一真(据排中律)。然后据此推出结论。

2. 设以下四判断中只有一句是真的,请用欧勒图表示 S,P,M 三者的外延关系。

(1) 有些 S 是 P。

(2) 有些 P 不是 S。

(3) 所有 M 都不是 P。

(4) 或者有些 S 是 M,或者所有 S 都是 P。

分析:

把各论断符号化为:

1) SIP

2) POS

3) MEP

4) SIP∨SAP

例1)等值于 PIS,与例 2)POS 是下反对关系,二者必有一真。而已知四论断中只有一个为真,故例 3)、例 4)均假,据排中律,由例 3)假得 MIP 真。由例 4)假得 SIM 与 SAP 均假,据排中律,得 SEM

与 SOP 均真。由 MIP 真且 SEM 真可推知 POS 真(三段论推理),即例2)真,故例1)假。由 SIP 假,据排中律,可推出 SEP 真。

由以上分析得出:MIP, SEM, SEP 都真。故 S, P, M 的外延关系有如下图所示四种可能:

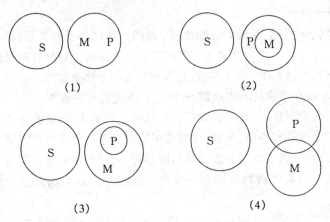

(1) (2)

(3) (4)

第六章 演绎推理(一)

重点提要

演绎推理是普通逻辑的中心课题,它主要包括四种类型的推理:性质判断推理,关系判断推理,复合判断推理和模态判断推理。其中主要的是性质判断推理和复合判断推理。

本章首先概述了什么是推理、推理的种类和推理形式的有效性,然后分别介绍了演绎推理的直接推理、三段论和关系推理。

学习本章应着重理解推理形式的有效性与推理结论真实性之间的关系,演绎推理的逻辑性质,演绎推理中直接推理的种类,三段论的结构、一般规则、格和式,关系推理的种类。在理解的基础上,熟练地掌握判断变形推理的规则和有效式,三段论的一般规则和各格的具体规则并能加以应用。

一、推理及其分类

1. 什么是推理。

推理是依据已知的判断得到新判断的思维形式。推理分为前提和结论两部分。

2. 推理的分类。

普通逻辑首先根据推理中从前提到结论的思维进程的不同,把推理分为三类:演绎推理、归纳推理和类比推理。

演绎推理是从一般到个别的推理。

归纳推理是从个别到一般的推理。

类比推理是从个别(或一般)到个别(或一般)的推理。

其次,根据推理中前提和结论之间是否有蕴涵关系,又把推理分为必然性推理和或然性推理。

必然性推理前提蕴涵结论,即如果前提真,那么结论一定真。演绎推理结论未超出前提的断定范围,前提蕴涵结论,因而是必然性推理。

或然性推理前提不蕴涵结论,即如果前提真,结论仅仅是可能真。

归纳推理和类比推理的结论一般地超出了前提的断定范围,前提不蕴涵结论,因而是或然性推理。

二、推理的有效性

推理的有效性,也称为推理形式有效性,它不是就推理的内容和意义而言的,而是就推理的形式结构而言的。推理的形式有效性的判定,是逻辑学的中心课题。

如果一个推理是形式有效的,当且仅当具有此推理形式的任一推理(即其推理形式的任一解释)都不出现真前提而假结论。

解释的方法只能判定一个推理的无效,不能判定一个推理的有效,因为一个推理形式的解释是无穷的。因此,在普通逻辑中,判定推理有效的方法是制定一些规则。如果一个推理是有效的,那么它就必须符合这些规则;如果违反了其中的任何一条规则,则这个推理就是无效的。

三、直接推理及其有效式

性质判断的直接推理是以一个性质判断为前提推出另一个性质判断为结论的推理。直接推理的有效式主要有两类:

1. 对当关系推理的有效式。

对当关系直接推理,就是依据逻辑方阵,在同一素材的各种性质判断之间进行的推理。对当关系推理有并且只有 16 个有效式:

(1)根据矛盾关系的有效式:

SAP↔$\overline{\text{SOP}}$(↔意为"互推",即从 SAP 可以推出$\overline{\text{SOP}}$,也可以从$\overline{\text{SOP}}$推出 SAP。下同)。

SEP↔$\overline{\text{SIP}}$

SIP↔$\overline{\text{SEP}}$

SOP↔$\overline{\text{SAP}}$

(2)根据差等关系的有效式：

SAP→SIP

SEP→SOP

$\overline{\text{SIP}}$→$\overline{\text{SAP}}$

$\overline{\text{SOP}}$→$\overline{\text{SEP}}$

(3)根据反对关系的有效式：

SAP→$\overline{\text{SEP}}$

SEP→$\overline{\text{SAP}}$

(4)根据下反对关系的有效式：

$\overline{\text{SIP}}$→SOP

$\overline{\text{SOP}}$→SIP

2.判断变形推理的有效式。

判断变形推理就是通过改变前提的形式从而推出结论的直接推理。有两种基本形式：换质法和换位法。

(1)换质法是通过改变前提的质(肯定改为否定,否定改为肯定),从而得出结论的直接推理形式。

换质法的规则是：

第一,结论和前提不同质,即前提是肯定的,则结论是否定的;前提是否定的,则结论是肯定的。

第二,结论的主项和量项与前提保持不变;结论的谓项是前提谓项的矛盾概念。

因此,换质法的有效式有：

SAP↔SE $\overline{\text{P}}$

SEP↔SA $\overline{\text{P}}$

SIP↔SO $\overline{\text{P}}$

SOP↔SI $\overline{\text{P}}$

(2)换位法是通过交换前提中主、谓项的位置从而推出结论的直接推理形式。

换位法的规则是:

第一,结论和前提的质相同,即如果前提肯定,则结论也肯定;如果前提否定,则结论也否定。

第二,结论的主项和谓项,分别是前提的谓项和主项。

第三,前提中不周延的项,在结论中不得周延。

因此,换位法的有效式有:

　　SAP→PIS

　　SEP↔PES

　　SIP↔PIS

注意,SOP 不能换位。

四、三段论

1.三段论的定义与结构。

(1)什么是三段论:三段论推理是由一个共同项联系着的两个性质判断作前提,推出一个新的性质判断为结论的演绎推理。

(2)三段论的结构:一个三段论是由三个性质判断构成的,其中,两个是前提,另一个是结论。任何一个三段论,都包括并且只包括三个不同的项:大项、小项和中项。结论的主项称为小项;结论的谓项称为大项;在前提中出现两次,在结论中不出现的项称为中项。包含大项的前提称为大前提;包含小项的前提称为小前提。

2.三段论的一般规则。

三段论共有七条一般规则,其中前五条是基本规则,后两条是导出规则。

第一,一个正确三段论,有且只有三个不同的项。

第二,中项至少要周延一次。

第三,在前提中不周延的项,到结论中不得周延。

第四,两个否定前提推不出结论。

第五,如果前提有一否定,则结论否定;如果结论否定,则前提有一否定。

第六,两个特称前提不能推出结论。

第七,如果两个前提中有一个是特称的,那么,结论也是特称的。

遵守三段论的上述一般规则,是保证一个三段论形式有效的充分必要条件,因而也是检验一个三段论形式有效与否的依据。

3.三段论的格。

三段论的格,就是由中项在前提中的不同位置所构成的三段论的不同形式。

三段论四个格的形式分别为:

（第一格）　　（第二格）　　（第三格）　　（第四格）

三段论各格有自己的特殊规则和作用,它们是各格有效的必要条件。

具体如下:

第一格的规则:第一,小前提须是肯定的。第二,大前提须是全称的。第一格的主要特点是:较典型地体现了演绎推理从一般到个别的特点,可以得出 A,E,I,O 四种结论,因而在逻辑史上称这一格为"典型格"。

第二格的规则:第一,前提中须有一个是否定的。第二,大前提须是全称的。第二格的主要特点是:结论一定是否定的。因此,它可以用来区别不同的事物,反驳肯定判断。故称为"区别格"。

第三格的规则:第一,小前提须是肯定的。第二,结论须是特称的。第三格的主要特点是:只能得出特称结论,因此可以用来反驳全称判断,故称为"例证格"。

第四格没有什么特殊的用途。

4.三段论的式。

三段论的式,就是 A, E, I, O 四种判断在两个前提和结论中的各种不同组合所构成的三段论形式。三段论四格,只有如下 24 个有效式:

第一格	第二格	第三格	第四格
AAA	AEE	AAI	AAI
EAE	EAE	EAO	EAO
AII	AOO	AII	AEE
·EIO	EIO	EIO	EIO
(AAI)	(AEO)	IAI	IAI
(EAO)	(EAO)	OAO	(AEO)

其中带括号的式是弱式。

5.三段论的省略形式。

自然语言中实际应用的三段论常常是它的省略形式,或省略大前提,或省略小前提,或省略结论。这种三段论的省略形式也可以叫做省略三段论。

省略三段论也有正确不正确之分。不正确的省略三段论有两种可能:或者是前提虚假,或者是推理形式无效。由于是省略三段论,其错误往往不易发现。在这种情况下,必须把省略的部分补上,变为完整的三段论,才能看出其中的错误所在。

五、关系推理

关系推理就是前提中至少有一个是关系判断的推理,它是根据前提中关系的逻辑性质进行推演的。它主要有两类:

1.纯关系推理。

纯关系推理就是前提和结论都是关系判断的推理。包括四种:

(1)对称关系推理:根据关系的对称性质进行推演的关系推理。其一般形式是:

$$\frac{aRb}{所以，bRa}$$

(2)反对称关系推理:根据关系的反对称性质进行推演的关系推理。

其一般形式是:

$$\frac{aRb}{所以，b\bar{R}a}$$

(3)传递关系推理:根据关系的传递性质进行推演的关系推理。
其一般形式是:

$$\frac{\begin{array}{c}aRb\\bRc\end{array}}{所以，aRc}$$

(4)反传递关系推理:根据关系的反传递性质进行推演的关系推理。

其一般形式是:

$$\frac{\begin{array}{c}aRb\\bRc\end{array}}{所以，a\,\bar{R}c}$$

2.混合关系推理。

混合关系推理就是两个前提分别是关系判断和性质判断,结论是关系判断的推理。混合关系推理也称为关系三段论。其一般形式是:

$$\frac{\begin{array}{c}所有的\,a\,与\,b\,有关系\,R\\c\,是\,a\end{array}}{所以，c\,与\,b\,有关系\,R}$$

混合关系推理有以下几条规则:

(1)媒概念在前提中至少要周延一次。

(2)在前提中不周延的概念在结论中不得周延。

(3)前提中的性质判断须是肯定的。

(4)如果前提中的关系判断是肯定的,则结论中的关系判断也应是肯定的;如果前提中的关系判断是否定的,则结论中的关系判断也应是否定的。

(5)如果关系不是对称的,则在前提中作为关系者前项(或后项)的那个概念在结论中也应作为关系者前项(或后项)。

难点解析

一、怎样正确理解演绎推理的有效性

判断有真假,而推理则有对错。同判断一样,推理也有内容和形式两个方面。推理的内容就是作为前提的判断的具体内容和作为结论的判断的具体内容。推理的形式则是指作为前提的判断的形式与作为结论的判断的形式之间的联系方式(或形式结构)。普通逻辑研究推理,主要是研究推理的逻辑性(即是否合乎逻辑)。推理是否具有逻辑性,完全取决于它的推理形式,而与它的内容无关。因此,普通逻辑只研究推理的形式,不研究推理的内容。

由于推理分为必然性推理和或然性推理,普通逻辑在研究这两类推理的逻辑性时侧重有所不同。必然性推理着重研究其有效性,而或然性推理则研究其可靠性。

推理的有效性指推理形式是否有效。所谓形式有效的推理,指的是当且仅当具有此推理形式的任一推理都不出现真前提而假结论。它和"能获得真实结论的推理"是两个不同的概念。一个推理要能够得出真实的结论,必须满足两个条件:①前提真实;②推理形式有效。也就是说,如果一个具体的推理满足了这两个条件,则这个推理所得出的结论就一定是真实的。但是,普通逻辑只研究推理的有效性,即只提供保证从真前提能必然地推出真结论的推理形式和规则,却不能保证前提的真实性。因为前提的真实性,从根本上来说是属于实践的问题,从具体内容来说,是属于各门具体科学的任务。而一个推理为有效推理,只要它遵守相应的推理规则就可以了,它本身决不要求推理的前提必须真实。

因此,推理的前提和结论的真假情况与推理形式的有效无效之间有如下的对应关系：

前　提	推理形式	结　论
真	有效	真
真	无效	可真可假
假	有效	可真可假
假	无效	可真可假

由上可知，一个推理结论真实，当且仅当前提真并且形式有效。如果一个推理结论假，则或者是由于前提假，或者是由于形式无效。但是，一个推理如果前提真，但形式无效，结论不一定假；一个推理如果前提假，但形式有效，结论也不一定假；甚至一个推理前提假并且形式无效，其结论也并不一定假。

二、如何正确理解规则"在前提中不周延的项，到结论中不得周延"

这是第三章性质判断主、谓项的周延性在推理中的具体应用。这条规则不仅是换位法的规则，也是三段论的一条一般规则，在演绎推理中占有非常重要的地位。但是，在理解这条规则时，很多学生往往得出了错误的结论，认为既然在前提中不周延的项在结论中不得周延，所以，在结论中不周延的项在前提中也不得周延；或者在前提中周延的项在结论中一定周延。这样的理解是不正确的。那么如何来准确掌握这条规则的含义呢？

其实，在性质判断推理中，一个项在前提和结论中的可能周延情况如下表所示：

	前　提	结　论
(1)	周　延	周　延
(2)	周　延	不周延
(3)	不周延	周　延
(4)	不周延	不周延

从上表可见，只有情况(3)(项在前提中不周延，到结论中周延

了)违反了这条规则,而其余三种情况都没有违反这条规则。因此,准确理解这条规则应该得到的是以下结论:

① 一个项在前提中周延,那么它在结论中可以周延,也可以不周延;

② 一个项在结论中周延,那么它在前提中必须周延;

③ 一个项在前提中不周延,那么它在结论中必须不周延;

④ 一个项在结论中不周延,那么它在前提中可以周延,可以不周延。

三、为什么 SAP 只能限制换位,而 SOP 不能换位

对于这个问题,我们可以从以下两个方面来加以理解。

第一,从换位法的规则来说。换位法的规则共 3 条:①结论和前提的质相同;②结论的主项和谓项,分别是前提的谓项和主项;③前提中不周延的项,到结论中不得周延。

当 SAP 换位为 PAS 时,概念 P 在前提中是肯定判断的谓项,不周延;到结论中是全称判断的主项,周延了,这样就违反了规则③。而当 SAP 换位为 PIS 时,符合换位法的规则。首先,结论与前提的质相同,都是肯定判断,符合规则①;其次,结论的主项和谓项,分别是前提的谓项和主项,符合规则②;最后,P 在前提中不周延,在结论中是特称判断的主项,也不周延,符合规则③。所以,SAP 只能限制换位,即换位为 PIS。

如果 SOP 换位,根据规则①,其结论只能是否定判断,而 S 在前提中是特称判断的主项,不周延;根据规则②,S 换位后在结论中是否定判断的谓项,周延了,这样就违反了规则③。所以,SOP 不能换位。

第二,从演绎推理的有效性方面来看。换位法是一种演绎推理,演绎推理是必然性推理,其前提蕴涵结论,如果它有效,则前提真,结论一定真,不允许出现假结论。因此,SAP 能否换位为 PAS 或 PIS,以及 SOP 能否换位,那就要看前提真时,结论是否必然真。如果是,

就能换位,否则就不能换位。

当 SAP 真时,S 与 P 在外延上的关系可以有两种情况,即全同关系和真包含于关系。PAS 在全同关系时是真的,但在真包含于关系时是假的。这说明,当 SAP 真时,PAS 不一定真,即可能出现假的情况,SAP 并不蕴涵 PAS,所以,SAP 不能换位为 PAS。而 PIS 在全同关系和真包含于关系时都是真的,这说明,当 SAP 真时,PIS 必然是真的,不可能出现假的情况,SAP 蕴涵 PIS,所以,SAP 可以换位为 PIS。

当 SOP 真时,S 与 P 在外延上的关系可以有三种情况,即真包含关系、交叉关系和全异关系。PES 在全异关系时是真的,但是在真包含和交叉关系时是假的;POS 在交叉关系和全异关系时是真的,但是在真包含关系时是假的。这说明,当 SOP 真时,PES 或 POS 都不一定为真,都可能出现假的情况,SOP 既不蕴涵 PES,也不蕴涵POS,所以 SOP 不能换位。

四、学习三段论的一般规则应抓住哪一个中心环节

三段论的一般规则是保证三段论推理形式有效的充分必要条件,准确理解和全面把握三段论的一般规则及其内在联系,对于学好三段论推理是非常重要的。

紧紧抓住中项的媒介作用,是准确把握三段论一般规则的基本内容及其内在联系的关键所在。因为三段论的结论所断定的是小项与大项的外延关系,而这种关系直接取决于前提中大项与中项、小项与中项之间的外延关系,中项是三段论中确定大项与小项外延关系的媒介。中项的这个媒介作用,是保证三段论能必然推出结论的关键。凡是中项的媒介作用能够得以发挥的,此三段论就能必然推出结论;凡是中项的媒介作用不能得以发挥的,此三段论就不能得出结论。实际上,三段论的一般规则都是直接或间接地为保证中项的媒介作用而制定的。七条规则中前五条是基本规则,我们就以此加以说明:

规则1:一个正确的三段论,有且只有三个不同的项。这条规则直接保证了三段论中有联系大、小项的中项的存在。如果多于或少于三个项,就使三段论失去了中项,大项和小项之间的关系便无从确定,从而就不能推出结论。

规则2:中项至少要周延一次。这条规则直接保证中项能起到媒介作用。如果中项两次都不周延,中项仅以部分外延分别同大项和小项发生关系,就会使中项失去媒介作用,大、小项之间的关系也就无法确定,从而就不能推出结论。

规则3:在前提中不周延的项,在结论中不得周延。这一规则进一步保证了中项的媒介作用。因为如果在前提中不周延的大、小项,到结论中却周延了,那就超出了中项与大、小项所联系的确定范围,就不能保证前提蕴涵结论。

规则4:两个否定前提推不出结论。这一规则是从前提的质的角度间接地保证中项的媒介作用。因为,两个前提都是否定的,则中项与大、小项都互相排斥。这样,中项就不能起媒介作用,大、小项的关系就无法确定,因而就不能推出结论。

规则5:如果前提中有一否定,则结论否定;如果结论否定,则前提中有一否定。这条规则是在规则4的基础上进一步保证中项的媒介作用。如果前提中有一否定,则大项或小项与中项相排斥,那么到结论中大、小项之间必也相排斥,因此结论是否定的。如果结论是否定的,那么大、小项是相排斥的,这一定是由于大项或小项在前提中与中项相排斥,相排斥的那个前提就必然是否定的。

其他两条规则是导出规则,可以通过上面来说明。因此,学习三段论时,一定要抓住中项这个媒介。

五、如何应用三段论规则来检验一个具体的三段论是否有效

首先要注意三段论一般规则与各格特殊规则在判定三段论有效性上的区别。

三段论的一般规则是保证三段论有效的充分必要条件。也就是说，如果一个三段论符合七条一般规则的全部要求，那么它就一定是有效的；反之，如果一个三段论违反了一般规则中的任何一条，那么这个三段论就是无效的。因此，应用三段论的一般规则，既可以判定一个三段论有效，也可以判定一个三段论无效。

三段论各格的特殊规则只是保证该格三段论有效的必要条件，而不是充分条件。也就是说，如果一个三段论违反了相应格的特殊规则中的任一条，那么它就是无效的；但是，一个三段论符合相应格的全部特殊规则的要求，它也不一定是有效的。因此，应用格的规则只能判定一个三段论无效，而不能判定一个三段论有效。

因此，要检验一个具体的三段论是否有效，最好还是应用三段论的一般规则。

其次要善于总结检验时的最佳步骤。

应用三段论的一般规则来检验一个具体的三段论，通常可分为以下两步：

第一，抽象出逻辑形式。即从用自然语言表述的具体三段论中抽象出其推理形式，并用符号公式表示之。如果是一个省略三段论，还需先将其补充为完整的三段论后，再概括其逻辑形式。如果自然语言表达的是不规范的性质判断，则需将其化归为规范的性质判断形式，如将"没有 S 不是 P"化归为"所有 S 是 P"等等。

第二，检验其是否有效。即用三段论的一般规则对三段论的推理形式进行检查。检查时可以按从易到难的顺序进行：

(1)应用规则 4 和规则 6，检查是不是"双否"或"双特"。如是，则此三段论无效；如不是，接第二步。

(2)应用规则 5 和规则 7，检查是否出现"前提都肯定—结论否定"或"前提有否定—结论肯定"以及"前提有特称—结论全称"的错误(注意："前提都全称—结论特称"不是错误)。如是，则此三段论无效；如不是，接第三步。

(3)应用规则 1 和规则 2，检查中项是否同一及中项是否周延；

如是,则此三段论无效;如不是,接第四步。

(4)应用规则3,检查大、小项是否不当周延(注意:如果结论是特称的,则不需要检查小项,因为不会出现"小项不当周延"的错误;如果结论是肯定的,则不需要检查大项,因为不会出现"大项不当周延"的错误)。如是,则此三段论无效;如不是,则到此可证明此三段论有效。

六、怎样区分省略三段论和判断变形推理

省略三段论是省略一个前提或结论的三段论。因此,省略三段论在语言表达上只出现两个性质判断。

判断变形推理是由一个前提推出一个结论的推理。它也由两个性质判断组成。

由于省略三段论和判断变形推理在判断的数量上都只包含两个性质判断,因此初学者往往很难把两者分开。其实,从它们的定义入手,来区分它们并不十分困难。

作为三段论一定有并且只有三个项。省略三段论最根本的特点是,它包含着三个不同的概念,即大项、小项和中项。不论省略三段论省略了哪个部分,大项、小项和中项都不会缺少。所以,如果我们从中找出了三个不同的概念,就可以确认该推理是省略三段论。

而判断变形推理则不同。换质法表面看也有三个不同的概念,而实际上其中一对是具有矛盾关系的概念。而换位法则只有两个不同的概念,只不过在前提和结论中所处的位置不同。

掌握了上述特征,就不难把它们二者区分开来了。

题型例示

一、填空题

1.根据推理中前提是否蕴涵结论,可以把推理分为_____和_____。完全归纳推理和演绎推理都是_____。

答:必然性推理、或然性推理,必然性推理。

分析:本题是一个知识性的填空题,涉及的是有关推理种类的基础知识。

普通逻辑根据推理中前提与结论是否有蕴涵关系,把推理分为必然性推理和或然性推理。必然性推理前提蕴涵结论,前提真,结论必然真;或然性推理前提不蕴涵结论,前提真,结论可能真。

普通逻辑还根据推理中前提到结论的思维进程的不同,把推理分为演绎推理、归纳推理和类比推理。演绎推理是从一般到个别的推理,其结论并未超出前提的断定范围,因而前提蕴涵结论,它是必然性推理。归纳推理是从个别到一般的推理,一般来说,其结论超出了前提的断定范围,前提不蕴涵结论,是属于或然性推理。但是,由于完全归纳推理结论断定的范围等于前提断定的范围,因而其前提蕴涵结论,所以也是必然性推理。

2.若"有 S 不是 P"为真,则"有非 P 是 S"取值为_____。

答:真。

分析:本题从表面上看,似乎是求解两个性质判断之间的真假关系,但如只利用对当关系是不能解决的,因为它们不是同素材的两个性质判断。实际上本题考察的是有关性质判断变形推理的知识。

对本题加以转换,它的真实含义是:以"有 S 不是 P"为前提,能否有效地推得"有非 P 是 S"。如果能,那么"有非 P 是 S"就是真的;如果不能,那么"有非 P 是 S"或真假不定,或假。本题具体推理过程如下:

SOP→SI $\bar{P}$→$\bar{P}$IS,所以应填"真"。

3.有些工人是共青团员,而所有共青团员不是老年人,所以,有些工人不是老年人。这个三段论属于第____格____式。

答:一,EIO。

分析:

本题考核学生有关三段论结构(包括格和式)的知识。

在分析三段论结构时,首先应明确,虽然在自然语言表达上,三段论习惯性地把大前提排列在前,小前提排列在后。但是,排列顺序不是区分大、小前提的标准。区分大、小前提的标准,只能看它们包含的是大项还是小项。而大项是结论的谓项,小项是结论的主项。其次,三段论的逻辑形式(格和式)是严格按照大前提、小前提、结论的顺序排列的。

在本题中大项是"老年人",所以大前提应是"所有共青团员不是老年人";小项是"工人",所以小前提是"有些工人是共青团员"。因此本三段论的逻辑形式为:MEP, SIM, 所以 SOP。这是第一格的EIO 式。

4.一个有效的第三格三段论式,其大前提若为 MIP,则其小前提应为_____,结论应为_____。

答:MAS, SIP。

分析:

本题考察学生应用三段论的一般规则或格的规则解决具体问题的能力。这是一种常见题型。由已知前提求另一前提或结论,也可以是选择题、分析题或综合题等。

本题解题的思考过程如下:

由已知这是一个第三格的三段论,中项 M 是小前提的主项,大前提中 M 不周延,所以 M 在小前提中必须周延,而根据第三格的规则,小前提必须肯定,所以,小前提只能是 MAS。前提均为肯定,且前提中有一特称,所以结论只能是 SIP。

5.在括号内填入适当的符号,使之成为一个有效的三段论形式:

( )( )( )
( ) O ( )
( )( )( )

答:此三段论为:

(P)(A)(M)
(S) O (M)
(S)(O)(P)

分析:

本题虽然为一填空题,却能考察学生综合应用三段论的有关知识来解答具体问题的能力,其难度不亚于综合题。

为分析方便,先将题目中的( )编上号,即:

(①)(②)(③)
(④) O (⑤)
(⑥)(⑦)(⑧)

具体解答过程如下:

(1)由三段论结构的知识⇒⑥应填小项 S,⑧应填大项 P。

(2)由已知条件"小前提为 O 判断"⇒结论为 O 判断(前提中有一特称,结论必特称;前提中有一否定,结论必否定),所以⑦应填 O。

(3)由已知条件"小前提为 O 判断"⇒大前提为 A 判断(两个特称前提不能得结论;两个否定前提不能得结论),所以②应填 A。

(4)结论为 O 判断,即结论否定⇒大项 P 在结论中周延⇒大项 P在前提中必须周延,并且大前提为 A 判断⇒①应为大项 P(A 判断只有主项周延)⇒③应为中项 M(三段论结构)⇒中项 M 在大前提中不周延(肯定判断谓项不周延)⇒中项 M 在小前提中必须周延(中项在前提中至少周延一次)⇒⑤应为中项 M(O 判断只有谓项周延)⇒④应为小项 S(三段论结构)。

二、选择题

1. 一个演绎推理,如果结论是虚假的,那么( )。

(1)前提肯定不真实。

(2)前提可能不真实。

(3)推理形式可能无效。

(4)推理形式肯定无效。

(5)前提不真实且推理形式无效。

答:(2)、(3)。

分析:

本题涉及必然性推理的形式有效性和前提的真实性之间的关

系,是学习时容易理解错误的问题。

一个推理结论真实,当且仅当前提真并且形式有效。因此,如果一个推理结论假,则有两种可能,或者是由于前提假,或者是由于形式无效。答案(1)是错误的,因为结论假,前提可能都是真实的,如推理:所有的数学家是科学家,李四光是科学家,所以,李四光是数学家。此推理前提都真而结论虚假,原因就在于推理形式无效。答案(4)也是错误的,因为结论假,推理形式却可以是有效的,如推理:所有金属都是固体,汞是金属,所以汞是固体。这是第一格的 AAA 式,推理形式有效,结论假的原因在于前提"所有金属都是固体"虚假。同理可以说明答案(5)也是错误的。

2.下列推理中,根据对当关系中的反对关系而进行的有效推理是(　　　)。

(1)SAP→$\overline{\text{SEP}}$。

(2)$\overline{\text{SAP}}$→SEP。

(3)SAP→$\overline{\text{SOP}}$。

(4)SEP→$\overline{\text{SAP}}$。

(5)SEP→SOP。

答:(1)、(4)。

分析:

本题考察学生对对当关系推理有效式的掌握。

分析对当关系推理是否有效时,首先要分析前提和结论之间是什么关系;其次分析它是否属于此种关系中的有效式。一般来说,矛盾关系可以由真推假,也可以由假推真;反对关系只能由真推假;下反对关系只能由假推真;差等关系由全称真推特称真,特称假推全称假,不能反推。

从此例来说,选项(1)前提(SAP)与结论(SEP)之间是反对关系,且是由真推假,因此是反对关系推理的有效式。选项(4)前提(SEP)与结论(SAP)之间也是反对关系,且也是由真推假,因此也是反对关系推理的有效式。选项(2)前提(SAP)与结论(SEP)之间虽然是反对关系,但是由假推真,因此无效。选项(3)虽然是有效的,但前提(SAP)与结论(SOP)之间是矛盾关系,因此不是反对关系推理的有效式。选项(5)虽然也是有效的,但前提(SEP)与结论(SOP)之间是差等关系,因此也不是反对关系推理的有效式。

3.下列推理形式中,无效的是(　　　　)。

(1)$\overline{SEP}$→SAP。

(2)SO$\overline{P}$→PO$\overline{S}$。

(3)SA$\overline{P}$→SE$\overline{P}$。

(4)$\overline{SIP}$→SOP。

(5)SAP→PAS。

答:(1)、(3)、(5)。

分析:

此题综合了对当关系推理和判断变形推理的有效式,是一种常见的题型。

选项(1)、(3)、(4)是关于对当关系推理的。选项(1)中 SEP 和 SAP 是反对关系,可以同假,因此不能由假推真,所以无效;选项(3)也是反对关系,不能同真,已知一真,另一个必假,所以无效;选项(4)为下反对关系,不能同假,已知一假,另一个必真,所以有效。

选项(2)、(5)是关于判断变形推理的。选项(2)是换质位推理,其具体推理过程可显示如下:SO$\overline{P}$→SIP→PIS→PO$\overline{S}$,所以有效;选项(5)是 SAP 的换位,SAP 只能限制换位,即换位为 PIS,而不能换位为 PAS,所以无效。

4.学过逻辑的人有些是学过英语的,这个班所有的学生都学过逻辑,所以,这个班有些学生学过英语。这个三段论的错误是(　　　　)。

(1)"四概念"的错误。

(2)"大项不当周延"的错误。

(3)"小项不当周延"的错误。

(4)"中项不周延"的错误。

答:(4)。

分析:

三段论的一般规则及其应用是三段论推理中的重点。解答本题就必须熟练地掌握有关三段论一般规则的知识并能加以应用。不仅要能检验一个三段论是否有效,还要能指出如果无效,则违反了哪条规则,犯了什么错误。

选项(1)是应用规则1"一个三段论有并且只有三个项",即中项是否同一。本题中小前提实为"这个班所有的学生都是学过逻辑的人",中项是"学过逻辑的人",保持同一,因此没有犯"四概念"的错误。但是,中项在大前提中是特称判断的主项,不周延;在小前提中是肯定判断的谓项,也不周延,即中项两次不周延,违反规则2"中项在前提中至少周延一次",犯了"中项不周延"的错误,所以答案应是选项(4)。因为是单项选择题,选项(2)、(3)被排除。事实上,大项"学过英语的"在前提中不周延,在结论中也不周延,没有犯"大项不当周延"的错误;小项"这个班的学生"在前提中周延,在结论中不周延,也没有犯"小项不当周延"的错误(切记:在前提中周延的项,在结论中可以不周延)。

5.一个有效的三段,如果它的结论是否定的,则它的大前提不能是( )。

(1)MAP。

(2)MIP。

(3)PIM。

(4)POM。

(5)PEM。

答:(1)、(2)、(3)、(4)。

分析:此种题型是三段论中的常见题型,即根据已知条件来补充前提或结论。

本题中已知条件是"结论是否定的",因此大项在结论中周延,即要求它在大前提中周延,否则就不是一个有效的三段论。考察选项可以看到,选项(1)、(2)中的大项是肯定判断的谓项,不周延;选项(3)、(4)中的大项是特称判断的主项,不周延,因此这四个选项都不能成为大前提,正是答案所需要的。

而选项(5)中的大项是全称判断的主项,周延了,此选项可以作为大前提,所以它被排斥。

6.下列各式作为三段论第一格推理形式,无效的是(　　　　)。

(1)AAA。

(2)AEE。

(3)EAA。

(4)AII。

(5)EIO。

答:(2)、(3)。

分析:

本题考核有关三段论的格和式。解题时,一种方法是熟记三段论的有效式,如第一格的 6 个有效式是 AAA,EAE,AII,EIO,AAI,EAO,用它们来比对以上五个选项,就能找出选项(2)、(3)不是有效式。但是,要熟记四格 24 个有效式是非常困难的,也是没有必要的。第二种方法就是掌握格的特殊规则。如第一格的规则是:小前提是肯定的,大前提是全称的,依此来加以辨别,就会发现只有选项(2)不符合规则。不满足双项选择的要求。其实选项(3)虽然符合第一格规则,但却违反了一般规则"前提中有一否定,结论必否定"。因此必须记住,格的规则是三段论有效的必要条件,而不是充分条件,符合格的规则的三段论,不见得是有效的。所以不论处理何种题型的题目,在三段论中最终还是要应用其一般规则。

7.有的哺乳动物是有尾巴的,因为老虎是有尾巴的。是一有效的省略三段论,其省略的判断可以是(　　　　)。

(1)有的哺乳动物不是老虎。

(2)有的有尾巴的是哺乳动物。

(3)有的哺乳动物没有尾巴。

(4)所有老虎都是哺乳动物。

答:(4)。

分析:

这是一个要求恢复完整三段论的问题。

省略三段论恢复成完整三段论,一般采用以下步骤:

首先,确定结论是否被省略。一般是寻找"所以"、"因为"等这样的联词,"所以"后面往往是结论,而"因为"前面往往是结论。如果这些联词没有,那么就是省略了结论,根据三段论规则,有效地推出结论就可。本题有"因为",所以"有些哺乳动物是有尾巴的"是结论,另一个则为前提。

其次,如果结论没有省略,那么根据结论就先可以确定大项和小项。然后就能确定省略了哪个前提。如果大项没有在已有前提中出现,则说明省略的是大前提。如果小项没有在已有前提中出现,则说明省略的是小前提。前提中出现的另一个项则为中项。本题中,大项是"有尾巴的",小项是"哺乳动物"。小项"哺乳动物"在已知前提"老虎是有尾巴的"中没有出现,所以省略了小前提。"老虎"是中项。

最后,把省略的部分补充进去。如果省略的是大前提,则把大项和中项相结合;如果省略的是小前提,则把小项和中项相结合。

在恢复省略三段论时,还要注意以下三点:

第一,不违反省略三段论的原意。一般地说,省略三段论的被省略部分的内容,是显而易见的,正因为如此,它才可以省略。要尽量按照省略三段论这种明显的原意进行恢复。

第二,在不违反原意的前提下,恢复时所补充的判断,应该力求是真实的。如果在不违背原意的前提下,却补充了一个虚假的判断,这就失去了恢复省略三段论的意义。

第三,在不违反原意的前提下,恢复时所补充的判断,还应力求符合三段论的一般规则。如果在不违背原意的前提下,却补充成了一个无效的三段论,这也失去了恢复省略三段论的意义。

就本题而言,省略的是小前提,就应把小项"哺乳动物"和"老虎"

相结合,因此,选项(2)、(3)被排斥。选项(1)和(4)都是把小项和中项相结合,且都是真实的。但如果选择(1),则违反规则"前提中有一否定,结论必否定"。因此,只能选择选项(4)。

三、分析题

1.试分析以下推理是否有效。

真理都是不怕批评的,所以,怕批评的都不是真理。

答:本推理的推理过程如下:SA$\overline{P}$→SE$\overline{P}$→$\overline{P}$ES,符合换质法和换位法的推理规则,因此,是有效的。

分析:

本题是判断变形推理的综合推理,就是从一个给定前提出发,通过换质法和换位法的交替使用,从而获得结论的推理。它主要有两种方式:第一,换质位法。即先换质,后换位,再换质,再换位,……直到不能换位或推到给定结论为止。第二,换位质法。即先换位,后换质,再换位,再换质,……直到不能换位或推到给定结论为止。本例是较常见的题型。运用综合推理,如果推出给定结论,此推理就有效;如不能推出给定结论,则此推理无效。

在运用判断变形直接推理进行综合推理时,学生最感困惑的是,在什么情况下运用换质位法,又在什么情况下运用换位质法。从根本上讲,这应该根据思维活动的实践需要来确定。当然在不断的实践中也能总结出一些规律。如:

(1)当结论的主项是前提谓项的矛盾概念时,不管结论的谓项如何,都无须运用换位质法进行试推导。因为,运用这种方法进行推导,不可能出现结论的主项是前提谓项的矛盾概念的情况。因此,只需要运用换质位法进行推导。例如,请判定 SAP→$\overline{P}$A$\overline{S}$ 是否有效?

这个推理形式结论的主项"$\overline{P}$"是前提谓项"P"的矛盾概念,运用换质位法试推导如下:

$$SAP→SE\overline{P}→\overline{P}ES→\overline{P}A\overline{S}$$

推出了给定的结论,所以此推理有效。

（2）当结论的主项和前提的谓项相同时，不管结论的谓项如何，都无须运用换质位法进行试推导，因为运用这种方法进行推导，不可能出现结论的主项和前提的谓项相同的情况，因此，只需要运用换位质法进行试推导。例如：

$$S\overline{I}P \rightarrow \overline{P}O\overline{S}$$

这个推理形式结论的主项和前提的谓项相同，运用换位质法试推导如下：

$$S\overline{I}P \rightarrow \overline{P}IS \rightarrow \overline{P}O\overline{S}$$

推出了给定结论，所以此推理有效。

（3）当结论的主项是前提主项的矛盾概念时，不管结论的谓项如何，都只能是以 A 或 E 为前提进行推导产生的结果，因为以 I 或 O 为前提进行推导不可能产生这种情况。如果前提是 A，则只需运用换质位法进行试推导；如果前提是 E，则只需运用换位质法进行试推导。例如，给出如下一个推理，请问它是否有效？

所有金子都是闪光的，所以，有些非金子是不闪光的。

在回答这种类型的问题时，首先要把有关推理的形式列出，然后进行试推导。此题的推理形式为：

$$SAP \rightarrow \overline{S}I\overline{P}$$

因为此推理结论主项"$\overline{S}$"是前提主项"S"的矛盾概念，且前提是 A 而不是 E，所以，只需运用换质位法进行试推导。推理过程如下：

$$SAP \rightarrow SE\overline{P} \rightarrow \overline{P}ES \rightarrow \overline{P}A\overline{S} \rightarrow \overline{S}I\overline{P}$$

推出了给定的结论，所以此推理是有效的。

在判定一判断变形推理是否有效时，如能结合对当关系推理，则能较迅速地作出正确的断定。例如：

$$SAP \rightarrow \overline{P}O\overline{S}$$

这个判断变形推理是否有效呢？如果单纯运用换质位法或换位质法，都不能直接推出 $\overline{P}O\overline{S}$ 为结论。具体如下：

$$SAP \rightarrow SE\overline{P} \rightarrow \overline{P}ES \rightarrow \overline{P}A\overline{S} \rightarrow \overline{S}I\overline{P} \rightarrow \overline{S}O\overline{P}（换质位不能推出）$$

$$SAP \rightarrow PIS \rightarrow PO\overline{S}（换位质不能推出）$$

至此,能否断定这个推理就是一个无效式呢?不能。因为,在换质位到 $\overline{SIP}$ 时,不是接着换质,而是再一次换位,就能推得结论。具体过程如下:

$$SAP \rightarrow SE\overline{P} \rightarrow \overline{P}ES \rightarrow \overline{P}A\overline{S} \rightarrow \overline{S}I\overline{P} \rightarrow \overline{P}I\overline{S} \rightarrow \overline{P}OS$$

我们已经习惯了换质、换位、再换质、再换位的综合推理,因此极少会有同学考虑到换位之后再换位的推理。其实,当换质位推出 $\overline{P}ES$ 时,就能发现,$\overline{P}ES$ 与 $\overline{P}OS$ 是"差等关系",由 $\overline{P}ES$ 可以推出给定结论 $\overline{P}OS$。

所以,此推理不是无效式,而是一个有效式。

2.并非有的商品没有价值,并非所有劳动产品都是商品,所以,并非所有劳动产品都有价值。这一三段论的形式是什么?是否正确?为什么?

答:这个三段论的形式是:MAP,SOM,所以,SOP。

不正确,违反规则"在前提中不周延的项在结论中不得周延"(或违反第一格的规则"小前提必肯定"),犯了"大项不当周延"的错误。

分析:

本题要求分析一个具体推理的逻辑形式,并能根据有关推理的规则来检验此推理是否有效。

3.以"北京人都是中国人,有的北京人不是工人"为前提,能否必然推出下列结论(1)与(2)?为什么?

(1)有的工人不是中国人。

(2)有的中国人不是工人。

答:不能必然推出结论(1),因为此三段论违反规则3,犯了"大项不当周延"的错误。能必然推出结论(2),因为此三段论符合规则。

分析:

考察所给两前提和结论,可以发现它们都是性质判断,且包含了三个概念:"北京人"、"中国人"和"工人",因此所用推理必为三段论。所以,此题考核的实际上是有关三段论的结构、一般规则及其具体应用。所谓能必然推出结论,就是以此为结论的三段论推理是有效的;

所谓不能必然推出结论,就是以此为结论的三段论推理是无效的。因此本题又转化为用三段论规则来检验以下两个三段论推理是否有效:

①北京人都是中国人,

　有的北京人不是工人,

　所以,有的工人不是中国人。

②有的北京人不是工人,

　北京人都是中国人,

　所以,有的中国人不是工人。

解答此题时,首先要注意到两结论的主项和谓项正好颠倒,因而两三段论的大、小前提也应按相应的顺序排列。其次要注意,推理①是无效的,因此检验时可以应用一般规则,说明其违反规则3,犯了"大项不当周延"的逻辑错误,也可以应用格的具体规则,说明其违反第三格的规则"小前提必须是肯定的"。但是,推理②是有效的,因此检验时只能应用一般规则,说明其之所以有效是因为符合全部一般规则的要求,因为一般规则是三段论有效的充分必要条件。检验时不能用格的具体规则,只说明其符合第三格的规则要求,因为格的规则只是三段论有效的必要条件而不是充分条件。

四、综合题

1.试证明:中项周延两次的有效三段论,其结论不能为全称判断。

答一:假设中项周延两次的有效三段论,其结论是全称判断,那么结论或者是 SAP,或者是 SEP。

如果结论是 SAP,那么两前提都是 A 判断,要使中项周延两次,则此三段论为:MAP,MAS,所以,SAP。此三段论违反规则3,犯了"小项不当周延"的逻辑错误。

如果结论是 SEP,那么两前提一为 A 判断,一为 E 判断,要使中项周延两次,这样的三段论总共有以下四种:

(1)MAP, MES, 所以, SEP。

(2)MAP, SEM, 所以, SEP。

(3)MEP, MAS, 所以, SEP。

(4)PEM, MAS, 所以, SEP。

(1)和(2)都违反规则3,犯了"大项不当周延"的逻辑错误。

(3)和(4)都违反规则3,犯了"小项不当周延"的逻辑错误。

综上所述,无论何种情况,均将违反规则,因此假设错误,中项周延两次的有效三段论,其结论不能为全称判断。

答二:假设中项周延两次的有效三段论,其结论是全称判断,那么结论或者是 SAP,或者是 SEP。

如果结论是 SAP,那么两前提都是肯定判断,前提中至多有两个周延的项。同时,小项 S 在结论中周延,那么它在前提中必须周延。因此,中项只能周延一次。与题意不符。

如果结论是 SEP,那么前提中必有一肯定判断,前提中至多有三个周延的项。同时,小项 S 和大项 P 在结论中都周延,因此它们在前提中都必须周延,这样中项只能周延一次。这也与题意不符。

总之,假设错误,中项周延两次的有效三段论,其结论不能是全称判断。

答三:假设中项周延两次的有效三段论,其结论可以是全称判断。

因为结论全称,所以小项在结论中周延,这就要求它在前提中周延,这样小前提中小项和中项都周延,所以小前提是全称否定判断。因为小前提否定,所以结论否定,则大项在结论中周延,这就要求它在前提中周延,所以大前提中的大项和中项都周延,因此大前提也是全称否定判断。两个否定判断不能得结论,所以假设错误,中项周延两次的有效三段论,其结论不能为全称判断。

分析:

运用三段论的一般规则来论证某个命题,是综合题中经常涉及的内容。通常使用反证法或选言证法或完全归纳证明。我们应当从本例中学习如何选择最佳角度进行逻辑证明。

2.设 B 与 C 全异,A 与 B 不全异。试分析 A 与 C 可能有的外延关系。请写出解题过程。

答一:由"A 与 B 不全异"可知 A 与 B 的外延关系有四种可能,即:(1)A 与 B 全同;(2)A 真包含于 B;(3)A 真包含 B;(4)A 与 B 交叉。

由"B 与 C 全异"和(1)"A 与 B 全同"可得:A 与 C 全异;

由"B 与 C 全异"和(2)"A 真包含于 B"可得:A 与 C 全异;

由"B 与 C 全异"和(3)"A 真包含 B"可得:A 与 C 全异或 A 与 C 交叉或 A 真包含 C。

由"B 与 C 全异"和(4)"A 与 B 交叉"可得:A 与 C 全异或 A 与 C 交叉或 A 真包含 C。

综合以上四种情况,可得 A 与 C 的外延关系为:真包含、交叉或全异。

答二:由"B 与 C 全异",得"所有 B 不是 C";

由"A 与 B 不全异",得"有 A 是 B";

由"所有 B 不是 C"和"有 A 是 B",根据三段论推得"有 A 不是 C"。

当"有 A 不是 C"真时,A 与 C 的外延关系为:真包含、交叉或全异。

分析:

解一比较繁琐,且容易遗漏 A 与 C 的某种可能情况而导致答题不全面;解二既简洁又不容易出错。通过解一与解二的对比,可以发现试题表面上虽然只涉及第二章有关概念外延间的关系的知识,解题时也不要求进行推理,但能运用推理的知识的确是解题的捷径。推理是逻辑的核心,哪里注入推理的因素,哪里就会有丰富而有趣的逻辑问题。因此,在学习逻辑知识并运用于具体问题时,一定要注重培养自己的推理意识。

3.下面三句话中恰有一真,请问甲班 40 名学生中有几人懂计算机?

（1）甲班有些同学懂计算机。

（2）甲班有些同学不懂计算机。

（3）甲班班长不懂计算机。

答：以上三句话的逻辑形式可以分别符号化为：

1）SIP

2）SOP

3）SeP（e 表示单称否定，a 表示单称肯定）

①分情况讨论法：

已知三句话中只有一真，因此：

如果 1）真，那么 2）、3）假。2）假，则 SAP 真；3）假，则 SaP 真。符合题意。

如果 2）真，那么 1）、3）假。1）假，则 SEP 真；3）假，则 SaP 真。SEP 与 SaP 是反对关系，不能同真。所以，假设错误。

如果 3）真，那么 1）、2）假。1）和 2）是下反对关系，不能同假，所以，假设错误。

三种情况中只有第一种情况符合题意，所以，甲班所有同学都懂计算机。

（使用此种方法时，千万注意不能只假设第一种情况，而它恰好符合题意，就贸然下结论。）

②假设法：

设 3）真，则 2）真，与题设不符，所以 3）假。

3）假，即 SeP 假，则 SaP 真。

SaP 真，则 SIP 真，即 1）真。

根据题设，只有一真，所以 2）假。

2）假，即 SOP 假，所以 SAP 真，即"甲班所有同学都懂计算机"。

③语义推导法：

1）与 2）是下反对关系，不能同假，必有一真；

所以，3）假，即 SeP 假，则 SaP 真。

SaP 真,则 SIP 真,即 1)真。

根据题设,只有一真,所以 2)假。

2)假,即 SOP 假,所以 SAP 真,即"甲班所有同学都懂计算机"。

分析:

普通逻辑的综合推理题主要有两大类型:一是所给已知条件均真;二是所给已知条件真假不定。相比较而言,第二种类型比第一种类型难度大。困难主要在于,对于一类题型,只要直接从已知条件出发,能正确地应用各种推理有效式,就能得到正确的结论;而二类题型,却不能直接对已知条件运用有效式,因为它们的真假不定,即使由它们推出了某些结论,这结论的真假也是"无可奉告"。因此此类推理的关键是先通过各种手段来确定每个已知条件的真假,切忌在真假情况不明时盲目地进行推理。本题就属于第二种类型。

解答这类题目,最能考察学生的分析能力和灵活解题能力。但此类题目也并非没有一定的程序和方法。上面就给大家介绍了三种最基本的解题方法,对比可见后一方法优于其前一方法。语义推理法的基本思路是先找出已知条件中某两个判断间的真假关系。假设已知条件为 A,B,C,D。

如果又已知其中只有一真,那么就寻找 A,B,C,D 中具有矛盾关系或下反对关系的判断(假设为 A 和 C),因为矛盾关系和下反对关系不能同假,根据排中律,二者中必有一真,这样余下的 B 和 D 必假,由此可以推出所需中间结果。如果是已知其中只有一假,那么就寻找 A,B,C,D 中具有矛盾关系或反对关系的判断(假设为 A 和 C),因为矛盾关系和反对关系不能同真,根据矛盾律,二者中必有一假,这样余下的 B 和 D 必真,由此可以推出所需的中间结果。

而解答此类题目的基本程序是:首先,抽象出已知条件的逻辑形式,基本变项要尽可能少,以便揭示每个已知条件所含的逻辑信息;其次,利用所学有关判断的知识,揭示已知条件间的真假关系(如矛盾关系或反对关系,不能同真,必有一假;矛盾关系或下反对关系,不能同假,必有一真;蕴涵关系,前件真后件必真等等),并运用各种方法确定每个已知条件的真假;最后根据已知条件的真假及各中间结果,运用推理有效式推出最终结论。

第七章　演绎推理(二)

重点提要

本章主要介绍复合判断推理,包括联言推理、选言推理、假言推理和二难推理,还涉及了简单的模态推理。

学习本章应着重理解并掌握联言推理的两个有效式——分解式和组合式;选言推理中,不相容选言推理有两个有效式——否定肯定式和肯定否定式,而相容选言推理只有一个有效式——否定肯定式;假言推理中,充分条件假言推理有两个有效式——肯定前件式和否定后件式;必要条件假言推理有两个有效式——肯定后件式和否定前件式;充分必要条件假言推理有四个有效式——肯定前件式、否定后件式、肯定后件式和否定前件式;二难推理有四个有效式——简单构成式、简单破坏式、复杂构成式和复杂破坏式。还应掌握根据模态方阵所进行的模态推理,根据模态判断与性质判断之间的关系所进行的模态推理。

一、联言推理的有效式

联言推理就是前提或结论是联言判断的推理。它的有效式有两个:

1.联言推理的分解式:

它是由前提中联言判断的真,推出其支判断的真。一般形式是:

　　p 并且 q
　　所以, p(或 q)

这个推理形式也可以用符号表示为:

　　(p∧q)→p 或 (p∧q)→q

2.联言推理的组合式:

它是由前提中全部支判断的真,推出由这些支判断组成的联言判断真。一般形式是:

p
q
所以,p∧q

这个推理形式也可以用符号表示为:

(p∧q)→p∧q

二、选言推理的有效式

选言推理就是前提中有一个是选言判断的推理。它可以分为两种:相容的选言推理和不相容的选言推理。

1.相容的选言推理。

相容的选言推理就是前提中有一个是相容的选言判断的选言推理。

相容的选言推理有两条规则:

(1)否定一部分选言支,就要肯定另一部分选言支。

(2)肯定一部分选言支,不能否定另一部分选言支。

根据规则,相容的选言推理只有一个有效式,即否定肯定式:

p 或者 q
非 p
所以,q

这个推理形式也可以用符号表示为:

(p∨q)∧¬p→q

2.不相容的选言推理。

不相容的选言推理就是前提中有一个是不相容的选言判断的选言推理。

不相容的选言推理也有两条规则:

(1)否定一个选言支以外的选言支,就要肯定余下的那个选言支。

(2)肯定一个选言支,就要否定其余的选言支。

根据规则,不相容的选言推理有两个有效式:

①否定肯定式:

> 要么 p,要么 q
>
> 非 p
> ——————
> 所以,q

这个推理形式也可以用符号表示为:

$$(p \underline{\lor} q) \land \neg p \rightarrow q$$

②肯定否定式:

> 要么 p,要么 q
>
> p
> ——————
> 所以,非 q

这个推理形式也可以用符号表示为:

$$(p \underline{\lor} q) \land p \rightarrow \neg q$$

三、假言推理的有效式

假言推理就是前提中有一个是假言判断,另一个是性质判断,结论是性质判断的推理。假言推理可以分为三种:充分条件假言推理、必要条件假言推理和充分必要条件假言推理。

1. 充分条件假言推理。

前提中有一个是充分条件假言判断的假言推理,就是充分条件假言推理。

充分条件假言推理的规则是:

(1)肯定前件就要肯定后件,否定后件就要否定前件。

(2)否定前件不能否定后件,肯定后件不能肯定前件。

根据规则,充分条件假言推理只有两个有效式:

①肯定前件式:

> 如果 p,那么 q
>
> p
> ——————
> 所以,q

这个推理形式也可以用符号表示为：

　　(p→q)∧p→q

②否定后件式：

　　如果 p，那么 q

　　非 q

　　所以，非 p

这个推理形式也可以用符号表示为：

　　(p→q)∧￢q→￢p

2.必要条件假言推理。

前提中有一个是必要条件假言判断的假言推理，就是必要条件假言推理。

　　必要条件假言推理的规则是：

　　(1)否定前件就要否定后件，肯定后件就要肯定前件。

　　(2)肯定前件不能肯定后件，否定后件不能否定前件。

　　根据规则，必要条件假言推理只有两个有效式：

　　①否定前件式：

　　只有 p，才 q

　　非 p

　　所以，非 q

这个推理形式也可以用符号表示为：

　　(p←q)∧￢p→￢q

②肯定后件式：

　　只有 p，才 q

　　q

　　所以，p

这个推理形式也可以用符号表示为：

　　(p←q)∧q→p

3.充分必要条件假言推理。

前提中有一个是充分必要条件假言判断的假言推理，就是充分必要条件假言推理。

充分必要条件假言推理的规则是:

(1)肯定前件就要肯定后件,否定后件就要否定前件。

(2)否定前件就要否定后件,肯定后件就要肯定前件。

根据规则,充分必要条件假言推理有四个有效式:

①肯定前件式:

　　　　p 当且仅当 q

　　　　p
　　　　─────────

　　　　所以,q

这个推理形式也可以用符号表示为:

　　　　$(p \leftrightarrow q) \wedge p \rightarrow q$

②否定后件式:

　　　　p 当且仅当 q

　　　　非 q
　　　　─────────

　　　　所以,非 p

这个推理形式也可以用符号表示为:

　　　　$(p \leftrightarrow q) \wedge \neg q \rightarrow \neg p$

③否定前件式:

　　　　p 当且仅当 q

　　　　非 p
　　　　─────────

　　　　所以,非 q

这个推理形式也可以用符号表示为:

　　　　$(p \leftrightarrow q) \wedge \neg p \rightarrow \neg q$

④肯定后件式:

　　　　p 当且仅当 q

　　　　q
　　　　─────────

　　　　所以,p

这个推理形式也可以用符号表示为:

　　　　$(p \leftrightarrow q) \wedge q \rightarrow p$

四、二难推理的有效式

二难推理就是由两个假言判断和一个两支的选言判断所构成的推理。它也叫做假言选言推理。它有四个有效式：

1. 简单构成式：

　　如果 p,那么 r

　　如果 q,那么 r

　　p 或者 q

　　所以,r

这个推理形式也可以用符号表示为：

　　(p→r)∧(q→r)∧(p∨q)→r

2. 简单破坏式：

　　如果 p,那么 q

　　如果 p,那么 r

　　非 q 或者非 r

　　所以,非 p

这个推理形式也可以用符号表示为：

　　(p→q)∧(p→r)∧(¬q∨¬r)→¬p

3. 复杂构成式：

　　如果 p,那么 r

　　如果 q,那么 s

　　p 或者 q

　　所以,r 或者 s

这个推理形式也可以用符号表示为：

　　(p→r)∧(q→s)∧(p∨q)→r∨s

4. 复杂破坏式：

　　如果 p,那么 r

　　如果 q,那么 s

　　非 r 或者非 s

　　所以,非 p 或者非 q

这个推理形式也可以用符号表示为：

$$(p{\rightarrow}r) \land (q{\rightarrow}s) \land (\neg r \lor \neg s) \rightarrow \neg p \lor \neg q$$

一个正确的二难推理,要获得真实的结论,必须具备两个条件：一是形式有效,即遵守假言推理的规则；二是前提真实,即假言前提中的前件是后件的充分条件,选言前提中的选言支穷尽。不具备这两个条件的二难推理就是错误的二难推理。

对于错误的二难推理,应当予以破斥。破斥的方法主要有两种：一是指出其推理形式有错误；二是指出其前提不真实。

五、模态推理

模态推理就是以模态判断为前提或结论的推理。模态推理的有效式主要有以下几种：

1. 根据模态逻辑方阵进行的模态推理：

(1) 必然 p,所以,可能 p($\Box p{\rightarrow}\Diamond p$)。

(2) 必然非 p,所以,可能非 p($\Box \neg p{\rightarrow}\Diamond \neg p$)。

(3) 必然 p,所以,不可能非 p($\Box p{\rightarrow}\neg \Diamond \neg p$)。

(4) 可能非 p,所以,不必然 p($\Diamond \neg p{\rightarrow}\neg \Box p$)。

(5) 必然非 p,所以,不可能 p($\Box \neg p{\rightarrow}\neg \Diamond p$)。

(6) 可能 p,所以,不必然非 p($\Diamond p{\rightarrow}\neg \Box \neg p$)。

2. 根据模态判断与性质判断之间的关系进行的模态推理：

(1) 必然 p,所以,p($\Box p{\rightarrow}p$)。

(2) p,所以,可能 p($p{\rightarrow}\Diamond p$)。

(3) 必然非 p,所以,非 p($\Box \neg p{\rightarrow}\neg p$)。

(4) 非 p,所以,可能非 p($\neg p{\rightarrow}\Diamond \neg p$)。

难点解析

一、为什么"肯定否定式"不是相容选言推理的有效形式

相容选言推理是前提中有一个相容选言判断,并根据相容选言判断的逻辑性质所进行的推理。

相容选言判断的逻辑性质是选言支所断定的几种可能事物情况中至少有一个存在,并且可以并存,或者说,可以同真,因此,相容选言推理的选言支不是相互排斥的。当已知其中一部分选言支是真的时,另一部分选言支则可能假,也可能真,而不必然是假的。所以,在肯定一部分选言支之后,不能必然地否定另一部分选言支,"肯定否定式"不是相容选言推理的有效式。

二、怎样理解假言推理的有效式与非有效式

假言推理可分为充分条件假言推理、必要条件假言推理和充分必要条件假言推理。我们可以从两个角度来理解假言推理的有效式与非有效式:第一,从假言判断的逻辑性质,即从真值表的角度;第二,从假言判断前件与后件之间的条件关系的角度。下面分别加以阐述:

1.充分条件假言推理。

充分条件假言推理,就是前提中有一个是充分条件假言判断,并根据充分条件假言判断的逻辑性质进行的推理。

由充分条件假言判断的逻辑性质(从真值表)可知,一个为真的充分条件假言判断,其前后件之间的真假关系有以下四种情况:

(1)前件真时,后件必真;

(2)后件假时,前件必假;

(3)前件假时,后件可真可假;

(4)后件真时,前件可真可假。

因此,当一个充分条件假言判断为真时,根据(1),前件真必然制

约着后件真,肯定前件必须肯定后件。根据(2),后件假必然制约着前件假,否定后件必须否定前件。但是,根据(3),前件假却并不必然制约着后件假,否定前件不能否定后件。根据(4),后件真也并不必然制约着前件真,肯定后件也不能肯定前件。所以,充分条件假言推理只有两个有效式,即肯定前件式和否定后件式。

从条件关系来看,充分条件假言判断其前、后件的条件关系是:前件是后件的充分条件,而后件是前件的必要条件。也就是说,有前件就一定有后件,没有后件就一定没有前件;反之,有后件不一定有前件,没有前件不一定没有后件。这种条件关系就决定了充分条件假言推理肯定前件就要肯定后件,否定后件就要否定前件;否定前件不能否定后件,肯定后件不能肯定前件。所以,充分条件假言推理只能有肯定前件式和否定后件式。

2.必要条件假言推理。

必要条件假言推理,就是前提中有一个是必要条件假言判断,并且根据必要条件假言判断的逻辑性质进行的推理。

由必要条件假言判断的逻辑性质可知,一个为真的必要条件假言判断,其前后件之间的真假关系有以下四种情况:

(1)前件假时,后件必假;

(2)后件真时,前件必真;

(3)前件真时,后件可真可假;

(4)后件假时,前件可真可假。

因此,当一个必要条件假言判断为真时,根据(1),前件假必然制约着后件假,否定前件就必须否定后件。根据(2),后件真必然制约着前件真,肯定后件就必须肯定前件。但是,根据(3),前件真时并不必然制约着后件真,肯定前件不能肯定后件。根据(4),后件假也并不必然制约着前件假,否定后件也不能否定前件。所以,必要条件假言推理只有两个有效式,即否定前件式和肯定后件式。

从条件关系来看,必要条件假言判断其前、后件的条件关系是:前件是后件的必要条件,而后件是前件的充分条件。也就是说,没有前件就一定没有后件,有后件就一定有前件;反之,没有后件不一定没有前件,有前件不一定有后件。这种条件关系就决定了必要条件假言推理否定前件就要否定后件,肯定后件就要肯定前件;肯定前件不能肯定后件,否定后件不能否定前件。所以,必要条件假言推理只能有否定前件式和肯定后件式。

3.充分必要条件假言推理。

充分必要条件假言推理,就是前提中有一个是充分必要条件假言判断,并且根据充分必要条件假言判断的逻辑性质进行的推理。

由充分必要条件假言判断的逻辑性质可知,一个为真的充分必要条件假言判断,其前后件之间的真假关系有以下四种情况:

(1)前件真时,后件必真;

(2)后件真时,前件必真;

(3)前件假时,后件必假;

(4)后件假时,前件必假。

因此,当一个充分必要条件假言判断为真时,根据(1),前件真必然制约着后件真,肯定前件就必须肯定后件。根据(2),后件真必然制约着前件真,肯定后件就必须肯定前件。根据(3),前件假时必然制约着后件假,否定前件就要否定后件。根据(4),后件假也必然制约着前件假,否定后件就要否定前件。所以,充分必要条件假言推理有四个有效式,即肯定前件式、肯定后件式、否定前件式和否定后件式。

从条件关系来看,充分必要条件假言判断其前、后件的条件关系是:前件既是后件的充分条件,也是后件的必要条件;而后件既是前件的充分条件,也是前件的必要条件。也就是说,有前件就一定有后件,没有前件就一定没有后件;反之,有后件就一定有前件,没有后件就一定没有前件。这种条件关系就决定了充分必要条件假言推理肯定前件就要肯定后件,否定前件就要否定后件,肯定后件就要肯定前件,否定后件就要否定前件。所以,充分必要条件假言推理有四个有效式:肯定前件式、否定前件式、肯定后件式和否定后件式。

三、如何用真值表判定一推理是否有效

任何一个推理总是由前提和结论两部分构成的。一个推理的形式是有效的，当且仅当，如果它的各个前提都真，则必能得出真实的结论。因而，前提与结论之间是蕴涵关系。因此，每一个复合判断推理的形式，都可以表示为一个相应的蕴涵式，这个蕴涵式的前件是该推理的各个前提的合取，而后件则是该推理式的结论。亦即：

推理形式为：$A_1, A_2, \cdots A_n$，所以，B。

与之相应的蕴涵式就为：$A_1 \wedge A_2 \wedge \cdots \wedge A_n \rightarrow B$

因为凡有效的推理形式都是普遍有效的，亦即，不论其前提和结论的具体内容为何，它都决不可能由真前提推导出假结论来。所以，与有效推理形式相应的蕴涵式也就决不可能为假，也就是说决不会出现前件真而后件假的情形，亦即它必为永真式(所谓永真式，就是在其支判断真值组合的所有可能情况下，其值均为真的复合判断形式)。反之，无效的推理形式却可能由真前提推导出假结论，因此，与之相应的蕴涵式就不是永真式。

据此，要判定一个复合判断推理形式是否有效时，就可以通过制作出与其相应的蕴涵式的真值表，或使用归谬赋值法，通过判定这一蕴涵式是否为一永真式来加以确定。例如：

试用真值表方法判定下列推理是否有效。

(1)如果小丁是法律系的学生，那么他要学犯罪心理学。可是，小丁不是法律系的学生。所以，他不用学犯罪心理学。

(2)如果那枚银币受到摩擦，那么它就会发热。如果那枚银币发热，那么其体积就会膨胀。所以，如果那枚银币受到摩擦，那么，其体积就会膨胀。

答：设 p 表示"小丁是法律系的学生"，q 表示"他要学犯罪心理学"，则推理(1)的推理形式为：

$p \rightarrow q, \neg p$，所以，$\neg q$。

与这一推理形式相应的蕴涵式是：

$(p{\to}q)\wedge\neg p{\to}\neg q$

此蕴涵式的真值表如下：

p	q	$\neg$ p	$\neg$ q	p$\to$q	$(p{\to}q)\wedge\neg p$	$(p{\to}q)\wedge\neg p{\to}\neg q$
T	T	F	F	T	F	T
T	F	F	T	F	F	T
F	T	T	F	T	T	F
F	F	T	T	T	T	T

由上表可见,该蕴涵式不是一个永真式,所以推理(1)不是有效推理。

设 p 表示"那枚银币受到摩擦",q 表示"那枚银币就会发热",r 表示"那枚银币的体积就会膨胀",则推理(2)的推理形式为：

$p{\to}q, q{\to}r$,所以,$p{\to}r$。

与这一推理形式相应的蕴涵式是：

$(p{\to}q)\wedge(q{\to}r){\to}(p{\to}r)$

使用归谬赋值法,即：

$$(p \to q) \wedge (q \to r) \to (p \to r)$$

由上可见,q 既真又假,矛盾,所以假设错误。该蕴涵式是一个永真式,所以推理(2)有效。

题型例示

一、填空题

1."$(p\wedge q){\to}p$"这个推理是联言推理的_____式。

答:分解式。

分析:

学习复合判断推理时,各种推理的有效式的名称及推理形式(包括符号形式)是必须掌握的基础知识。

2.以"$p \rightarrow (\neg q \vee \neg r)$"和"$q \wedge r$"为前提进行推理,则可以必然推出_____的结论。

答:$\neg p$。

分析:

能够根据已知前提准确地推出结论是本章学习的重点和考核目标之一。

解答此类题型时,应首先分析所给前提。如本题大前提是个充分条件假言判断,因此必须使用充分条件假言推理,而充分条件假言推理只有肯定前件式和否定后件式。利用德摩根律就能发现,小前提恰好是对大前提后件的否定($\neg(\neg q \vee \neg r) \leftrightarrow (q \wedge r)$),否定后件就要否定前件,由此推得结论$\neg p$。

3.根据包含复合判断的模态判断之间的等值关系进行推演的模态推理,"不可能(非 p 并且非 q)"等值于"必然_____"。

答:p 或者 q(或"如果非 p,那么 q")。

分析:

本题综合考察模态判断和非模态判断之间的关系。解题时关键是要善于运用等值转换。

本题的解题过程如下:不可能(非 p 并且非 q)↔不不必然不(非 p 并且非 q)↔必然不(非 p 并且非 q)↔必然不(非(p 或者 q))↔必然(p 或者 q)。

二、选择题

1.在"$[\neg p(\quad)q] \wedge p \rightarrow q$"的括号内填入联结词(   ),可使其成为有效的推理形式。

(1)$\vee$。

(2)$\wedge$。

(3)→。

(4)←。

答:(1)。

分析:

本题旨在考察学生对复合判断推理有效式的掌握。

解题时为了便于分析,可以将符号形式转化为一般的推理形式,即:

$$\neg\, p(\quad)q$$
$$\underline{p\qquad\qquad}$$
$$所以,q$$

可以发现,小前提 p 是对大前提中支判断 $\neg\, p$ 的否定,这样首先可以排除选项(2),因为如果是(2),则前提为 $\neg\, p \wedge q \wedge p$,自相矛盾。其次可以排除选项(3),因为充分条件假言推理没有否定前件式。而结论 q 是对大前提中另一支判断 q 的肯定,这样就构成否定肯定式,这是选言推理的有效式,所以就可以选择正确答案(1),而排除(4)。因为必要条件假言推理否定前件就要否定后件。

2.以 $p \leftarrow (q \wedge r)$ 为前提,增加下列(　)或(　)为前提,可得结论 $\neg\, r$。

(1)$p \wedge q$。

(2)$p \wedge \neg\, q$。

(3)$\neg\, p \wedge q$。

(4)$\neg\, p \wedge \neg\, q$。

(5)$\neg\,(\neg\, p \rightarrow \neg\, q)$。

答:(3)、(5)。

分析:

本题考察学生综合应用复合判断推理有效式的能力。

本题已知结论和一前提,求另一前提。已知前提是必要条件假言判断,而推出的结论 $\neg\, r$ 是对前提中 r 的否定,所以只有应用必要条件假言推理的否定前件式才有可能得到。于是选项(1)和(2)被排除,因为所得 p 均为肯定前件式。考虑选项(3),由联言推理分解式得¬p,与已知前提结合,应用必要条件假言推理的否定前件式得¬q∨¬r;选项(3),由联言推理的分解式还可得 q;¬q∨¬r 和 q 相结合,应用相容选言推理否定肯定式可得¬r;所以选项(3)被接受。选项(5)等值于选项(3),所以选项(5)也被接受。由于本题是双选题,所以选项(4)显然不能被接受。考虑选项(4),同上,由¬p 得¬q∨¬r,但¬q∨¬r 和¬q 相结合是相容选言推理,从肯定一部分选言支到肯定另一部分选言支,这是无效的,所以不能得到¬r,选项(4)应被排除。

3.以下各组推理中有效的是(　　　　　)。

(1)他爱足球,不爱网球,所以他爱足球不爱网球。

(2)要么他爱足球,要么他爱网球,他爱足球,所以他不爱网球。

(3)他爱足球或网球,他爱足球,所以他不爱网球。

(4)若他爱足球,那么他爱网球,他爱网球,所以他爱足球。

(5)只有他爱足球才爱网球,他爱网球,所以他爱足球。

答:(1)、(2)、(5)。

分析:本题考察学生能否较熟练地判别一复合判断推理是否有效。答题时应首先从具体推理中抽象出其推理形式。如上例 5 个推理的推理形式分别为:

(1)p, q,所以,p∧q。

(2)p∨̇q, p,所以,¬q。

(3)p∨q, p,所以,¬q。

(4)p→q, q,所以,p。

(5)p←q, q,所以,p。

然后运用复合判断推理的有效式加以判别。选项(1)是联言推理的组合式,有效。选项(2)是不相容选言推理的肯定否定式,有效。选项(3)是相容选言推理的肯定否定式,无效。选项(4)是充分条件假言推理的肯定后件式,无效。选项(5)是必要条件假言推理的肯定后件式,有效。

4.以"必然 p"为前提,可必然推出(   )。

(1)并非"必然非 p"。

(2)p。

(3)非 p。

(4)可能 p。

(5)不可能非 p。

答:(1),(2),(4),(5)。

分析:

本题是有关模态推理的。根据模态对当关系,"必然 p"和"必然非 p"是反对关系,"必然 p"真,则"必然非 p"必假,所以,选项(1)有效。"必然 p"和"可能 p"是差等关系,"必然 p"真,则"可能 p"必真,所以,选项(4)有效。"必然 p"和"可能非 p"是矛盾关系,"必然 p"真,则"可能非 p"必假,所以,选项(5)有效。根据模态判断与非模态判断之间的关系,"必然 p"真,则 p 真,所以,选项(2)有效而选项(3)无效(因为选项(3)和选项(2)矛盾)。

5.以"¬□SAP"为前提,可以推出(   )。

(1)◇SOP。

(2)¬◇SOP。

(3)□SOP。

(4)¬□SEP。

答:(1)。

分析:

本题将模态判断与性质判断结合在一起推理,解答时,最主要的方法是能运用等值转换。如本题中运用等值转换的具体推理如下:¬□SAP↔¬¬◇¬SAP(运用□p↔¬◇¬p)↔◇¬SAP(运用¬¬p↔p)↔◇SOP(运用¬SAP↔SOP)。

三、分析题

1.鉴别下面推理的有效性。

只有 SAP 真,SOP 才假;SOP 真,所以 SAP 假。

答:这个推理无效。此推理的逻辑形式如下:只有 p,才 q;并且 q;所以,并非 p。这个推理形式是必要条件假言推理的否定后件式,所以无效。

分析:

有一部分人可能会误判这题是正确推理。其想法如下:只有 SAP 真,SOP 才假成立;SOP 真时,SAP 假也成立,因此推理有效。

这种想法中包含了逻辑立场和逻辑方法上的错误。错误之一是不明白鉴别一个推理的有效性,只与此推理的形式有关,而与前提和结论的真实性无关;进而误以为前提真、结论真的推理就是正确推理。错误之二是不明白鉴别推理形式,必须从逻辑常项入手,抽象出推理形式,决不被"SAP 真"、"SOP 假"等具体内容所迷惑,而把推理形式中的常项置于脑后。

2.已知下面(1)、(2)、(3)三公式两真一假,试分析 r 的取值情况。

(1)$p \rightarrow r$。

(2)$q \rightarrow r$。

(3)$\neg p \wedge \neg q$。

答一:用真值表解答,(1)、(2)、(3)三公式的真值分别如下表:

p	q	r	$\neg p$	$\neg q$	$p \rightarrow r$	$q \rightarrow r$	$\neg p \wedge \neg q$
T	T	T	F	F	T	T	F
T	T	F	F	F	F	F	F
T	F	T	F	T	T	T	F
T	F	F	F	T	F	T	F
F	T	T	T	F	T	T	F
F	T	F	T	F	T	F	F
F	F	T	T	T	T	T	T
F	F	F	T	T	T	T	T

由此表可见,(1)、(2)、(3)三公式两真一假只有三种情况,即第一、三、五行,此时,r 均真。

答二:用推理解答:

假设(3)为真,则 p 假、q 假,这样(1)、(2)均真,违反题设,所以(3)假,即￢(￢p∧￢q),所以 p∨q 为真。

(3)假,根据题设,则(1)、(2)均真。

由(1)、(2)真和 p∨q 真,根据二难推理的简单构成式,可得 r 真。

分析:

本题表面看来是一个求真值的问题,用真值表方法也确能解答,但因为有三个支判断,解题时不仅繁琐,而且费时。如能用推理的方法加以解答,则能迅速获得所需的结论。

四、综合题

1. 某办公室有 A,B,C,D,E 五位职员,大家在一起商量即将到来的国庆节值班问题,最后意见概括起来有如下四条:

(1)如果 E 来值班,那么 A 或 C 也得来值班;

(2)如果 B 不来值班,那么 A 也不来值班;

(3)如果 C 来值班,那么 B 也来值班;

(4)只有 E 来值班,F 才来值班。

现在假定:F 在国庆节是去值班的。问:B 有没有去值班?请写出推理过程。

答:B 去值班了。

设 A 表示"A 来值班",B 表示"B 来值班",以此类推。本题具体推理过程如下:

①E→A∨C　　　前提

②￢B→￢A　　　前提

③C→B　　　　　前提

④E←F　　　　　前提

⑤F	前提
⑥E	④、⑤,必要条件假言推理的肯定后件式。
⑦A∨C	①、⑥,充分条件假言推理的肯定前件式。
⑧A→B	②,假言判断间的等值转换。
⑨B	③、⑧、⑦,二难推理的简单构成式。

分析:

本题考察学生综合运用复合判断推理的知识解决具体问题的能力。这是综合推理题中常见的一种题型。与上章综合题例3不同,其所给已知条件均真,因此只要能找到前提中的契合点,按部就班地运用推理的有效式,构筑出一个推理系统,就能推得正确的结论。

解答这类题目的大致程序如下:首先,抽象出已知前提的相应的逻辑形式。逻辑形式中的基本变项要尽可能少,以便揭示出已知条件间的逻辑关系。其次,对这些逻辑形式进行适当分析和组合,为推理作出准备。主要是找到突破口,即第一步从那里入手。通常从单一判断(如本例中的前提⑤F)或联言判断(可以应用联言推理的分解式)出发。最后,运用各种推理的有效式,不断利用中间结论完成整个推理过程,以推出最后结论。

上述的推理过程是足够严密和清晰的。它一般可分为左、中、右三列。左边的那一列是数字编号,表明了推理的步骤;中间的那一列是纯符号公式,是给定的前提或推出的结论;右边的那一列是以简略的文字注明引入每一行公式的根据。若某行公式为一个已知前提,则应在其后注明它是"前提"。若某行公式是由序列中在先的某些行公式作为前提并运用某一种有效的推理形式推得的结论,则应在其后注明,它究竟是由在先的哪些行作为前提,运用了哪一种有效推理形式而推得的。

2. 已知 A,B,C,D 具有下列关系,请推出 A 与 B,B 与 D,A 与 D 的外延关系。写出推导过程,并将 A,B,C,D 的外延关系表示在一个欧勒图式中。

(1)如果 B 不与 D 全异,那么 B 真包含于 D;

(2)只有 A 真包含于 B,C 才与 D 全异;

(3)B 与 D 相容但 C 与 D 不相容。

答:推导①由条件(3)得"B 与 D 相容",即"B 与 D 不全异"(联言推理分解式)。

推导②由条件(3)得"C 与 D 不相容",即"C 与 D 全异"(同上)。

推导③由条件(1)和推导①可得"B 真包含于 D"(充分条件假言推理肯定前件式)。

推导④由条件(2)和推导②可得"A 真包含于 B"(必要条件假言推理肯定后件式)。

推导⑤由推导③和推导④可得"A 真包含于 D"(真包含于关系的传递性质)。

由此,A,B,C,D 四概念外延关系如下图:

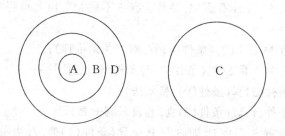

分析:

解答本题的关键是要有"逻辑抽象意识"和"推理意识"。题设条件(1)、(2)、(3)三条件中包含了 A,B,C,D 四个概念,其间外延关系错综复杂,如果不借助推理而直接依据三个条件拼凑其间外延关系,结果很可能如堕云雾,失去方向。反之,如将注意力专注于条件(1)、(2)、(3)三个判断形式,就会发现条件(1)和条件(2)的形式分别是"如果……那么……"和"只有……才……"。获得这些常项就容易想到,必须寻找条件(1)和条件(2)的前后件(或其否定)与之联合,方能使思维前进,否则便停止不前。于是注意力转移到条件(3),它是联言判断,用分解式可得两支,它们恰好是条件(1)和条件(2)的前件和后件。将它们相结合,运用推理规则,推出所需结论,可谓举手之劳。

3.设下列四句中只有一句是真的。请问:哪一句是真的? S 与 P 是何种外延关系? 并写出推导过程。

(1)有 S 是 P。

(2)如有 S 不是 M,则有 S 是 M。

(3)有 P 是非 S。

(4)M 都不是 P。

答:推导①有 P 不是 S(5)(条件(3),换质法);

推导②有 P 是 S(6)(条件(1),换位法);

推导③条件(5)与条件(6)为下反对关系,不能同假,必有一真;再据题设,四句中只有一真,则条件(2)与条件(4)均假。

推导④所有 S 不是 M(7)(条件(2)假,充分条件假言判断负判断的等值判断为"有 S 不是 M,并且所有 S 不是 M",由此可得"所有 S 不是 M");

推导⑤有 M 是 P(8)(条件(4)假,对当关系推理);

推导⑥有 P 不是 S(9)(条件(7)与条件(8),三段论);

推导⑦条件(3)真(条件(9),换质法);

推导⑧条件(1)假(条件(3)真,题设只有一真);

推导⑨所有 S 不是 P,即 S 与 P 全异(条件(1)假,对当关系推理)。

分析:

本题既涉及性质判断推理中的换质法、换位法和三段论,也涉及复合判断推理中的负判断的等值推理和联言判断推理,而已知前提又真假不定,是一个难度较高的综合推理题。

对于有些同学而言,此题可能有种无从下手的感觉。因为使用分情况法和假设法都比较困难,因此只能使用语义推理法。因为题设是已知一真,为此就必须先确定哪两个判断间存在着矛盾关系或下反对关系,而两个判断之间要有真假关系,则必须是同素材的。而本题的已知前提初看都不是同素材的,这就需要冷静地分析问题,并将前提转换为同素材的。如条件(1)和条件(3)经过换质和换位,就是具有下反对关系的判断。

其次,本题的推导⑥,运用三段论,很多同学可能会推出结论"有S不是P",而并不加以检验。因为习惯上S表示三段论的小项,P表示三段论的大项。其实这样的推理犯了"大项不当周延"的错误。因此在应用三段论推出结论后,一定要用一般规则加以检验。实际上不仅是三段论,在运用任何推理形式时,一定要确保使用的是有效推理形式。

最后,许多同学可能会在推出POS真之后,就马上给出答案S与P的外延关系有三种情况,即真包含于、交叉和全异。而忽略了到此时为止,前提条件(1)的真假仍未确定。因此,在解答此类题目时,一定要记住必须在确定了所有前提的真假之后再给出最终答案。

4.试证明:如果同时肯定下列(1)、(2)、(3)三个判断,则违反矛盾律的逻辑要求。

(1)PES

(2)MOP→SIP

(3)SIM

答:同时肯定(1)、(2)、(3)三个判断,即断定(1)、(2)、(3)三判断均真。

由判断(1)可推得(4):SEP(换位),又可推得(5):$\overline{\text{SIP}}$(矛盾关系推理)。

由判断(2)和(5)可推得(6):$\overline{\text{MOP}}$(充分条件假言推理否定后件式),又可推得(7):MAP(矛盾关系推理)。

由判断(3)和(7)可推得(8):SIP(三段论)。

由(5)和(8):$\overline{\text{SIP}}$并且SIP,所以违反矛盾律的要求。

分析:

本题将第五、六、七三章的内容综合在一起,通过推理来解答有关基本规律的问题。

第八章　归纳推理

重点提要

这一章概述了什么是归纳推理,归纳推理与演绎推理的关系,分别介绍了完全归纳推理;不完全归纳推理,包括简单枚举法和科学归纳法;探求因果联系的逻辑方法,即求同法、求异法、求同求异并用法、共变法和剩余法,以及概率推理和统计推理。

学习本章应着重理解归纳推理的逻辑性质,归纳推理的种类,以及各种归纳推理之间的联系和区别。应掌握各种归纳推理的一般逻辑形式,应用各种归纳推理的逻辑要求,探求因果联系五种逻辑方法的内容、模式和特点。

一、什么是归纳推理

归纳推理是以个别性知识为前提而推出一般性结论的推理。

归纳推理的结论超出了前提所断定的范围,因此,在归纳推理中,前提与结论之间的联系不是必然的,而是或然的,在前提真实的情况下,结论未必真。

根据前提所考察的范围,传统的归纳推理分为完全归纳推理和不完全归纳推理两大类。不完全归纳推理又分为简单枚举法和科学归纳法两种。

在科学归纳法中,包括有探求因果联系的五种逻辑方法。

二、归纳推理和演绎推理的联系和区别

归纳推理与演绎推理的联系主要表现为:演绎推理离不开归纳推理,演绎推理的大前提是由归纳推理提供的。归纳推理也离不开演绎推理。

归纳推理与演绎推理之间的区别主要有:第一,从思维进程来看,演绎推理是从一般性知识,推出个别性知识;而归纳推理是从个别性知识推出一般性知识。第二,从结论所断定的知识范围看,演绎推理的结论没有超出前提所断定的知识范围;而归纳推理的结论超出了前提所断定的范围。第三,从前提与结论的联系程度看,演绎推理的前提与结论之间具有必然性的联系,只要前提真实,形式有效,就能必然地推出真实的结论;而归纳推理(除完全归纳推理外)的前提与结论之间只具有或然性联系,前提真实,结论不一定是真实的。

三、完全归纳推理及其逻辑性质

1.什么是完全归纳推理。

完全归纳推理是根据某类中每一个对象具有某种属性,推出该类对象都具有某种属性的推理。

2.完全归纳推理的推理形式。

S_1 是 P,

S_2 是 P,

S_3 是 P,

………

S_n 是 P,

$S_1, S_2, S_3, \cdots S_n$ 是 S 类中的全部对象,

所以,所有 S 是 P。

3.完全归纳推理的逻辑性质。

完全归纳推理在前提中考察的是某类的全部对象,结论所断定的范围没有超出前提所断定的范围,因此,前提与结论之间的联系是必然的,完全归纳推理是一种必然性推理。

4.完全归纳推理的逻辑要求。

完全归纳推理只要做到以下两点,其结论就必然真。

(1)前提中所考察的个别对象是某类中的全部对象;

(2)前提中对每一个别对象所作的断定都是真的。

对于一个具有无穷对象的类,不使用完全归纳推理,而只能使用不完全归纳推理。

四、简单枚举法和科学归纳法的推理形式和逻辑要求

1.什么是不完全归纳推理。

简单枚举法和科学归纳法都属于不完全归纳推理。

不完全归纳推理就是由某类中部分对象具有某种属性,从而推出该类对象都具有某属性的推理。一般所谓归纳推理,主要是指不完全归纳推理。

不完全归纳推理的前提只断定了某类事物中部分对象具有某种属性,而结论却是断定该类全部对象都具有某种属性。结论所断定的范围超出了前提所断定的范围。因此,前提与结论之间的联系是或然性的。

2.简单枚举法。

(1)什么是简单枚举法:简单枚举法是以经验的认识为主要依据,根据一类事物中部分对象具有某种属性,并且没有遇到与之相反的情况,从而推出该类所有对象都具有某种属性的归纳推理。

(2)简单枚举法的推理形式如下:

S_1 是 P,

S_2 是 P,

S_3 是 P,

………

S_n 是 P,

$S_1, S_2, S_3, \cdots S_n$ 是 S 中的部分对象,

并且没有遇到相反的情况,

所以,所有 S 是 P。

(3)简单枚举法的逻辑要求。提高简单枚举法结论的可靠程度的逻辑要求是:第一,一类事物中被考察的对象愈多,结论的可靠程度就愈高;第二,一类事物中被考察的范围越广,结论的可靠程度越

大。

另外,在运用简单枚举法时,如果只根据少数的、粗略的事实,就得出一般性的结论,这样就会犯"轻率概括"或"以偏概全"的逻辑错误。

3.科学归纳法。

(1)什么是科学归纳法:科学归纳法是根据某类部分对象与某种属性之间具有因果联系,从而推出某类对象都具有某种属性的结论的归纳推理。

(2)科学归纳法的推理形式如下:

S_1 是 P,

S_2 是 P,

S_3 是 P,

………

S_n 是 P,

$S_1, S_2, S_3, \cdots S_n$ 是 S 中的部分对象,

并且 S 与 P 有因果联系,

所以,所有 S 是 P。

五、探求因果联系的五种逻辑方法的内容、公式和要求

探求因果联系的五种逻辑方法是:求同法、求异法、求同求异并用法、共变法和剩余法。

1.求同法。

求同法的内容是:被研究的现象在不同场合出现,而在各个场合中只有一个情况是共同的,那么,这个惟一共同的情况就与该现象有因果联系。

求同法可以用公式表示为:

场合	相关情况	被研究现象
①	A, B, C	a
②	A, D, E	a
③	A, G, F	a
…	……	…

所以,A 与 a 之间有因果联系

应用求同法的逻辑要求是:第一,在比较各场合的相关情况时,要注意除了已经发现的共同情况外,是否还有其他共同的情况存在。第二,比较的场合愈多,结论的可靠程度就愈高。

2.求异法。

求异法的内容是:如果在被研究现象出现和不出现的两个场合之中,只有一个情况不同,其他情况完全相同,而两个场合惟一不同的这个情况,在被研究现象出现的场合中是存在的,在被研究现象不出现的场合中是不存在的,那么,这个惟一不同的情况就与被研究现象之间有因果联系。

求异法可用公式表示为:

场合	相关情况	被研究现象
①	A, B, C	a
②	一, B, C	——

所以,A 与 a 之间有因果联系

应用求异法的逻辑要求是:第一,两个场合有无其他差异情况。第二,两个场合惟一不同的情况,是被研究现象的整个原因,还是被研究现象的部分原因。

3.求同求异并用法。

求同求异并用法的内容是:如果被研究现象出现的若干场合(正事例组)中,只有一个共同的情况,而在被研究现象不出现的若干场合(负事例组)中,却没有这个情况,那么这个情况就与被研究现象之间有因果联系。

求同求异并用法可用公式表示为:

场合	相关情况	被研究现象
①	A, B, C	a
②	A, D, E	a
③	A, G, F	a
…	………	…
①	一, B, H	—
②	一, D, N	—
③	一, F, O	—
…	………	…

所以,A 与 a 之间有因果联系

应用求同求异并用法的逻辑要求是:第一,正事例组与负事例组的组成场合愈多,结论的可靠程度就愈高。第二,对于负事例组的各个场合,应选择与正事例组场合较为相似的来进行比较。

4.共变法。

共变法的内容是:如果在被研究现象发生变化的各个场合,只有一个情况是变化着的,那么,这个惟一变化着的情况就与被研究现象之间有因果联系。

共变法可以用公式表示为:

场合	相关情况	被研究现象
①	A_1, B, C	a_1
②	A_2, D, E	a_2
③	A_3, G, F	a_3
…	………	…

所以,A 与 a 之间有因果联系

应用共变法的逻辑要求是:第一,与被研究现象发生共变的情况是否是惟一的。第二,两个现象有共变关系,常常是在一定的限度之内,超过这个限度,它们的共变关系就会消失,或者发生一种相反的共变关系。第三,各场合中惟一变化的情况与被研究现象之间是不可逆的单向作用,还是可逆的相互作用。

5.剩余法。

剩余法的内容是:如果已知某一复合现象是另一复合现象的原因,同时又知道前一复合现象中的某一部分是后一复合现象中的某一部分的原因。那么,前一复合现象的其余部分与后一复合现象的其余部分有因果联系。

剩余法可用公式表示为:

　　　　复合情况 A,B,C,D 与被研究的
　　　　复合现象 a,b,c,d 有因果联系
　　　　A 与 a 有因果联系,
　　　　B 与 b 有因果联系,
　　　　C 与 c 有因果联系,
　　　　────────────────
　　　　所以,,D 与 d 有因果联系。

应用剩余法的逻辑要求是必须确认某一复合现象(a,b,c,d)是由某一复合情况(A,B,C,D)引起的,并且已知一部分现象(a,b,c)是由一部分情况(A,B,C)引起的,而且剩余部分(d)不可能是这些情况(A,B,C)引起的。

难点解析

一、如何把握归纳推理的基本逻辑特征

对于归纳推理的基本逻辑特征,可以从归纳推理的定义和归纳推理与演绎推理的区别这两方面来把握。概括起来有如下三个特征:

(1)从思维进程来看,归纳推理是以个别性知识为前提推出一般性知识为结论的推理。简言之,归纳推理是从个别到一般的推理。

(2)从结论所断定的知识范围看,归纳推理的结论是一般性的知识,既是对前提中已有知识的概括,又是对前提中已有知识的外推。因此,结论所断定的知识范围(除完全归纳推理外)超出了前提所断定的范围。

(3)从结论的性质来看,归纳推理的结论(除完全归纳推理外)是或然的。由于归纳推理(除完全归纳推理外)的结论所断定的范围超出了前提的断定范围,因此,前提不蕴涵结论,即使前提真实,结论也未必真实。所以,归纳推理(除完全归纳推理外)是或然性推理。

二、完全归纳推理和不完全归纳推理的联系和区别是什么

完全归纳推理和不完全归纳推理在传统逻辑中都属于归纳推理,即从思维进程而言,它们都是从个别到一般,前提都是考察某类中的个别对象,而结论是关于某类的一般性知识。

完全归纳推理和不完全归纳推理的区别主要有:

(1)前提所考察的范围不同。完全归纳推理在前提中考察了某类的全部对象;而不完全归纳推理只考察了某类中的部分对象。

(2)结论的断定范围不同。完全归纳推理结论所断定的范围没有超出前提所断定的范围;而不完全归纳推理结论所断定的范围超出了前提所断定的范围。

(3)前提与结论的联系程度不同。完全归纳推理前提蕴涵结论,前提与结论之间的联系是必然的,前提真,结论必真;而不完全归纳推理前提不蕴涵结论,前提与结论之间的联系是或然的,前提真,结论只是可能真。

三、简单枚举法与科学归纳法的共同点和区别是什么

(1)科学归纳法与简单枚举法的共同点是:它们都属于不完全归纳推理。它们的前提都只是考察了某类部分对象,而结论所断定的范围都超出了前提所断定的范围,因而都属于或然性推理。

(2)科学归纳法与简单枚举法的区别是:首先,它们在得出结论的根据方面是不同的。简单枚举法的根据是,某种属性在某类部分对象中不断重复,并且没有遇到反例。科学归纳法不是停留在这种根据上,而是要进一步分析现象之间的因果联系,然后才得出结论。其次,它们在所考察的部分对象的数量方面有所不同。对于简单枚

举法来说,被考察的对象数量越多,就越能提高结论的可靠性。但是对于科学归纳法来说,增加考察对象的数量不起重要作用。因为它是以认识现象间的因果联系为依据的,有时科学归纳法前提中所考察的对象数量虽然不多,甚至可以只考察一两个典型事例,但只要真正认识了事物间的因果联系,就能得到比较可靠的结论。再次,它们在结论的可靠性程度方面也有区别。虽然它们的前提与结论之间的逻辑联系都是或然的,但是科学归纳法所作出的结论比简单枚举结论的可靠程度要高。

四、识别和运用探求因果联系方法的关键是什么

许多同学在根据探求因果联系的逻辑方法去分析某一具体事例中运用了何种方法,或运用某种方法安排一个具体实验时,往往感到难以辨别或不会安排。究其原因,主要在于对这些逻辑方法的内容没有真正理解,没有准确把握住这些逻辑方法各自的特点。因此,识别和运用探求因果联系五种方法的关键,是要准确把握这些方法的各自的特点。

(1)求同法的特点是"异中求同"。"同"是指被研究现象出现的若干场合中惟一的"共同"的相关情况;"异"是指被研究现象出现的若干场合中,除一个共同相关情况外的其他相关情况的"不同"。因此求同法是在被研究现象出现的若干场合中,通过排除其他不同的相关情况,寻求一个共同的相关情况来确定因果联系的。

(2)求异法的特点是"同中求异"。"异"是指被研究现象出现与不出现的正反两种场合中惟一"不同"的那个相关情况;"同"是指被研究现象出现与不出现的正反两种场合中的其他相关情况的"相同"。因此,求异法是从被研究现象出现和不出现的正反两种场合中,通过排除相同的相关情况,寻求一个不同的相关情况来确定因果联系的。求异法还主要是一种实验的方法。

(3)求同求异并用法的特点是"两次求同,一次求异"。它是在正事例组的各个场合和负事例组的各个场合两次运用求同法所得结果

的基础上,再运用求异法来确定因果联系的。求同法只有一组事例,求异法只有正反两个场合,而求同求异并用法则有正反两组事例。

(4)共变法的特点是"同中求变"。"变"是指被研究现象出现的若干场合中惟一发生"变化"的那个相关情况;"同"是指被研究现象出现的若干场合中,其他相关情况都"相同"并保持不变。因此,共变法是从被研究现象出现并发生变化的若干场合中,排除共同的相关情况,寻求惟一变化着的情况来确定因果联系的。共变法也主要是一种实验方法,并且已经从定性分析过渡到定量分析,从对象变化的量的方面来判明现象间的因果联系。

(5)剩余法的特点是"余果求余因"。它是在运用其他方法已经确认了某些复合现象间有因果联系并且确认了其中部分现象间的因果联系之后才运用的。它能够指导人们去探求新的未知原因。

五、求同法、求异法和共变法有什么区别

(1)求同法的特点是"异中求同",即在被研究现象出现的若干场合中,只有一个情况相同,而其他相关情况完全不同。应用求同法,场合越多结论越可靠。

(2)求异法正好相反,它的特点是"同中求异",在被研究现象出现与不出现的场合中,只有一个情况不同,而其他相关情况完全相同。应用求异法,往往只有正反两个场合。

(3)共变法的特点是"同中求变",即在被研究现象出现的若干场合中,其他情况完全相同,只有一个情况在发生量变。共变法也是场合越多结论越可靠,这与求同法相同;共变法也是被研究现象出现的场合中,其他情况完全相同,这与求异法相同。但是,求同法和求异法是一种定性分析的方法,而共变法是一种定量分析的方法。

题型例示

一、填空题

1.进行归纳推理时,若前提考察了某类中每一个对象,则这个推理是_____;若前提只考察了某类中部分对象,则这个推理是_____。

答:完全归纳推理、不完全归纳推理。

分析:

完全归纳推理因为前提蕴涵结论,故属于必然性推理,现代逻辑中将之归于演绎推理。在传统逻辑中,则仍把它作为归纳推理处理。这样就把归纳推理分为两类:完全归纳和不完全归纳。两者的区别在于前者前提考察了某类的全部对象,而后者前提只考察了某类的部分对象。

2.在不完全归纳推理中,简单枚举法是根据经验的重复而未遇到_____而得出结论的;科学归纳法则考察了对象与属性之间的_____联系。

答:反例、因果。

分析:

本题着重考察简单枚举法与科学归纳法之间的区别。

3.在探求因果联系的逻辑方法中,求同法的特点是_____。

答:异中求同。

分析:

掌握探求因果联系五种方法各自的特点,是区分这五种方法的关键,因此也是考核的重点,应熟练掌握。

具体说,五种方法的特点分别是:求同法的特点是"异中求同";求异法的特点是"同中求异";求同求异并用法的特点是"两次求同,一次求异";共变法的特点是"同中求变";剩余法的特点是"余果求余因"。

抓住了这些基本特征就能迅速指出正确的答案。

二、选择题

1.完全归纳推理结论的知识( )前提的知识范围。

(1)少于；

(2)等于；

(3)超出；

(4)有时等于有时超出。

答:(2)。

分析:

完全归纳推理是根据某类中每一个对象具有某种属性,推出该类对象都具有某种属性的推理。完全归纳推理在前提中考察的是某类的全部对象,结论是关于该类的一般知识,可以说,完全归纳推理前提蕴涵结论,结论也蕴涵前提,所以,完全归纳推理结论的知识等于其前提的知识范围。

2.我国只有北京、天津、上海和重庆四个直辖市,北京人口超过 700 万,天津人口超过 700 万,上海人口超过 700 万,重庆人口超过 700 万,因此,我国所有直辖市的人口都超过 700 万。这个推理属于( )推理和( )推理。

(1)必然性；

(2)或然性；

(3)假言；

(4)完全归纳；

(5)简单枚举归纳。

答:(1)、(4)。

分析:

本题要求识别具体的归纳推理究竟属于何种归纳推理。

完全归纳推理的特点是考察了某类的全部对象,因此在背景知识或具体推理的表述中往往能找出"$S_1, S_2, S_3, \cdots Sn$ 是 S 类的全部对象"这样的前提,如本题中的"我国只有北京、天津、上海和重庆四个直辖市"这一前提。

3.不完全归纳推理是( )的推理。

(1)必然性;

(2)前提蕴涵结论;

(3)或然性;

(4)结论的断定范围超出前提范围;

(5)前提并不蕴涵结论。

答:(3)、(4)、(5)。

分析:

本题考察对不完全归纳推理逻辑特征的掌握。

4.求同求异并用法的特点是( )。

(1)先求同后求异;

(2)先求异后求同;

(3)两次求同,一次求异;

(4)两次求异,一次求同。

答:(3)。

分析:

探求因果联系五种方法的特点是考核的重点。可以以填空题型出现,也可以以选择题型出现。

5.在"穆勒五法"中,除被研究现象外,其他相关情况完全相同的探求因果联系的逻辑方法是( )。

(1)求同法;

(2)求异法;

(3)求同求异并用法;

(4)共变法;

(5)剩余法。

答:(2)、(4)。

分析:

解答本题,必须掌握五种方法的联系和区别。求同法、求同求异并用法都要求其他相关情况各不相同,因此选项(1)、(3)可以排除。剩余法是从余果求余因,不涉及相关情况的同异问题,因此选项(5)也被排除。

只有求异法和共变法都要求其他相关情况完全相同,因此正确答案是选项(2)、(4)。

三、分析题

1.下列议论中运用了什么推理形式?这个推理的结论是否必然?运用这种推理应避免犯什么错误?

富兰克林、瓦特、法拉第、爱迪生等许多著名科学家都是自学成才的;可见著名科学家都是自学成才的。

答:这段议论运用了简单枚举归纳推理,其推理形式为:

S_1 是 P;

S_2 是 P;

S_3 是 P;

S_4 是 P;

S_1, S_2, S_3, S_4 是 S 类的部分对象

所以,所有的 S 是 P。

这个推理的结论不是必然的,运用这种推理应避免犯"以偏概全"或"轻率概括"的错误。

分析:

要解答本题,首先要能识别具体的归纳推理属于何种归纳推理。完全归纳考察某类的全部对象,简单枚举法和科学归纳法都只考察部分对象,但科学归纳法需要探求对象与属性间的因果联系。本题的前提只有"富兰克林、瓦特、法拉第、爱迪生等许多著名科学家都是自学成才的"这样一句话,显然没有考察"著名科学家"的全部,也没有揭示"科学家"与"自学成才"之间的因果联系,所以它是运用了简单枚举法。其次,还必须掌握有关简单枚举法的内容、公式和特点。

2.指出下面推理属何种推理,并写出其逻辑结构。

金受热体积膨胀,银受热体积膨胀,铜受热体积膨胀,……金、银、铜是金属类的部分对象,受热使它们分子运动加剧,分子间的距离扩大而体积膨胀。所以凡金属受热体积就膨胀。

答:这个推理是科学归纳法。其逻辑结构是:

S_1 是 P,

S_2 是 P,

S_3 是 P,

………

S_n 是 P,

S_1, S_2, S_3, …S_n 是 S 的部分对象,

且 S 与 P 有因果联系,
————————————————
所以,所有 S 都是 P。

分析:

解答本题必须掌握简单枚举法和科学归纳法的区别。不完全归纳推理分为简单枚举法和科学归纳法。简单枚举法是以经验的认识为主要依据,根据一类事物中部分对象具有某种属性,并且没有遇到与之相反的情况,从而推出该类所有对象都具有某种属性的归纳推理。科学归纳法则在此基础上,进一步考察某类部分对象与某种属性之间具有因果联系,从而推出某类对象都具有某种属性的结论。本题考察了大量金属实例而未遇到与结论相反的情况,又作出受热与膨胀之间具有因果联系的考察,因而属科学归纳法。

3.下列公式是否正确表达了共变法?为什么?

①	②	③
$ABC—a_1$	$A_1BC—a_1$	$ABC_1—a_1$
$ABC—a_2$	$A_2BC—a_2$	$ABC_2—a_2$
$\underline{ABC—a_3}$	$\underline{A_3HE—a_3}$	$\underline{ABC_3—a_3}$
A—a	A—a	A—a

答:均没有正确表达共变法。因为①式中,先行情况未发生变化;②式中第三行先行情况出现了 HE,没有使相关情况完全相同;

③式中,先行情况 C 的量变引起后续现象 a 的量变,结论却断定先行情况 A 与 a 有因果联系。

分析:

本题旨在考察学生对穆勒五法的内容和公式的掌握。

4.在若干要求离婚的案件中,情况各不相同,但双方感情破裂是相同的。可见,双方感情破裂是要求离婚的重要原因。请分析得出上述结论使用了哪种探求因果联系的方法。

答:使用了求同法。因为被研究现象"离婚"出现的各种场合中,"情况各不相同",但是有一现象是共同的,即"双方感情破裂",所以,"双方感情破裂是要求离婚的重要原因",可见这是"异中求同",所以使用了求同法。

分析:

本题考察学生对于具体的判明因果联系的事例,能识别它使用的是何种探求因果联系的方法。这是常见的题型。只要能掌握每种方法的特点,则解答此类题目并不困难。

5.下列安排是否合乎逻辑要求? 为什么?

在某城市两个工厂试行两种生产管理方法,试行工作是这样安排的:在一个领导班子文化程度高的大厂试行第一种方法,在另一个领导班子文化水平低的小厂试行第二种方法。试行一段时间后,比较哪种生产管理方法好。

答:要分析哪种生产管理方法好,应该使用求异法。因此,这种试行安排不符合逻辑要求。因为求异法要求在相关情况都相同的条件下,才能得出结论。而上面的安排不存在相同的情况。

分析:

本题要求在全面掌握探求因果联系五种方法的内容、特点和逻辑要求的基础上,综合应用并解决具体问题,对于初学者而言,有一定的难度。

第九章　类比推理和假说

重点提要

本章介绍了什么是类比推理,如何提高类比推理结论的可靠性,以及模拟方法;又介绍了什么是假说,假说的形成和检验,以及假说的作用。

学习本章应重点掌握类比推理的逻辑性质,提高类比推理结论可靠程度的逻辑要求;了解假说的特点和作用,假说的形成过程和要求,以及检验假说的步骤、方式和要求。

一、类比推理的公式、逻辑性质及提高其结论可靠性程度的要求

1.什么是类比推理。

类比推理就是根据两个(或两类)对象在一些属性上相同或相似,从而推出它们在其他属性上也相同或相似的推理形式。

2.类比推理的推理模式。

类比推理可以用下面的公式来表示:

A 对象具有属性 a, b, c, d;

B 对象具有属性 a, b, c;

所以,B 对象也具有属性 d。

3.类比推理的逻辑特点。

类比推理的思维进程的方向性或者是由个别到个别,或者是从一般到一般。类比推理的结论知识的一般性程度与前提知识的一般性程度是相同的,就这个意义而言,类比推理是由特殊到特殊的推理。类比推理的结论是或然性的,即使前提真,结论仍是可能真。

4.提高类比推理结论可靠程度的逻辑要求。

类比推理的结论是或然的,要提高其结论的可靠性程度,必须注意以下几方面:

(1)如果前提所提供的类比对象间相同或相似的属性愈多,那么,结论的可靠性就愈高。

(2)前提中所提供的相同属性与推移属性之间的联系愈密切,则结论的可靠性程度就愈高。

(3)前提中所提供的相同属性如果是本质属性,则结论的可靠性程度就高。

在应用类比推理时,还应当注意避免"机械类比"的错误。所谓"机械类比"就是指仅仅根据两个或两类对象之间表面的某些相同情况而推出另外某一情况也相同的逻辑错误。

二、假说的特征及各种推理形式在假说的形成和验证过程中的作用

1.假说的特点。

假说是人们以已有的事实材料和科学原理为依据,对未知事物或规律性所作的假定性解释。

假说具有以下特点:

(1)假说是以事实材料和科学原理为依据的。

(2)假说具有推测的性质。

一个假说的形成要经历两个阶段:初始阶段和完成阶段。

2.假说的形成。

从研究某个问题开始,到提出初步的假定,这是假说形成的初始阶段。

在形成假说的初始阶段里,类比推理和归纳推理起着突出的作用。

从已经确定的初步假定出发,经过事实材料和科学原理的广泛论证,使假说充实为一个结构稳定的系统,这是假说形成过程中的完成阶段。在假说的完成阶段主要运用演绎推理。

3. 假说的检验。

假说的检验过程可分为两个步骤：

(1)从假说的内容引申出关于事实的判断。在这个过程中主要应用演绎推理。

(2)通过实践检验从假说中引申出来的有关事实的判断是否真实。

验证假说是一个复杂的过程,常常不是一次检验就可以证实一个假说或证伪一个假说。

难点解析

类比推理与演绎推理和归纳推理的联系与区别

类比推理与演绎推理和归纳推理的联系和区别,可以用下表概括出来:

推 理 种 类		思维进程	结论所断定的范围	前提与结论的联系	推理的性质
演 绎 推 理		从一般到个别	没有超出前提范围	前提蕴涵结论,前提真结论必真	必然性
归纳推理	完全归纳推理	从个别到一般	没有超出前提范围	前提蕴涵结论,前提真结论必真	必然性
	不完全归纳推理		超出前提范围	前提不蕴涵结论,前提真结论是可能真	或然性
类比推理		从特殊到特殊	超出前提范围	前提不蕴涵结论,前提真结论是可能真	或然性

题型例示

一、填空题

1. 若一类比推理的前提均真,则其结论的真假情况是_____。

答:可能真,可能假。

分析:

本题考察有关类比推理的逻辑性质。类比推理是或然性推理,因此,前提真时,结论可能真,也可能假。

2. 在形成假说的阶段,主要应用_____推理和_____推理。由假说作出推断的过程中,主要应用_____推理。

答:类比推理、归纳推理、演绎推理。

分析:

关于假说的理论问题很多,普通逻辑并不研究假说的各个方面,它着重研究在假说的形成和检验过程中,是如何运用各种不同的推理形式的。

二、选择题

1. 类比推理是这样一种推理,它根据 A 对象具有属性 a, b, c, d; B 对象具有属性 a, b, c;而推出 B 对象也具有属性 d。上述"A"与"B"可以是( )。

(1) 两个不同的个体对象。

(2) 不同的两类对象。

(3) 不同的领域。

(4) 某类的个体对象与另一类对象。

(5) 某类与该类所属的个体对象。

答:(1)、(2)、(3)、(4)。

分析:

类比推理就是根据两个(或两类)对象在一些属性上相同或相

似,从而推出它们在其他属性上也相同或相似的推理形式。类比推理的两对象,可以是两个不同的个体事物,也可以是两个不同的事物类,也可以是一个事物类与另一个事物类的个体。在把握类比推理时,尤其要注意类比推理是在异类之间进行的,而演绎推理和归纳推理则是在同类之间进行的。因此,如果把下面两种模式理解为类比推理则是不恰当的:

①S 类具有属性 a, b, c, d;

S 类的 S_1 也具有属性 a, b, c;

所以, S_1 也具有属性 d。

②S 类的 S_1 具有属性 a, b, c, d;

S 类具有属性 a, b, c;

所以, S 类具有属性 d。

实际上,①的推理方向表现为从一般到个别,其结论具有必然性,属于演绎推理;②的推理方向表现为从个别到一般,其结论来自于典型概括,属于不完全归纳推理。所以选项(1)、(2)、(3)、(4)都是正确的。而选项(5)的推理是从某类到某类的个体对象,因而是演绎推理,所以是不正确的。

2. 类比推理与不完全归纳推理的相同点是( )和( )。

(1)结论的断定范围超出前提所断定的范围;

(2)前提不蕴涵结论;

(3)从个别到一般;

(4)从一般到个别;

(5)从个别到个别。

答:(1)、(2)。

分析:

类比推理和不完全归纳推理都是或然性推理,因此选项(1)、(2)正确。选项(3)、(4)、(5)的思维进程完全不同,选项(3)是归纳推理,选项(4)是演绎推理,选项(5)是类比推理,所以它们不是正确的选项。

三、分析题

1.试分析下面某厂长议论中所用的推理,并写出它的逻辑形式。

我厂与红旗厂在技术力量、工人素质、资金设备、原料供应、管理水平等方面大体相同,红旗厂的产品能打入国际市场,我们厂为什么不能打入国际市场呢?

答:这厂长议论中所用的推理是类比推理。

用 B 表示"我厂",A 表示"红旗厂",a 表示"技术力量",b 表示"工人素质",c 表示"资金设备",d 表示"原料供应",e 表示"管理水平",f 表示"打入国际市场"。

此推理的逻辑形式为:

$$A \text{ 具有属性 } a, b, c, d, e, f;$$
$$B \text{ 具有属性 } a, b, c, d, e;$$

所以,B 也具有属性 f。

分析:

本题要求识别一具体推理是否为类比推理,并掌握类比推理的推理形式。

2.某妇人:这虾,新鲜不新鲜?

卖鱼老翁:新鲜的! 你看,不是活着么?

某妇人:但是,你也是活着的呀!

问:某妇人的言论,在逻辑上错在哪里?

答:某妇人的言论犯了"机械类比"的逻辑错误。对鱼虾来说,活着的就是新鲜的,卖鱼老翁说的并没有错。然而,这个妇人的意思是说,活着的人也有不新鲜的(指老人),以人来类比鱼虾就错了。

分析:

"机械类比"的错误是日常生活中非常常见的错误类型,要善于运用有关类比推理的知识来加以识别。

第十章 论 证

重点提要

本章概述了什么是论证,论证的组成,论证与推理的关系,介绍了论证的种类,论证的规则,反驳及其方法。

学习本章应着重理解论证的结构,论证与推理的联系和区别,论证依据不同的标准所分得的种类。应重点掌握有关论证的规则,间接论证中的反证法及其论证过程,选言证法及其论证过程,反驳方法中直接反驳、间接反驳、归谬法及其反驳过程。

一、论证及其结构

1.什么是论证。

论证就是用一个或一些已知为真的判断确定另一个判断的真实性的思维过程。

论证是逻辑形式(主要是推理形式)和逻辑规律的综合运用。

2.论证的结构。

任何一个论证都是由三部分组成的:论题、论据和论证方式。论题是通过论证要确定其真实性的判断。论据是用来确定论题真实性的判断。论证方式是指论据和论题之间的联系方式,即论证过程中所采用的推理形式。

二、论证与推理的关系

论证和推理有密切联系。推理是论证的工具,论证是推理的应用。任何论证都要借助于推理才能进行。论据相当于推理的前提,论题相当于推理结论,论证方式相当于推理的形式。

论证与推理也有区别。

(1)二者认识的过程不同。论证是先有论题后找论据,再用论据对论题进行论证。推理则是先有前提后得结论。

(2)二者要求的重点不同。论证是由一个或几个判断的真实性推断出另一个判断的真实性。因此,论证的着重点主要放在论题和论据的真实性上,特别强调论据必须真。推理只强调前提与结论之间的逻辑关系,推理形式本身并不要求前提真。所以,任何论证都要运用推理,但并非任何推理都是论证。

(3)二者逻辑结构繁简不同。论证的结构通常比推理复杂,它往往是由一系列推理构成的。

三、论证的种类

1.根据论证所用的推理形式的不同,可以把论证分为演绎论证和归纳论证。

演绎论证是运用演绎推理的形式所进行的论证,它是根据一般原理论证某一特殊断论。由于演绎推理的前提与结论之间具有必然的逻辑联系,前提蕴涵结论,因此,只要论据真实,演绎论证对论题真实性的确定就是完全有效的。在论证方式中,演绎论证是最主要的。

归纳论证是运用归纳推理的形式所进行的论证,它是根据一些个别或特殊性论断论证一般原理。由于完全归纳推理前提与结论之间具有必然的逻辑联系,因此,运用完全归纳推理进行论证,能有效地确定论题的真实性。不完全归纳推理的结论超出了前提所断定的范围,前提与结论之间的联系是或然的,在前提真时,结论仍有可能为假。因此,单独运用不完全归纳推理进行论证,还不能完全有效地确定论题的真实性,只能对论题的真实性给予某种程度的支持。

2.根据论证的方法不同,可以把论证分为直接论证和间接论证。

直接论证是用论据正面论证论题真。它是从真实论据直接推出论题的论证。

间接论证是通过论证与论题相关的其他论断假,从而论证该论题真的一种论证方法。间接论证又可分为反证法和选言证法。

(1)反证法:反证法是先论证与原论题相矛盾的论断为假,然后根据排中律确定原论题真的论证方法。其论证过程可以表示如下：

求证：p

设：非 p

证：如果非 p，那么 q；

非 q；

所以，并非（非 p）；

所以，p。

(2)选言证法：选言证法是先论证与原论题相关的其他可能性不能成立，然后确定论题真。其论证过程可以表示如下：

求证：p

设：或 p，或 q，或 r

证：或 p，或 q，或 r；

非 q；

非 r；

所以，p。

四、论证的规则

任何正确、有说服力的论证，都必须遵守下列五条逻辑规则：

规则1：论题应当清楚、明白。违反这一规则，就会犯"论题模糊"的逻辑错误。

规则2：论题应当保持同一。违反这一规则，就会犯"转移论题"的逻辑错误。

规则3：论据应当是已知为真的判断。违反这条规则，如果是以虚假的判断作论据，就会犯"论据虚假"的逻辑错误；如果是以真实性尚未证实的判断作论据，就会犯"预期理由"的逻辑错误。

规则4：论据的真实性不应当靠论题的真实性来论证。违反这一规则，就会犯"循环论证"的逻辑错误。

规则5：从论据应能推出论题。违反这条规则，就会犯"推不出"的逻辑错误。

五、反驳及其结构

反驳是用一个或一些真实判断确定另一个判断的虚假性或确定对它的论证不能成立的思维过程。

反驳的结构也由三部分组成：被反驳的论题，即被确定为虚假的判断。反驳的论据，即引用来作为反驳根据的判断。反驳方式，即反驳中所运用的推理形式。

反驳的目的是要推翻某一个论证。因此，反驳可以分为：反驳论题、反驳论据和反驳论证方式。应当注意，反驳论题是主要的；反驳论据和反驳论证方式都可以证明它所要论证的论题不能成立或没有得到支持，但并不能证明论题一定是虚假的。

六、反驳的方法

1. 直接反驳。

用论据正面论证某论题假。可以用演绎推理，也可以用归纳推理。

2. 间接反驳。

先论证与被反驳的论题相矛盾或相反对的论断真，然后根据矛盾律确定被反驳的论题假。其反驳过程可以表示如下：

反驳：p

设：非 p

论证：非 p 真。

所以：p 假。

3. 归谬法。

为了反驳某论题（即确定某论题假），首先假定它为真，然后由它推出荒谬的结论，最后根据充分条件假言推理"否定后件就要否定前件"的规则，确定它是假的。其反驳过程可以表示如下：

反驳：p

设：p 真

证:如果 p 真,则 q;

非 q;

所以,并非 p 真;

所以,p 假。

难点解析

一、论证和反驳有什么联系和区别

首先,论证与反驳不同。论证是确定某一判断的真实性;反驳是确定对方论题的虚假性或不能成立。论证的作用在于探求真理,阐明真理,宣传真理;反驳的作用则在于揭露谬误,捍卫真理。前者即所谓的"立",后者即所谓的"破"。

其次,"立"与"破"也是密不可分的,也就是说论证和反驳是密切联系的。如果确定了一个判断的真实性,同时也就意味着确定了与之相矛盾的判断的虚假性。反之,如果确定了一个判断的虚假性,同时也就意味着确定了与之相矛盾的判断的真实性。所以,论证和反驳是相辅相成的,它们都是人们探索真理、发展真理不可缺少的认识形式和逻辑方法。从某种意义上说,反驳也可以看成是论证。因为,反驳就是用一个论证推翻另一个论证,而确定某一判断"p"是假的,就等于确定"p 是假的"这个判断是真的,而确定对方论证不成立,也无非是论证对方的论证是错误的。因此,反驳只不过是论证的一种特殊形式。

二、为什么说驳倒了对方的论据和论证方式,却并未驳倒对方的论题

反驳总是针对一个论证进行的,而对方的论证不外论题、论据和论证方式三个部分,因此,反驳可以是反驳对方的论题,也可以是反驳对方的论据,还可以是反驳对方的论证方式。

反驳论据,就是确定对方论据的虚假性。但是,驳倒了对方论据,并不能确定对方论题是虚假的,即并没有驳倒对方的论题,只是

说明对方的论证还不成立,其论题的真实性还未得到确证。论题的真实性没有得到确证并不等于论题是虚假的。因为从推理角度来说,前提(论据)假时,即使推理形式(论证方式)是正确的,其结论(论题)也并不必然假,而是可能真,可能假。例如:

> 所有的金属都是固体(假),
>
> 冰是金属(假),
>
> 所以,冰是固体(真)。

因此,当驳倒了对方论据时,不能由此得出已驳倒了对方的论题。

反驳论证方式,就是指出对方论证中所使用的推理形式无效,或论题与论据之间没有逻辑联系,犯了"推不出"的逻辑错误。同样,驳倒了对方的论证方式,也不等于驳倒了对方的论题,而只能确定对方论题的真实性还是待证的。因为,从推理角度看,无论前提(论据)真实与否,只要推理形式无效,其结论(论题)就是或然的,即可能真,可能假,而并非必然假。例如:

> 所有金属都是导体(真),
>
> 胶木不是金属(真),
>
> 所以,胶木不是导体(真)。

这个推理违反了三段论规则"在前提中不周延的项在结论中不得周延",犯了"大项不当周延"的逻辑错误,但它的结论仍然是真的。这说明,驳倒了对方的论证方式,并没有证明对方的论题是虚假的。

三、反证法和间接反驳的区别是什么

反证法与间接反驳的区别主要有以下几方面:

(1)二者的目的不同。反证法用于论证,其目的在于确定某一判断的真实性;间接反驳用于反驳,其目的在于确定某一判断的虚假性。

(2)二者的逻辑根据不同。反证法的根据是排中律,它由确定反论题假间接确定原论题真;间接反驳的根据是矛盾律,它由确定反论题真,间接确定被反驳论题假。

(3)二者的结构不同。反证法中的反论题与原论题之间只能是矛盾关系,而不能是反对关系;间接反驳中的反论题与原论题之间不仅可以是矛盾关系,而且可以是反对关系。反证法中在论证反论题假时,用的是充分条件假言推理的否定后件式,即演绎推理;间接反驳中独立证明反论题真时,既可运用演绎推理,也可运用归纳推理。

四、反证法和归谬法所依据的逻辑原理是什么

反证法和归谬法虽然有所不同,如二者的目的不同。反证法用于论证,其目的在于确定某一判断的真实性;而归谬法用于反驳,其目的在于确定某一判断的虚假性。二者的结构不同,反证法结构比归谬法结构复杂。但是,反证法与归谬法的联系却更为密切。反证法是通过确定反论题的假,间接确定原论题的真实性的。在确定反论题的假时,常常运用归谬法。我们可以说,反证法中运用了归谬法,归谬法是为反证法服务的。二者之所以有这样的密切联系,根本原因在于二者所依据逻辑原理相同。它们都是从所假设论题出发,推导出虚假的、荒谬的或自相矛盾的结论,然后运用充分条件假言推理的否定后件式,来证明所假设论题虚假。因此,二者所使用的论证方式是完全相同的,如果没有充分条件假言推理的否定后件式,就没有归谬法,进而也就没有反证法。

题型例示

一、填空题

1.论证是由_____、_____、_____三部分组成的。

答:论题、论据、论证方式。

分析:

学习论证首先应掌握论证由哪几部分组成,并能分析某个具体论证的结构。

2.反驳总是针对一个论证的,据此反驳可分为反驳_____、反驳_____和反驳_____。其中主要的是反驳_____。

答:论题、论据、论证方式、论题。

分析:

反驳的关键是找到反驳的切入点。因为一个反驳总是针对一个论证的,而论证由论题、论据和论证方式组成,因此,反驳也可以是反驳论题、反驳论据或反驳论证方式。但由于反驳论据和反驳论证方式都未驳倒对方的论题,因此反驳最主要的还是反驳论题。

3.反证法是通过确定与原论题具有_____关系的判断的_____,然后根据_____律来确定原论题为真。间接反驳是通过确定与原论题具有_____关系的判断的_____,然后根据_____律来确定原论题为假。

答:矛盾、假、排中、矛盾或反对、真、矛盾。

分析:

此题涉及论证(包括反驳)方法的逻辑特点,尤其是间接论证和间接反驳之间的区别,特别是反证法与间接反驳的区别。反证法是先论证与原论题相矛盾的论断为假,然后根据排中律来确定原论题真的论证方法。间接反驳(独立证明法)是先论证与被反驳的论题相矛盾或相反对的论题为真,然后根据矛盾律来确定被反驳的论题假。

4.本来要论证的论题是 P,而实际上论证的论题却是 P+1,这种错误称为_____。

答:论证过多。

分析:

在论证中必须遵守论证的规则,否则就会犯逻辑错误。论证的规则共有五条,其中第2条是"论题应当保持同一",违反此条规则就会犯"转移论题"的错误。而"转移论题"的常见表现形式就是"论证过多"或"论证过少"。

二、选择题

1.在论证中运用间接论证时,要借助于(　　　　　　)。

(1)不相容选言推理肯定否定式;

(2)选言推理否定肯定式;

(3)二难推理的复杂破坏式;

(4)充分条件假言推理否定后件式;

(5)充分条件假言推理肯定前件式。

答:(2)、(4)。

分析:

本题要求掌握不同论证方法中所使用的论证方式,而所谓论证方式则是论证中所使用的推理形式。

间接论证分为反证法和选言证法。反证法使用的论证方式是充分条件假言推理的否定后件式;选言证法所使用的论证方式是选言推理(相容或不相容)的否定肯定式。因此,只有选项(2)、(4)正确。

2.下列断定中,作为正确论证的必要条件的是(   )。

(1)论题必须保持同一;

(2)论据中不能包含假言判断;

(3)论据必须真实可靠;

(4)论证方式必须是演绎推理;

(5)论题不能是或然判断。

答:(1)、(3)。

分析:

遵守论证的规则是正确论证的必要条件,在五个选项中,只有选项(1)、(3)是论证的规则,其余都不是。

3.I与O至少一真。因为若A判断真,则I判断真;若A判断假,则O判断真;而A判断或真或假。这个论证(   )。

(1)正确;

(2)转移论题;

(3)论据虚假;

(4)推不出。

答:(1)。

分析:

从所给答案可知,本题需要判别此论证是正确的还是错误的。而一个论证正确的充分必要条件是遵守论证的规则。如果它遵守了全部论证规则,那么它就是正确的论证;只要违反了其中任何一条论证规则,它就是错误的。因此解答此题就必须熟练地掌握有关论证规则的知识及违反规则所犯的相应的逻辑错误,并能加以具体应用。

本论证论题是清楚明白的,不违反规则1;论题始终保持同一,不违反规则2,因此选项(2)排除;论据都是真实的,不违反规则3,因此选项(3)排除;论据的真不是从论题的真得来的,不违反规则4;此论证所使用的推理形式是二难推理的复杂构成式,这是个有效推理形式,因此,从论据能推出论题,不违反规则5,因此选项(4)排除。所以此论证是正确的,即选项(1)。

三、分析题

1.写出下述论证的论题、论据、论证方式和方法。

我们不仅要建设高度的物质文明,而且要建设高度的社会主义精神文明。因为如果不在建设高度物质文明的同时建设高度的社会主义精神文明,就不能保证我国的国民经济持久发展和物质文明建设的社会主义方向。

答:论题是:我们不仅要建设高度的物质文明,而且要建设高度的社会主义精神文明。

论据是:如果不在建设高度物质文明的同时建设高度的社会主义精神文明,就不能保证我国的国民经济持久发展和物质文明建设的社会主义方向。应该保证我国的国民经济持久发展和物质文明建设的社会主义方向(这一论据表述时省略了)。

论证方式为:演绎论证(或"假言论证")。

论证方法为:间接论证(或"反证法")。

分析:

论证的结构和方法是论证这一章的重点。

论证的结构分为论题、论据和论证方式,论证方式就是指论证中所使用的推理形式。论证是推理的应用,因此,要分析一论证的种类或所使用的方法,归根到底在于分析此论证中所使用的推理形式。如所使用的推理形式是演绎推理,那么此论证就是演绎论证;如果所使用的是归纳推理,那么此论证就是归纳论证。如果所使用的推理形式是充分条件假言推理的否定后件式,那么就是反证法;如果所使用的推理形式是选言推理的否定肯定式,那么就是选言证法,它们都是间接证明。

2.指出下列反驳中被反驳的论题,并指出反驳中所运用的推理种类和反驳方法。

有人说,生产关系都是阶级关系,这种观点值得商榷。原始社会的生产关系就不是阶级关系,而原始社会的生产关系也是生产关系呀!可见,有的生产关系不是阶级关系。

答:被反驳的论题是"生产关系都是阶级关系"。

所用的推理一是三段论,即:MEP,MAS,所以,SOP。二是对当关系推理,即 SOP→并非 SAP(SOP 真,所以,SAP 假)。

所用反驳方法是间接反驳。

分析:

反驳的结构(尤其是被反驳的论题)和方法是反驳这部分的重点。

3.鲁迅先生在《论辩的魂灵》一文中揭露了反动派的诡辩手法,指出,按照反动派的说法:"卖国贼是说谎的,所以你是卖国贼。我骂卖国贼,所以我是爱国者。爱国者的话是最有价值的,所以我的话是不错的,我的话既然不错,你就是卖国贼无疑了!"请分析鲁迅先生揭示了反动派的哪些诡辩手法(或论证中的逻辑错误)。

答:

(1)卖国贼是说谎的,所以你是卖国贼。这是一个省略了小前提(你是说谎的)的三段论推理,它的两个中项在前提中都不周延,这就违反了"从论据应能推出论题"这条论证规则,犯了"推不出"的逻辑错误。因此,"你是卖国贼"的真实性未得到论证。

(2)我骂卖国贼,所以我是爱国者。这是一个省略大前提(凡骂卖国贼的都是爱国者)的三段论推理,被省略的大前提是虚假的。这就违反"论据应是已知为真的判断"的论证规则,犯了"论据虚假"的逻辑错误。所以,"我是爱国者"的真实性也未得到论证。另外,因为"你是卖国贼"未得到论证,所以"我骂卖国贼"此论据真假不定,这就违反"论据应是已知为真的判断"的论证规则,犯了"预期理由"的逻辑错误。

(3)爱国者的话是最有价值的,所以我的话是不错的。这是一个三段论推理,省略了小前提"我的话是爱国者的话",而这个小前提又是从"我是爱国者"推断出来的,而"我是爱国者"的真实性在前并未得到论证,这就犯了"预期理由"的逻辑错误。另外,"爱国者的话是最有价值的"这一前提也不真实,因为即使是爱国者,他的话也不一定句句是最有价值的。这就犯了"论据虚假"的逻辑错误。同时,"最有价值"和"不错的"不是同一概念,这就违反了"同一律",犯了"偷换概念"的逻辑错误。

(4)我的话既然不错,你就是卖国贼无疑了。联系全文,整个论证过程就是用"你是卖国贼"来论证"我的话是不错的",又用"我的话是不错的"来论证"你是卖国贼"。这就违反规则"论据的真不能依赖论题的真",犯了"循环论证"的逻辑错误。

分析:

学习论证除了能提高本身的论证能力外,对于揭露、驳斥诡辩和谬误也具有重要意义。为此一定要能够运用论证的规则和逻辑基本规律的知识,来识别日常论证和反驳时所犯的逻辑错误。

四、综合题

1.已知"杨洁是体育学院的学生并且读过《红楼梦》",试用归谬法反驳"体育学院没有一个学生读过《红楼梦》"这一论题,并写出反驳所运用的推理形式。

答:(1)用归谬法反驳的具体过程如下:

假设"体育学院没有一个学生读过《红楼梦》"为真，即"体育学院所有学生都没有读过《红楼梦》"；

由已知运用联言推理分解式可得"杨洁是体育学院的学生"；

由假设和已知，运用三段论可得"杨洁没有读过《红楼梦》"。

即：如果"体育学院没有一个学生读过《红楼梦》"，那么"杨洁没有读过《红楼梦》"；

但已知"杨洁读过《红楼梦》"（联言推理的分解式）；

所以，并非"体育学院没有一个学生读过《红楼梦》"（充分条件假言推理的否定后件式）。

因此，"体育学院没有一个学生读过《红楼梦》"这一论题是错误的。

(2)反驳所运用的推理形式：

反驳所运用的最主要的推理形式是充分条件假言推理的否定后件式，即：

如果 p 那么 q

非 q

所以，非 p

另外还使用了三段论，即：

MAP，SAM，所以，SAP。

还有联言推理的分解式，即：

p 并且 q

所以，p(或 q)

分析：

学习有关论证和反驳的知识，尤其是掌握并正确运用论证或反驳的方法，最终目的是为了提高自身的论证能力。论证是推理的综合运用，从上例就可看到，即使掌握了一定的论证方法，但如果不善于应用学过的各种推理有效形式，要作出正确的论证也是非常困难的。

第三编

基础训练

第三篇

某地附近

第一章 基础训练

一、填空题

1.在"并非'p 当且仅当 q'"中,逻辑常项是＿＿＿＿＿＿。

2.在"并非要么 p,要么 q"中,变项是＿＿＿＿＿＿。

3.任何一种逻辑形式都是由＿＿＿＿＿＿和＿＿＿＿＿＿两部分构成的。

4.在"□p→◇p"中,逻辑变项是＿＿＿＿＿＿。

5.在"并非如果 p,那么 q"中,逻辑常项是＿＿＿＿＿。

6."兵不在多而在于精"和"甲不当班长而乙当班长"所具有的共同的逻辑形式,若用 p,q 作变项,可表示为＿＿＿＿＿＿。

7."要么 p,要么 q,要么 r"这一判断形式的逻辑变项是＿＿＿＿。

8.在"[A( )B]→B"的空括号内,填入逻辑常项符号＿＿＿＿＿＿,可构成有效的推理式。

9. 在"有 S 不是 P"中,逻辑变项是＿＿＿＿＿＿;在"(p∧q)→r"中,逻辑常项是＿＿＿＿＿＿。

二、单项选择题

1.两个假言判断的逻辑形式相同,是指( )相同。

A.前件和后件　　　　　B.前件和联结词

C.后件和联结词　　　　D.联结词

2.逻辑形式之间的区别,取决于( )。

A.逻辑常项　　　　　　B.变项

C.语言表达形式　　　　D.思维的内容

3."只有 q 才 p"与"如果 q 则 p"这两个判断形式,它们含有( )。

A. 相同的逻辑常项,相同的变项

B. 不同的逻辑常项,相同的变项

C. 相同的逻辑常项,不同的变项

D. 不同的逻辑常项,不同的变项

4. "要么 p,要么 q"与"或者 p,或者 q"这两个判断形式,它们含有(　　)。

A. 相同的逻辑常项,相同的逻辑变项

B. 相同的逻辑常项,不同的逻辑变项

C. 不同的逻辑常项,相同的逻辑变项

D. 不同的逻辑常项,不同的逻辑变项

第二章　基础训练

一、填空题

1. 从概念的外延关系看,"教师"与"劳动模范"具有_____关系;"陈述句"与"疑问句"具有_____关系。

2. 根据"概念所反映的对象是否具有某属性"来考虑概念所属种类,"正义战争"是_____概念。

3. 如果有的 A 是 B,有的 B 不是 A,而且,_____,那么,A 与 B 之间在外延上的关系是交叉关系。

4. 根据"概念所反映对象的数量"来考虑概念所属的种类,语句"贵阳是城市"中的"城市"属于_____概念。

5. 当 SAP 取值为假而 SIP 取值为真时,概念 S 与概念 P 的外延关系或者是_____关系或者是_____关系。

6. 属概念与种概念的内涵与外延之间的反变关系,是对概念进行_____和_____的逻辑根据。

7. 在"逻辑形式中的项只有逻辑常项和变项"这一判断中,"逻辑形式中的项"与"逻辑常项"在外延上具有_____关系;"逻辑常项"与"变项"具有_____关系。

8. 从定义的结构看,在定义"判断是对思维对象有所断定的思维形式"中,"判断"是_____,"对思维对象有所断定"是_____,"思维形式"是_____。

9. 在判断"鲁迅是伟大的文学家和伟大的革命家"中,"伟大的文学家"与"伟大的革命家"在外延关系上具有_____关系,"鲁迅"与"伟大的革命家"在外延上具有_____关系。

10. _____概念不能限制和划分。

11. 当 SOP 为假时, S 与 P 的外延处于_____关系或

_____关系。

12.概念的_____是通过增加概念的内涵以缩小概念的外延来明确概念的一种逻辑方法。

二、单项选择题

1.已知概念 A 与概念 B 在外延上不相容,又已知"有 B 是 C"为真,则判断( )必为真。

A.有 C 是 A   B.有 C 不是 A

C.有 A 不是 C   D.所有 A 不是 C

2.若"有 S 不是 P"和"没有 P 不是 S"均真,则 S 与 P 的外延之间是( )关系。

A.同一   B.交叉

C.S 真包含 P   D.S 真包含于 P

3.A"某属概念具有的内涵,其种概念必然具有"和 B"某种概念不具有的内涵,其属概念必然不具有"这两个论断( )。

A.都对   B.A 对 B 错

C.都错   D.A 错 B 对

4.如 A 是属加种差定义中的被定义项,则 A 通常不能是( )。

A.普遍概念   B.单独概念

C.正概念   D.负概念

5.B 与 C 是 A 中具有矛盾关系的种概念,如 B 是正概念,那么 C 是( )。

A.一定是负概念   B.一定不是负概念

C.可能是负概念   D.不可能是负概念

6.性质判断由量项、联项、主项和谓项组成,性质判断按质可分为肯定判断和否定判断。这段文字是如何说明"性质判断"概念的?正确的回答是( )。

A.都从内涵   B.先从内涵,后从外延

C.都从外延   D.先从外延,后从内涵

7.下列概念的限制中,正确的是(   )。

A.“普遍概念”限制为“单独概念”

B.“推理”限制为“判断”

C.“逻辑规律”限制为“同一律”

D.“论证”限制为“论题”

8.若“所有 P 是 S”与“有的 S 不是 P”均真,则 S 与 P 之间的外延关系是(   )关系。

A.同一　　　　　　　　B.交叉

C.S 真包含 P　　　　　　D.S 真包含于 P

9.若“有 S 是 P”,“有 S 不是 P”,“有 P 不是 S”三个判断均真,则 S 与 P 具有(   )关系。

A.全同　　　　　　　　B.真包含于

C.真包含　　　　　　　D.交叉

10.在“知识分子是国家的宝贵财富”和“大学教师是知识分子”这两个判断中,“知识分子”(   )。

A.都是集合概念　　　B.都是非集合概念

C.前者是集合概念,后者是非集合概念

D.前者是非集合概念,后者是集合概念

11.历史上先后产生的国家有奴隶制国家、封建制国家、资产阶级国家、无产阶级国家,无论何种类型的国家都是阶级专政的工具。这个判断对“国家”这个概念是(   )来说明的。

A.仅从内涵方面

B.仅从外延方面

C.先从内涵,再从外延方面

D.先从外延,再从内涵方面

12.正确表示“传递的(A)”,“反传递的(B)”和“非传递的(C)”这三个概念外延关系的欧勒图是(   )。

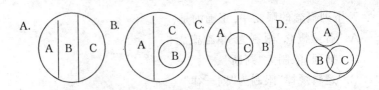

13. 下列正确表达"演绎推理(A)"，"关系推理(B)"，"类比推理(C)"，"直接推理(D)"这四个概念之间的外延关系的欧勒图是( )。

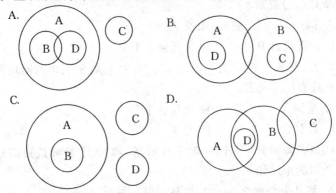

14. 如 A 是一个正概念，B 是一个负概念，则 A 与 B 的外延关系( )。

A.必定是矛盾关系　　　B.必定不是矛盾关系

C.可能不是矛盾关系　　D.不可能是矛盾关系

15. 在 A"青年是祖国的希望"和 B"青年应当又红又专"中，"青年"( )。

A.都是集合概念　　　B.在 A 中是集合概念，在 B 中不是

C.都不是集合概念　　D.在 A 中不是集合概念，在 B 中是

16. "联言判断"可以概括为( )。

A.联言推理　　　　　B.复合判断

C.选言判断　　　　　D.负判断

17. 下列属于逻辑划分的是( )。

A.三段论分为大前提、小前提和结论

B.思维形式分为概念、判断和推理

C.关系判断分为关系项、关系者项和量项

D.定义分为被定义项、定义项和定义联项

三、双项选择题

1.当 S 类与 P 类具有(　　)关系或(　　)关系时,SEP 为假但 SOP 为真。

A.全同　　　　　　B.S 真包含 P

C.S 真包含于 P　　D.交叉　　E.全异

2.违反"定义项的外延和被定义项的外延应是全同的"这条定义规则的逻辑错误有(　　)和(　　)。

A.定义过窄　　　　B.定义含混

C.定义循环　　　　D.同语反复

E.定义过宽

3.当"有 A 不是 B"假,而"有 B 不是 A"真时,A 与 B 的外延关系应为(　　)和(　　)。

A.全同　　　　　　B.交叉

C.A 真包含于 B　　D.全异　　E.B 真包含 A

4.在"中国是世界上人口最多的国家"这一判断中,主项与谓项都是(　　)概念和(　　)概念。

A.单独　　B.普遍　　C.集合　　D.正　　E.负

5.下列概念的限制,正确的是(　　)、(　　)。

A."普遍概念"限制为"单独概念"

B."中国"限制为"北京"

C."科学"限制为"自然科学"

D."论证"限制为"论据"

E."竞争"限制为"人才竞争"

6.下列依据具有属种关系的概念间内涵与外延的反变关系来明确概念的逻辑方法是(　　)、(　　)。

A.定义   B.划分   C.分类   D.限制   E.概括

7.若 A 与 B 都是单独概念,则 A 与 B 的外延关系可能是( )关系或( )关系。

A.同一   B.A 真包含 B   C.A 真包含于 B

D.交叉   E.全异

8.下列各组概念中,具有属种关系的是( )、( )。

A.常项——量项   B.太阳系——地球

C.《鲁迅全集》——《药》   D.亚洲——中国

E.变项——判断变项

9.若"A 可以分为 B,C,D"是一正确划分,则 B 与 C 的外延一定是( )、( )。

A.矛盾关系   B.属种关系   C.交叉关系

D.反对关系   E.全异关系

10.划分按层次可以分为一次划分和连续划分,任何划分都包含母项、子项和根据三部分。这一议论是( )、( )来说明"划分"这一概念的。

A.仅从内涵   B.先从内涵,后从外延

C.仅从外延   D.先从外延,后从内涵

E.并非都从内涵

11.下列对概念的概括错误的是( )、( )。

A."结论虚假的推理"概括为"无效推理"

B."假言判断"概括为"复合判断"

C."特称判断"概括为"全称判断"

D."关系推理"概括为"演绎推理"

E."判断"概括为"思维形式"

12.当 S 类与 P 类具有( )、( )关系时,SAP,SEP 同假。

A.同一   B.S 真包含 P   C.S 真包含于 P   D.交叉   E.全异

13.当"所有 A 是 B"为假,而"有 B 不是 A"为真时,A 与 B 的外延关系或是( )关系或是( )关系。

A. 全同   B. A 真包含 B

C. A 真包含于 B   D. 交叉   E. 全异

14. 下列表示"划分"概念内涵的语句是( )、( )。

A. 什么是划分

B. 划分是把一个属概念,按一定的标准分成若干种概念,以明确该概念外延的逻辑方法

C. 划分包括母项、子项和根据三个要素

D. 划分按层次可分为一次划分和连续划分

E. 正确的划分是遵守划分规则的

15. 在下列各组概念中,具有属种关系的是( )、( )。

A. "复合判断"与"联言判断"

B. "相容选言判断"与"不相容选言判断"

C. "全称肯定判断"与"特称肯定性质判断"

D. "全称性质判断"与"特称否定判断"

E. "性质判断"与"特称否定判断"

16. 下列各组概念中,具有属种关系的是( )、( )。

A. 判断——概念   B. 逻辑常项——联项

C. 太阳系——地球   D. 工人——矿工

E. 《鲁迅全集》——《祝福》

17. 若"A 可以分为 B,C"是一正确的划分,则 B 与 C 的外延一定不能是( )、( )。

A. 全异关系   B. 不相容关系   C. 矛盾关系

D. 交叉关系   E. 属种关系

18. 在"中国人连死都不怕,还怕困难吗?"中,"中国人"是( )、( )。

A. 单独概念   B. 集合概念   C. 非集合概念

D. 普遍概念   E. 负概念

四、分析题

1.下列对"三段论"的定义与划分是否正确？为什么？

三段论是由两个判断推出一个新判断的思维形式,它分为第一格、第二格、第三格三段论。

2.下列语句作为对"复合判断"的定义或划分是否正确？为什么？

复合判断就是包含两个或两个以上简单判断的判断。它可以分为假言判断、选言判断和联言判断。

3.正确划分中的母项与子项、子项与子项分别具有何种外延关系？

4.试分析说明"甲班学生"在下列语句中,哪些表示集合概念,哪些不表示集合概念。

A.甲班学生是从华东六省来的。

B.小刘是甲班学生。

C.甲班学生都应当努力学习。

5.下列各组概念中,哪些不具有属种关系？为什么？

A.判断——复合判断　　　　B.联言判断——联言支

C.三段论——大前提　　　　D.中国——江苏省

6.试分析下列语句作为定义和划分有无错误？为什么？

直言判断就是不含其他判断而只反映事物具有某种性质的判断,它可以分为肯定判断、否定判断、全称判断和特称判断。

7.下列作为定义和划分是否正确？为什么？

简单判断就是仅对一类对象有所断定的判断。简单判断可以分为性质判断、关系判断和模态判断的负判断。

8.试分析下列(1)、(2)、(3)三组概念能否运用二分法得到？为什么？

(1)对称关系与非对称关系。

(2)性质判断与关系判断。

(3)模态判断与非模态判断。

五、图解题

1.已知 A 与 B 交叉,B 与 C 交叉,用欧勒图表示出 A 与 C 可能具有的各种关系。

2.已知概念 A 与概念 B 交叉,概念 B 真包含概念 C,请用欧勒图表示概念 A 与概念 C 可能具有的各种关系。

3.若 MOP 为假而 SAM 为真,请用欧勒图表示 S 与 P 可能具有的各种外延关系。

4.设 SE$\overline{P}$真,用欧勒图表示 S,P,$\overline{P}$ 的各种外延关系。

5.将下列判断中标有横线的概念间的外延关系表示在一个欧勒图式中。

<u>《红楼梦》</u>(A)是<u>中国小说</u>(B),也是<u>古代小说</u>(C),但不是<u>武侠小说</u>(D)。

6.已知:SAP 为真而 PAS 为假。

根据已知条件:

(1)用欧勒图表示出 S 与 P 的外延关系。

(2)指出 S 与 P 这两个概念哪一个的内涵较多。

7.用欧勒图表示下列标有横线概念间的外延关系。

<u>《祝福》</u>(A)是<u>鲁迅</u>(B)写的,不是<u>巴金</u>(C)写的,巴金是<u>《家》的作者</u>(D)。

8.设 S 与 P 交叉,M 与 P 全异。用欧勒图表示 S, M, P 三个概念的各种外延关系。

9.设 M 真包含于 S,所有 M 不是 P。用欧勒图表示 S, M, P 的各种外延关系。

第三章 基础训练

一、填空题

1.一个判断的主项周延,则这个判断是_____判断;一个判断的谓项周延,则这个判断是_____判断。

2.当 S 与 P 的外延间具有_____关系或_____关系时,并非 SOP 为真。

3.根据对当关系,当"有的 S 是非 P"为假时,"有的 S 不是非 P"的逻辑值为_____。

4.设"A 判断与 B 判断矛盾"、"B 判断与 C 判断矛盾",则 A 判断与 C 判断具有_____。

5.如果$\overline{SEP}$为假,那么根据性质判断间的_____关系,可以确定$\overline{SOP}$也是假的。由 PAS 为前提,依据换位法,可必然推出_____。

6.主项与谓项均周延的性质判断的逻辑形式是_____,主项与谓项均不周延的性质判断的逻辑形式是_____。

7.已知"所有天鹅是白的"为假,根据判断间的对当关系,则"有些天鹅是白的"_____。

8.一个性质判断的谓项不周延,这个判断的质是_____;一个性质判断的主项周延,这个判断的量是_____。

9.若 SAP 取值为真,则 SOP 取值为_____, SIP 取值为_____。

10.当 S 与 P 的外延之间具有_____关系或_____关系时,SAP 和 SEP 都是假的。

11.若$\overline{S}AP$取值为真,则$\overline{S}IP$取值为_____。若 SOP 取值为假,则 SEP 取值为_____。

12.已知关系 R 是反对称的和反传递的,由 aRb 真,可得知 bRa _____;由 aRb 真且 bRc 真,可得知 a$\bar{R}$c _____。

13.在关系"全同、真包含于、交叉、矛盾"中,属于反传递关系的是_____。

14.在关系"真包含、反对、矛盾"中,属于传递性关系的是_____,属于非传递关系的是_____。

二、单项选择题

1.由并非 SAP 可推出 SOP,其根据是逻辑方阵中的( )关系。

A.矛盾　　　　B.反对　　　　C.下反对　　D.差等

2.当 S 真包含于 P 时( )。

A.SAP 与 SEP 都真　　　　　B.SAP 与 SEP 都假

C.SEP 与 SOP 都假　　　　　D.SIP 与 SOP 都真

3."参加自学考试的不都是干部"与"参加自学考试的没有一个是干部"这两个判断( )。

A. 可同真,可同假　　　　　B. 可同真,不可同假

C. 不可同真,可同假　　　　D. 不可同真,不可同假

4."没有 S 不是 P"与"S 不都是 P"之间具有( )关系。

A. 矛盾　　　B. 反对　　　　C. 下反对　　D. 差等

5.若( ),则 SIP 真,SOP 真。

A.S 与 P 全同　　　　　　　B.S 真包含于 P

C.S 真包含 P　　　　　　　D.S 与 P 全异

6.SIP 与 SOP 具有( )关系。

A. 矛盾　　　　B. 反对　　　　C. 下反对　　D. 差等

7.a"甲班学生都是上海人"和 b"甲和乙都是上海人",这两个判断( )。

A. 都是 A 判断　　　　　　B.a 是 A 判断,b 不是

C. 都不是 A 判断　　　　　D.a 不是 A 判断,b 是

8."所有 S 是 P"与"没有 S 是 P"之间具有( )。

A. 反对关系　　　　　　　B. 矛盾关系

C. 差等关系　　　　　　　D. 下反对关系

9. 如两个性质判断的变项完全相同,而常项完全不同,则这两个性质判断(　　)。

A. 可同真,可同假　　　　B. 可同真,不同假

C. 不同真,可同假　　　　D. 不同真,不同假

10. 如两个素材相同的性质判断的主项和谓项的周延情况都是不同的,则这两个性质判断具有(　　)关系。

A. 可以同真,可以同假　　B. 可以同真,不可同假

C. 不可同真,可以同假　　D. 不可同真,不可同假

11. 已知"有的学生是优等生"真,则(　　)。

A. "有的学生不是优等生"真

B. "所有学生都是优等生"假

C. "所有学生都不是优等生"假

D. "有的学生不是优等生"假

12. 在性质判断中,决定判断形式的是(　　)。

A. 主项和谓项　　　　　　B. 主项和量项

C. 谓项和联项　　　　　　D. 量项和联项

13. 在性质判断的对当关系中,如两个判断是相互矛盾的,那么它们(　　)。

A. 常项和变项都相同

B. 常项相同,变项不同

C. 常项和变项都不同

D. 常项不同,变项相同

14. 如果甲判断与乙判断是矛盾关系,乙判断与丙判断也是矛盾关系,那么甲判断与丙判断是(　　)。

A. 可同真,可同假　　　　B. 可同真,不可同假

C. 不可同真,可同假　　　D. 不可同真,不可同假

15. "中国农民是热爱社会主义祖国的"这个性质判断是(　　)判

断。

A. 全称肯定　　　　　　　　　B. 特称肯定

C. 单称肯定　　　　　　　　　D. 或全称肯定,或特称肯定

16. a"交叉关系不是全异关系"与 b"S 与 P 不是全异关系"。这两个判断的种类应是(　　)。

A. a 与 b 都是关系判断

B. a 是关系判断,b 是性质判断

C. a 与 b 都是性质判断

D. a 是性质判断,b 是关系判断

17. 从判断的形式结构看,"曹操与曹植不是兄弟"是(　　)。

A. 性质判断　　　　　　　　　B. 关系判断

C. 联言判断　　　　　　　　　D. 负判断

18. "小丁与小王是同学"这一判断是(　　)判断。

A. 全称　　　　　　　　　　　B. 特称

C. 关系　　　　　　　　　　　D. 联言

19. 概念外延间的交叉关系属于(　　)关系。

A. 既对称又传递　　　　　　　B. 对称但非传递

C. 非对称但传递　　　　　　　D. 既非对称又非传递

20. 判断间的蕴涵关系,就其对称性和传递性看是(　　)。

A. 对称但非传递　　　　　　　B. 对称但反传递

C. 反对称但传递　　　　　　　D. 非对称但传递

三、双项选择题

1. 下列公式中,依据下反对关系而进行的有效推理是(　　)、(　　)。

A. SIP→SOP　　　　　　　　　B. SOP→$\overline{SIP}$

C. $\overline{SOP}$→SIP　　　　　　　　D. SIP→$\overline{SOP}$

E. $\overline{SIP}$→SOP

2. 由"工人都是劳动者"推出"有的非工人不是劳动者",其间

（　）、（　）。

  A.只需用换质法   B.只需用换位

  C. 既要用换质法又要用换位法 D.先要用换质法

  E. 先要用换位法

  3. "有 S 是 P"为真时,S 与 P 外延关系不可以是（　）、（　）。

  A.S 与 P 同一 B.S 与 P 全异 C.S 真包含于 P

  D.S 与 P 不全异   E.S 与 P 不相容

  4. 当 S 类与 P 类具有（　）关系或（　）关系时,SEP 为假但 SOP 为真。

  A.全同   B.S 真包含 P C.S 真包含于 P

  D.交叉   E.全异

  5. 断定一个性质判断的主项(S)周延而谓项(P)不周延,也就断定了该判断主项与谓项外延（　）或（　）。

  A.全同关系   B.S 真包含 P C.交叉关系

  D.全异关系   E.S 真包含于 P

  6. 当 S 与 P 具有（　）或（　）时,SIP 与 SAP 同真。

  A.全同关系   B.S 真包含于 P 关系   C.交叉关系

  D.S 真包含 P 关系   E.全异关系

  7.下面这些概念的外延之间的关系中,具有反对称性质的是（　）、（　）。

  A.同一关系 B.真包含关系 C.真包含于关系

  D.交叉关系 E.全异关系

  8.在概念间的外延关系中,不具有传递性的是（　）关系与（　）关系。

  A.同一   B.真包含   C.真包含于

  D.交叉   E.全异

  9.从关系的对称性和传递性看,"等值关系"是（　）、（　）关系。

  A.对称   B.反对称   C.非对称

  D.传递   E.非传递

10.下列关系中同时具有对称性和传递性的是( )、( )。

A.概念间的全同关系　　　　　　B.判断间的等值关系

C.判断间的矛盾关系　　　　　　D.概念间的真包含关系

E.判断间的蕴涵关系

11.下列概念间关系属于非传递关系的是( )、( )。

A.概念间的全同关系　　　　　　B.判断间的不同真关系

C.概念间的矛盾关系　　　　　　D.判断间的蕴涵关系

E.概念间的交叉关系

12.下面这些概念的外延关系中,具有非传递性质的是( )、( )。

A.同一关系　　　B.真包含关系　　　C.真包含于关系

D.交叉关系　　　E.全异关系

13.下列具有反对称而传递性质的是( )、( )。

A.全同关系　　　B.真包含于关系　　　C.全异关系

D.交叉关系　　　E.真包含关系

14.当判断( )、( )取值为真时,判断"班上同学都是团员"取值为假。

A.并非班上同学都不是团员　　　B.班上有的同学不是团员

C.班上同学并非都是团员　　　　D.班上同学并非都不是团员

E.并非班上有的同学不是团员

四、分析题

1.甲断定"全班同学都学英语"为真,乙断定"全班同学都不学英语"为假,甲乙的断定是不是等值? 为什么?

2.举例说明:是否存在一种关系 R,使得 A,B 两式同真(成立)。

A.$aRb \rightarrow b\bar{R}a$

B.$aRb \wedge bRc \rightarrow aRc$

第四章 基础训练

一、填空题

1.与"只有通过外语考试,才能录取"相等值的充分条件假言判断是_____,相等值的联言判断的负判断是_____,相等值的选言判断是_____。

2.已知 q 可取任意真值,要使 p ∧ ¬ q 假,p 应取值为_____。

3.若 p∨¬q 为真,¬p 为真,则 q 取值为_____。

4.用 p 表示"小王是大学生",q 表示"小李是大学生",与"如果小王不是大学生,那么小李不是大学生"相等值的选言判断的逻辑形式是_____。

5.若 p→q 取值为假,则 p∧q 取值为_____,p∨̇q 取值为_____。

6.与"如果某推理是三段论,那么此推理是演绎推理"相等值的选言判断的逻辑形式是_____。

7.若 p∨̇q 取值为真,则 p∨q 取值为_____。

8.设 ¬p→q 与 ¬q 均取值为真,则 p 取值为_____。

9.若 p∨q 取值为假,则(p∧q)→p 取值为_____。

10.若要使"只有 p,才非 q"与"非 p 或者 q"均真,那么 p 与 q 的取值情况是 p 为_____,q 为_____。

11.用 p 表示"小王是大学生",q 表示"小李是大学生",与"如果小王不是大学生,那么小李不是大学生"相等值的必要条件假言判断的逻辑形式是_____。

12.由"p∨¬q"为假,可知 p 为_____,q 为_____。

二、单项选择题

1. 若"如果某甲掌握了两门外语,那么他精通逻辑"为假,则(　)为真。

A. 某甲没有掌握两门外语并且不精通逻辑

B. 某甲掌握两门外语而且精通逻辑

C. 或者某甲没有掌握两门外语或者他精通逻辑

D. 如果某甲精通逻辑,那么他没有掌握两门外语

2. 在"不入虎穴,焉得虎子"这个判断中,"入虎穴"是"得虎子"的(　)。

A. 充分条件　　　　　　　　B. 必要条件

C. 充分必要条件　　　　　　D. 既非充分又非必要条件

3. 必要条件假言判断的逻辑含义是(　)。

A. 当前件存在时,后件一定存在

B. 当前件存在时,后件一定不存在

C. 当前件不存在时,后件一定不存在

D. 当前件不存在时,后件一定存在

4. "联言判断"可以概括为(　)。

A. 联言推理　　　　　　　　B. 复合判断

C. 选言判断　　　　　　　　D. 负判断

5. "王英参加会议,刘明也参加会议"和"要么王英参加会议,要么刘明参加会议"这两个判断(　)。

A. 可同真,可同假　　　　　　B. 可同真,不可同假

C. 不可同真,不可同假　　　　D. 不可同真,可同假

6. 已知"$p \rightarrow q$"、"$\neg p \rightarrow \neg q$"与"$\neg p \vee \neg q$"均真,那么(　)。

A. p真q真　　　　　　　　B. p真q假

C. p假q真　　　　　　　　D. p假q假

7. $\neg p \wedge \neg q$ 与 $\neg p \vee \neg q$ 具有(　)关系。

A. 可同真,可同假　　　　　　B. 不同真,不同假

C.可同真,不可同假   D.不可同真,可同假

8.若"p∧q"与"p→q"均真,则(   )。

A.p与q均真   B.p真q假

C.p假q真   D.p与q均假

9.下列与p∨¬q相矛盾的是(   )。

A.¬p∨q   B.¬p→¬q

C.¬p∧q   D.p←¬q

10.已知p←q为假,则p与q的取值情况必为(   )。

A.p与q都真   B.p与q都假

C.p真且q假   D.p假且q真

11.与"这种商品既不实用又不价廉"这一判断不同真而又不同假的判断是(   )。

A.这种商品既实用又价廉

B.这种商品既不价廉又不实用

C.这种商品或者实用或者价廉

D.这种商品或者不实用或者不价廉

12."张方不是钢铁工人,又不是石油工人"与"如果张方是钢铁工人,那么张方不是石油工人"这两个判断(   )。

A.不可同真但可同假   B.不可同假但可同真

C.可同真并且可同假   D.不同真并且不同假

13."并非可能p"与"并非可能非p"之间具有(   )关系。

A.矛盾   B.差等   C.反对   D.下反对

14.当非p真时,则(   )为真。

A.必然p   B.可能p   C.必然非p   D.可能非p

15.判断"粮食今年不必然再涨价",其形式应是(   )。

A.SEP   B.□¬p   C.¬□p   D.◇¬p

16.下列公式中,恰当地表达了A与I的真假关系的是(   )。

A.A→I   B.A∨I   C.A←I   D.A∨̇I

三、双项选择题

1.已知"甲不在武汉且乙在广州"与"当且仅当甲在武汉,乙才在广州"均假,下列判断中取值为真的是（　）和（　）。

A.甲在武汉且乙在广州　　　　B.甲在武汉但乙不在广州

C.并非"或甲在武汉或乙在广州"

D.只有甲不在武汉,乙才在广州

E.如果甲在武汉,那么乙在广州

2.与"$\neg p \land \neg q \to r$"具有等值关系的是（　）和（　）。

A.$\neg r \to p \lor q$　　B.$p \land q \to \neg r$　　C.$\neg p \land \neg q \land \neg r$

D.$r \leftarrow \neg p \land \neg q$　　　　　　E.$r \to \neg p \land \neg q$

3.已知 $p \lor q$ 为假,则（　）、（　）为真。

A.$p \land \neg q$　　　　B.$p \dot\lor q$　　　　C.$\neg p \to q$

D.$\neg p \leftarrow \neg q$　　E.$p \leftrightarrow q$

4.下列判断形式中,与 $\neg p \land \neg q$ 具有不可同真但可同假关系的是（　）、（　）。

A.$p \to q$　　　　B.$\neg p \to q$　　　　C.$p \land q$

D.$\neg(p \leftrightarrow q)$　　E.$p \lor q$

5.下列各组判断具有矛盾关系的是（　）、（　）。

A.$\neg p \lor \neg q$ 与 $\neg(p \land q)$　　　　B.有 S 是 P 与有 S 不是 P

C.$p \lor q$ 与 $\neg(p \dot\lor q)$　　　　D.$p \leftrightarrow q$ 与 $p \leftrightarrow \neg q$

E.必然 p 与可能 $\neg p$

6.已知"如果甲值班,那么乙或丙也值班"为真,则（　）与（　）必然为真。

A.只有甲值班,乙或丙才值班

B.如果乙或丙值班,那么甲也值班

C.如果甲不值班,那么乙和丙均不值班

D.如果乙和丙都不值班,那么甲也不值班

E.只有乙或丙值班,甲才值班

7."并非(p,当且仅当 q)"等值于( )、( )。

A.(p 或者 q)并且(非 p 或者非 q)

B.(p 并且 q)或者(非 p 并且非 q)

C.(p 并且非 q)或者(非 p 并且 q)

D.(p 并且非 q)并且(非 p 并且非 q)

E.(p 或者 q)或者(非 p 或者非 q)

8.若"如果李明在师大,那么张胜不在师大"为真,则下面为假的判断是( )、( )。

A.李明和张胜都在师大

B.李明和张胜都不在师大

C.李明和张胜至少有一人不在师大

D.只有李明不在师大,张胜才在师大

E.并非"李明不在师大或张胜不在师大"

9.当¬p∨q 为假时,下列必假的公式是( )、( )。

A.p∧¬q   B.¬p→q   C.q←p

D.p←¬q   E.q∧¬p

10.当 p∨q 为假时,下列必假的公式是( )、( )。

A.p∨¬q   B.¬p→q   C.p↔q

D.p←q   E.q∧¬p

11.已知"要么小王不去北京,要么小李不去北京"与"如果小王不去北京,那么小李也不去北京"同时为真,则( )与( )为假。

A.如果小王去北京,那么小李也去北京

B.只有小王去北京,小李才去北京

C.小王与小李均去北京

D.小王或小李去北京

E.小王不去北京或小李不去北京

12.与"并非'如果你来,他就不来'"等值的判断是( )和( )。

A.你来但他不来   B.或者你来或者他不来

234

C.并非"只有你不来,他才来"

D.只有你来,他才来   E.你来,他也来

13.与"如果小李不来,那么小王来"等值的判断有(   )、(   )。

A.或者小李来,或者小王来

B.并非(小李不来,小王也不来)

C.并非(小李来,小王也来)

D.如果小王来,那么小李不来

E.如果小李来,那么小王不来

14.在 p 与 q 的四种组合中,下列判断形式真假情况一真三假的是(   )、(   )。

A.¬(p↔q)   B.p→q   C.¬p∧q

D.¬p↔q   E.¬(¬p∨q)

15.当 p 为真时,"q→p"与"q∨¬p"这两个判断的真假情况是(   )、(   )。

A.都真   B.前者真而后者不定

C.至少一真   D.都假

E.后者真而前者不定

16.由"任务必然完成"可推出(   )、(   )。

A.任务不可能不完成   B.任务不必然完成

C.并非任务不必然完成   D.并非任务可能完成

E.任务可能没完成

17.以"不可能 p"为前提,根据模态逻辑方阵,可必然推出结论是(   )、(   )。

A.必然不是 p   B.必然 p   C.不可能不是 p

D.可能 p   E.并非必然 p

18.已知"不可能 p"为真,则下列为假的是(   )、(   )。

A.可能 p   B.可能非 p   C.不必然 p

D.必然 p   E.必然非 p

19.以"不可能 p"为前提,可推出(   )或(   )。

A.不必然非 p B.可能 p   C.必然 p

D.可能非 p   E.非 p

20.下列逻辑形式中,正确表示反对关系的有(　)和(　)。

A.A∨Ē   B.Ā∨Ē   C.Ā→E

D.E→Ā   E.Ā←Ē

21.下列式子中,正确表达对当关系中 I 与 O 的关系的是(　)与(　)。

A.Ī→O   B.Ī∨Ō   C.I∨O

D.O→Ī   E.Ī∨̄Ō

四、多项选择题

1.下列各组判断形式中,具有不同真、不同假关系的是(　　)。

A.p∧q 与 ¬p∨¬q   B.p→q 与 p∧¬q

C.q∨̄p 与 p↔q   D.p∧¬q 与 p∨¬q

E.q←p 与 ¬q∧p

2.使"如果非 p,那么 q"为真的充分条件是(　　)。

A."p 且 q"真   B."非 p 且 q"真

C."非 p 且非 q"真   D."p 或者非 q"假

E."只有 q,才非 p"假

3.已知"p∨¬q"为假,则(　　)取值为真。

A.p→¬q   B.p→q   C.¬p→q

D.¬p∨q   E.p∨q

4.已知"¬p→¬q"为假,则(　　)为真。

A.p∨q   B.p∧q   C.p↔q

D.¬p∨q   E.p→q

5.若 p∨q 为假,则(　　)为真。

A.p→¬q   B.p→q   C.¬p→¬q

D.￢p∨￢q　　E.￢p∨q

6.当 p→￢q 取值为假时,下列形式中取值为真的是(　　　　)。

A.p←q　　　　　B.p→q　　　　　C.p∧q

D.p∨q　　　　　E.p↔q

7.下列各组判断中,具有等值关系的是(　　　　)。

A.“如果非 p,那么 q”与“只有 p,才非 q”

B.“必然非 p”与“不可能 p”

C.“并非有 S 不是 P”与“所有 S 都是 P”

D.“没有 S 是 P”与“并非有 S 是 P”

E.“p 且非 q”与“并非(只有非 p,才非 q)”

8.下列主项或谓项属于负概念的判断是(　　　　)。

A.尼泊尔不是非洲国家　　　　B.“批评”是非传递关系

C.脚踏车是非机动车　　　　　D.非集合概念都是概念

E.非模态判断是不含模态词的判断

9.以“必然 p”为前提,可必然推出(　　　　)。

A.p　　　　　B.非 p　　　　　C.可能 p

D.不可能非 p　　　　　　　　E.并非“必然非 p”

10.下列式子中,与“p←￢q”具有矛盾关系的是(　　　　)。

A.￢p∧￢q　　B.p∧q　　　　　C.￢(p∨q)

D.￢(￢q→p)　　　　　　　　E.￢(￢p→q)

五、分析题

1.举例说明性质判断中的否定判断与负判断的主要区别。

2.已知下列 A,B,C 三判断中,有两个是假的,问能否断定甲村与乙村有些人家没有彩电? 为什么?

A.只有甲村有些人家没有彩电,乙村所有人家才有彩电。

B.甲村所有人家有彩电并且乙村所有人家有彩电。

C.或者甲村所有人家有彩电或者乙村所有人家有彩电。

3.下列 A,B 两判断能否同真? 能否同假? 它们是不是一对具有矛盾关系的判断?

A.如果王强是党员,那么李胜是党员。

B.如果王强是党员,那么李胜不是党员。

4.断定一个复合判断为真,是否断定了其所有支判断为真? 试以选言判断为例加以说明。

5.设公式 A 为"p→q",公式 B 为"p←q",试回答:

(1)A 与 B 可否同假,为什么?

(2)A 的负判断与 B 的负判断可否同假,为什么?

6.下列两个表达式是否全面表述了性质判断逻辑方阵中 E 与 I 之间的真假关系?

(1)E→Ī   (2)¬(E↔I)

六、图表题

1.用真值表方法判定:当 p∧¬q 为真时,p∨q 和 p→q 各取何值?

p	q			
T	T			
T	F			
F	T			
F	F			

2.写出与下面这个判断等值的联言判断,并用真值表加以验证。

并非(如果所有的 S 是 P,那么所有的 P 是 S)

3.试用真值表方法判定下列 A,B 两个判断是否等值。

A.要么小周当选班长,要么小李当选为班长。

B.小周当选为班长,而小李没有当选为班长。

4.写出下列判断的等值判断,并用真值表加以验证。

并非"或者他是先进工作者或者他是人民代表"。

5.列出 A,B 两判断的真值表,并回答当 A,B 恰有一个为假时,某公司是否录用了小黄? 是否录用了小林?

A.如果某公司录用了小黄,那么就不录用小林。

B.某公司没有录用小黄。

6.设下列 A,B,C 三句话中一句为真,两句为假,请列出真值表并回答甲是不是工人,乙是不是营业员。

A.如果甲是工人,那么乙是营业员。

B.如果乙是营业员,那么甲是工人。

C.乙不是营业员。

p	q			
T	T			
T	F			
F	T			
F	F			

(上表中,p 表示"甲是工人",q 表示"乙是营业员")

7.请列出 A,B 两个判断形式的真值表,并回答 A 是否蕴涵 B。

A.p∨q   B.p→q

p	q			
T	T			
T	F			
F	T			
F	F			

8.用真值表方法判定,当下面 A,B,C 三判断不同真时,可否确定"小金是否当选班长"? 可否确定"小赵是否当选学习委员"?

A.小金不当选班长或小赵当选学习委员。

B.小赵当选学习委员。

C.小金当选班长或小赵当选学习委员。

p	q			
T	T			
T	F			
F	T			
F	F			

（p为"小金当选班长"，q为"小赵当选学习委员"）

9.列表说明：在大王与小李不同时上场比赛的条件下，"如果大王不上场比赛，那么小李上场比赛"与"要么大王不上场比赛，要么小李不上场比赛"的真假是否相同？

（p为"大王上场比赛"，q为"小李上场比赛"）

p	q			
T	T			
T	F			
F	T			
F	F			

10.列出 A，B，C 三个判断的真值表，并回答 A，B，C 中是否有等值判断。

A.并非"小张学习好且思想进步"。

B.小张学习不好且思想不进步。

C.小张学习不好或者思想不进步。

11.写出下列 A，B 两个判断的公式，列出真值表，并回答其中 A 是否蕴涵 B？

A.只要小高去火车站送客，则小林也去火车站送客。

B.小高不去火车站送客但小林去火车站送客。

12.用真值表方法判定，当下面 A，B，C 三判断两真一假时？能断言哪一句为真（或为假）？不能断言哪一句为真（或为假）？

A.要么小王出国，要么小孙出国。

B.要么小王出国，要么小孙不出国。

C.小王和小孙至少一人出国。

（p为"小王出国"，q为"小孙出国"）

13.用真值表方法,说明丁的判断是否正确。

甲:小张在同济大学,小李不在交通大学。

乙:要么小张在同济大学,要么小李不在交通大学。

丙:只有小张不在同济大学,小李才在交通大学。

丁:甲、乙、丙三个判断不能同真。

p	q			
T	T			
T	F			
F	T			
F	F			

(设:p为"小张在同济大学",q为"小李在交通大学")

14.根据下列条件,列出真值表,并据表回答甲、乙、丙三人的名次。

甲、乙、丙三人争夺象棋比赛的前三名。小林预测"只有甲第一,丙才第二";小刘预测"丙不是第二"。事实证明两人中有且只有一人预测为真。

15.设判断 A 为"如果甲不是木工,则乙是泥工";判断 B 为"只有乙是泥工,甲才是木工";判断 C 与 A 相矛盾。现要求用 p 代表"甲是木工",q 代表"乙是泥工",列出 A,B,C 三个判断形式的真值表,并回答当 B,C 同真时,甲是否为木工? 乙是否为泥工?

p	q			
T	T			
T	F			
F	T			
F	F			

第五章　基础训练

一、填空题

1.根据普通逻辑的_____律,若"王强是党员"为假,则"王强不是党员"为真;根据_____律,若"王强是党员"为真,则"王强不是党员"为假。

2.矛盾律的要求是:在同一思维过程中,对于具有_____和_____的判断,不应该承认它们都是真的。

3.根据普通逻辑基本规律中的_____律,若"某人是党员而不是干部"为假,则充分条件假言判断_____为真。

4.根据普通逻辑基本规律中的_____律,已知"如果 p,那么非 q"为假,则联言判断_____为真。

5.间接反驳时,人们先论证与被反驳论题相矛盾或相反对的论题为真,然后根据_____律确定被反驳的论题为假。

6.反证法是先论证与原论题相矛盾的论断为假,然后根据_____律确定原论题为真。

7.根据普通逻辑基本规律中的_____律,当"只有小王上场,甲队才能获胜"为真时,联言判断_____为假。

8.根据普通逻辑基本规律中的_____律,"如果认真学习就能考得好成绩"为真,则"即使认真学习也不能考出好成绩"为假。

9.违反三段论规则的"四项错误",从逻辑规律的角度看,是一种违反_____律的错误。

10.根据普通逻辑的_____律,若"王丽是涉外文秘专业学生但不精通国际经济法"为假,则相应的假言判断为_____真。

11.若同时肯定"甲班学生都是学英语的"和"甲班学生都不是学英语的"这两个判断,则违反_____律的要求。

二、单项选择题

1.若否定￢p→￢q,又否定 q∧￢p,则( )的要求。

A.违反同一律　　　　　　　B.违反矛盾律

C.违反排中律　　　　　　　D.不违反逻辑基本规律

2.下列断定中,违反逻辑规律的是( )。

A.某关系不是对称的,又不是非对称的

B.某关系既是对称的,又是非对称的

C.某关系不是对称的,而是反对称的

D.某关系不是对称的,也不是传递的

3."这个推理不是间接推理,而是三段论"这一议论( )的要求。

A.只违反矛盾律　　　　　　B.只违反排中律

C.违反矛盾律又违反排中律　　D.不违反逻辑基本规律

4.以下断定中,( )是违反普通逻辑基本规律的要求的。

A.SAP 真且 SE̅P 真　　　　B.SAP 真且 SEP 真

C.SAP 真且 SI̅P 假　　　　D.SOP 真且 SIP 假

5."文艺舞台起用小字辈的情况不大理想,不是让小字辈单独演出,就是让小字辈跑跑龙套、当当配角,很少同台演出,更谈不到让小字辈演主角了。"这一议论( )。

A.违反同一律　　　　　　　B.违反矛盾律

C.违反排中律　　　　　　　D.不违反逻辑基本规律

6.如同时否定"小周或小王独舞表演"和"小周和小王都不独舞表演",则( )要求。

A.违反同一律　　　　　　　B.违反矛盾律

C.违反排中律　　　　　　　D.不违反逻辑基本规律

7.若判断 A 蕴涵判断 B,则下列违反逻辑基本规律要求的判定是( )。

A.A∧B　　　　B.￢A∧B　　　C.￢(B←A)　　D.￢A∧￢B

8.如对两个相互等值的判断( ),则违反逻辑基本规律。

A.同时肯定　　　　　　　　B.肯定一个,否定另一个

C.同时否定   D.不作肯定,也不作否定

9.若肯定 p∧￢q,而否定 p→q,则( )的要求。

A.违反同一律   B.违反矛盾律

C.违反排中律   D.不违反逻辑基本规律

10.如果同时肯定"p∨q"和"p∧q",则( )的逻辑要求。

A.违反同一律   B.违反矛盾律

C.违反排中律   D.不违反逻辑基本规律

11.同时否定 SEP 和 SOP̄ 则( )。

A.违反同一律的要求   B.违反矛盾律的要求

C.违反排中律的要求   D.不违反逻辑基本规律的要求

三、双项选择题

1.下列逻辑错误中,违反同一律要求的是( )和( )。

A.偷换概念   B.转移论题   C.自相矛盾

D.模棱两可   E.推不出

2.同时肯定"明天必定刮风"和"明天可能不刮风"则( )、( )。

A.违反了矛盾律的要求

B.既违反了矛盾律的要求,又违反了排中律的要求

C.违反了排中律的要求

D.或者违反矛盾律的要求,或者违反排中律的要求

E.既不违反矛盾律,又不违反排中律

3.下列违反矛盾律的断定是( )、( )。

A.SAP∧SEP   B.SIP∧SOP̄   C.□p∧◇p

D.S̄AP∧S̄EP   E.SAP∧S̄IP

4.教师是辛勤的园丁,陶行知是教师,所以陶行知是辛勤的园丁。这一推理( )、( )。

A.中项不周延   B.混淆概念   C.有效

D.违反同一律   E.可能有效

5.下列不违反逻辑规律的断定是( )、( )。

A.SIP̄∧SOP̄   B.□¬p∧¬◇¬p   C.¬(SAP∧SIP)

D.SEP∧PAS   E.¬(p→q)∧¬p

四、多项选择题

1.在下列断定中,违反矛盾律要求的有(   )。

A."如果小张不上场,则小李不上场"且"如果小李上场,则小张上场"

B."如果小张不上场,则小李上场"且"小张上场,小李也上场"

C."只有小张不上场,小李才上场"且"小李和小张都上场"

D."或者小张上场,或者小李上场"且"小张和小李都不上场"

E."只有小李不上场,小张才上场"且"并非(如果小张上场,则小李不上场)"

2.下列各组断定中违反普通逻辑基本规律要求的是(   )。

A.SAP 并且 SOP   B.SAP 并且 S̄ŌP   C.不可能 p 并且可能 p

D.p∧¬q 并且¬p∨q   E.SEP̄ 并且 SIP̄

五、分析题

1.某校甲班有 45 人,多少人学会了电脑排版? 有甲、乙、丙三人在议论。

甲:甲班的李聪同学没学会电脑排版。

乙:甲班有人学会了电脑排版。

丙:甲班有人没学会电脑排版。

若甲、乙、丙三人中只有一人说对了。问:

(1)甲班多少人学会了电脑排版?

(2)哪一句是真话? (请写出推导过程)

2.分析下面丙的议论违反了哪些逻辑基本规律的要求? 为什么?

甲:"语句都表达判断。"

乙:"有的语句不表达判断。"

丙:"甲和乙的观点都不正确,我认为惟有纯疑问句不表达判断。"

3. 如断定 A 和 B 都真,又断定 C 假,则是否违反了矛盾律的要求? 为什么?

A. 有的甲班学生是学英文打字的。

B. 有的甲班学生不是学英文打字的。

C. 甲班学生都是学英文打字的。

4. 对下列 A,B 两种意见,甲都赞成,乙都反对。试问:甲、乙两人的断定在逻辑上能否成立? 为什么?

A. 小王与小李都是司机。

B. "如果小王是司机,那么小李也是司机"这种说法不对。

5. 若同时断定下列三个判断为真,是否违反逻辑基本规律的要求? 为什么?

A. 如果小王去北京,那么小林去上海。

B. 小林不去上海。

C. 小王去北京。

6. 试分析下列议论中丙与丁的说法是否违反逻辑规律的要求?

甲:关系 R 是传递的。

乙:关系 R 是非传递的。

丙:甲和乙说的都不对。

丁:甲和乙说的都对。

7. 下述丙、丁的言论是否违反逻辑基本规律的要求? 如有违反,是谁违反了? 违反了什么规律的要求? 为什么?

甲:小王这篇文章有见解。

乙:我反对甲的看法。

丙:甲和乙的看法,我都赞成。

丁:我认为甲和乙的看法都不对。

8. 下列议论是否有逻辑错误? 为什么?

并非一切判断都是真的,但我认为有些判断是真的。

第六章 基础训练

一、填空题

1.若"有的 S 不是 P"为真,则"有非 P 是 S"取值为_____。

2.一个有效的第三格三段论,若其大前提为 MIP,则其小前提应为_____,结论应为_____。

3.若一有效三段论的结论为全称肯定判断,则其大前提应为_____,小前提应为_____。

4.在"氧化铁不是有机物,因为氧化铁不含碳,而凡有机物都是含碳的"这个三段论的大前提中,表示中项的概念是_____。

5.一个有效三段论的结论为 SAP,其大前提和小前提应分别为_____。

6."有些工人是共青团员,而所有共青团员不是老年人,所以,有些工人不是老年人"这一三段论属于第_____格_____式。

7.遵守三段论所有一般规则,是三段论形式有效的_____条件。

二、单项选择题

1.运用换质法或换位法或换质位法,以"某厂有的工作人员不是非工程师"可以必然推出(   )。

A.某厂有的工作人员是工程师

B.并非某厂有的工作人员是工程师

C.有的非工程师是某厂工作人员

D.并非某厂所有工作人员都是工程师

2.推理(a)"$\overline{SIP} \rightarrow SOP$"与推理(b)"$PIS \rightarrow \overline{SOP}$"的有效情况是(   )。

A.都有效　　　　　　　　B.都无效

C.(a)有效但(b)无效　　　D.(a)无效而(b)有效

3.普通逻辑研究推理主要研究的是(　　)。

　　A.前提的真假　　　　　　B.前提与结论间的内容联系

　　C.结论的真假　　　　　　D.前提与结论间的形式联系

4.将推理划分为必然性推理和或然性推理的根据是(　　)。

　　A.结论是否真实　　　　　B.前提与结论是否都真实

　　C.前提是否蕴涵结论　　　D.前提与结论是否等值

5.如一有效三段论的小前提是否定判断,则其大前提只能是
(　　)。

　　A.PAM　　　　　B.MOP　　　　　C.PEM　　　　　D.MAP

6.若一必然性推理的结论为假,则其(　　)。

　　A.前提真并且形式有效　　B.前提真但形式无效

　　C.前提假但形式有效　　　D.前提假或形式无效

7."有的哺乳动物是有尾巴的,因为老虎是有尾巴的"是一有效
的省略三段论,其省略的判断可以是(　　)。

　　A.有的哺乳动物不是老虎　B.有的有尾巴的是哺乳动物

　　C.有的哺乳动物没有尾巴　D.所有老虎都是哺乳动物

8."所有 P 不是 M,有的 S 是 M,所以有的 S 不是 P"这一推理形
式是(　　)。

　　A.第一格的 EIO 式　　　　B.第二格的 EIO 式

　　C.第三格的 AII 式　　　　D.第四格的 EIO 式

9.关系推理(a)"A 与 B 不等值;B 与 C 不等值;所以,A 与 C 不
等值"与(b)"A 蕴涵 B,B 蕴涵 C,所以 A 蕴涵 C"(　　)。

　　A.都是有效的　　　　　　B.都是无效的

　　C.(a)有效(b)无效　　　　D.(a)无效(b)有效

三、双项选择题

1.当一个三段论的形式有效而结论虚假时,它的两个前提必定
是(　　)、(　　)。

A. 都是真的　　　　　　　　B. 都是假的

C. 至少有一个是假的　　　　D. 至少有一个是真的

E. 或大前提假或小前提假

2. 以"所有 P 是 M"、"所有 S 不是 M"为大小前提,进行三段论推理,可必然推出(　)、(　)。

A. 所有 S 不是 P　　　　B. 所有 S 是 P　　　C. 有 S 是 P

D. 有 S 不是 P　　　　　　E. 没有 S 不是 P

3. 以 $SE\overline{P}$ 为前提进行判断变形推理,推出的正确结论是(　)、(　)。

A. $SI\overline{P}$　　　　　B. PIS　　　C. PAS　　　D. SAP

E. POS

4. 下列推理形式中,有效的是(　)、(　)。

A. $\overline{SEP}{\to}SAP$　　　　B. $SO\overline{P}{\to}PO\overline{S}$　　　C. $SAP{\to}SEP$

D. $SIP{\to}SOP$　　　　　E. $SAP{\to}PAS$

5. 下列推理中,根据对当关系中的反对关系而进行的有效推理是(　)、(　)。

A. $SAP{\to}\overline{SEP}$　　B. $\overline{SAP}{\to}SEP$　　　C. $SEP{\to}\overline{SAP}$

D. $\overline{SEP}{\to}SAP$　　E. $SAP{\to}\overline{SEP}$

6. 科学是有用的,逻辑科学是科学,所以逻辑科学是有用的。这一推理不是(　)、(　)。

A. 演绎推理　　B. 或然性推理　　　C. 间接推理

D. 直接推理　　E. 必然性推理

7. 下列不属于三段论推理的是(　)、(　)。

A. $MAP{\wedge}SAM{\to}SAP$　　　　B. $MAP{\wedge}SAM{\to}SAM$

C. $PEM{\wedge}SAM{\to}SOP$　　　　D. $MAS{\wedge}MOP{\to}SOP$

E. $PAP{\wedge}MAM{\to}SAS$

8. 设"所有 A 是 B,所有 B 是 C"是有效三段论的两个前提,则此三段论(　)、(　)。

A. 必然是第一格　　　　　　B. 不是第二格,也不是第三格

C.必然是第四格　　　　　　　D.既非第一格,又非第四格

E.不是第一格,就是第四格

9.一有效三段论的结论是假的,则其大小前提不可能是(　　)或(　　)。

A.都真　　　　　B.都假　　　　　C.不都真

D.都不假　　　　E.一真一假

10.一个有效三段论,如其小前提是 E 判断,则其大前提可以是(　　)、(　　)。

A.所有 M 是 P　　　　　B.没有 P 是 M　　　　C.没有 P 不是 M

D.所有 P 是 M　　　　　E.有 M 不是 P

四、多项选择题

1.下列各式作为三段论第一格推理形式,有效的是(　　　　　)。

A.AAA　　　　B.AEE　　　　C.EAA　　　　D.AII　　　　E.EIO

2.以 SAM 与 MAP 为前提进行三段论推理,将所得结论作前提,再进行换质换位法推理,能必然推得的结论是(　　　　)。

A.$\bar{P}A\bar{S}$　　　　B.$\bar{P}ES$　　　　C.$\bar{S}IP$　　　　D.$\bar{P}OS$　　　　E.SAP

3.下列推理形式中,有效的是(　　　)。

A.SIP→SO$\bar{P}$　　　B.SEP→SA$\bar{P}$　　　C.SE$\bar{P}$→SAP

D.SA$\bar{P}$→SE$\bar{P}$　　　E.SIP→SE$\bar{P}$

4.由 $\bar{S}A\bar{P}$ 为前提,可必然推出(　　　　)。

A.PAS　　　　B.$\bar{S}\bar{I}\bar{P}$　　　　C.$\bar{S}EP$　　　　D.$\bar{S}OP$　　　　E.$\bar{P}I\bar{S}$

5.根据三段论的一般规则和格的规则,可知下列属于第一格的有效式为(　　　　)。

A.AEE　　　　B.AAA　　　　C.EAE　　　　D.AII　　　　E.EIO

6.一个有效的三段论,如果它的结论是否定的,则它的大前提不能是(　　　　)。

A.MAP　　　　B.MIP　　　　C.PIM　　　　D.POM　　　　E.PEM

7.以 SEP 为推理前提,不能推出(　　　　)。

A. PAS　　　　B. SIP　　　　C. SOP　　　　D. PES　　　　E. SOP̄

8. 以"没有 B 不是 C"与"没有 A 是 C"为前提,可必然得出的结论是(　　　)。

A. 凡 B 不是 A　　　B. 凡 A 不是 B　　　C. 有 B 不是 A

D. 有 A 不是 B　　　E. 有 B 是 A

9. 以"参加这次冬泳的都是退休工人"为前提,可必然推出的结论是(　　　)。

A. 退休工人都参加这次冬泳

B. 参加这次冬泳的不是没有退休工人

C. 有的退休工人参加这次冬泳

D. 并非有些退休工人没有参加这次冬泳

E. 并非参加这次冬泳的都不是退休工人

10. 下列直接推理式中,无效的是(　　　)。

A. SAP→PAS　　　B. S̄ĒP→SAP　　　C. SIP→SOP

D. SOP→POS　　　E. SAP→PES

五、分析题

1. 如果一个有效三段论的大前提为 O 判断,试问它是第几格何种式的三段论? 请分别以 S, M, P 为小项、中项、大项写出它的逻辑形式。

2. 如果一个正确三段论的小前提为 SOM,它的大前提、结论各是什么? 写出它的逻辑形式。

3. 以 S, M 和 P 为小项、中项和大项写出下列三段论的形式,并检查是否正确。

并非所有的唯物主义者都不是马克思主义者,而没有一个共产主义者不是马克思主义者,因此,有的共产主义者是唯物主义者。

4. 请在下列图式的括号内填入恰当的符号,使之构成一个正确的三段论式。

251

```
      P  I  M
     ( )( )( )
      S ( ) P
```

5.以"所有 A 不是 B"与"有 C 是 A"为前提,能否必然推出"有 B 不是 C"? 能否必然推出"有 C 不是 B"? 为什么?

6.设 M 真包含于 S,所有 M 不是 P。用欧勒图表示 S 与 P 的各种可能的外延关系。

7.以 P,M,S 为大、中、小项,排出下列三段论的格与式,并分析其是否有效。

有的科学家是劳动模范,有些劳动模范是有重大发明创造的,所以有的科学家是有重大发明创造的。

8.设 M 与 P 不相容,所有 M 是 S。试用欧勒图表示 S 与 P 概念间各种可能的外延关系。

9.以"北京人都是中国人,有的北京人不是工人"为前提,能否必然推出下列结论 A.与 B.? 为什么?

A.有的工人不是中国人　　　B.有的中国人不是工人

10.设 S 与 P 交叉并且 MAP 真。试用欧勒图表示 S 与 M 的各种可能的外延关系。

11.有一个正确三段论,它的大前提是肯定的,大项在前提和结论中都周延,小项在前提和结论中都不周延,那么这个三段论是怎样的? 为什么?

12.并非有的商品没有价值,并非所有劳动产品都是商品,所以,并非所有劳动产品都有价值。这一三段论的形式是什么? 是否正确? 为什么?

13.概念 S 与概念 P 的外延具有同一关系。试问:以 S 为主项,P 为谓项的四个性质判断中哪几个为真? 其中哪些可作换位推理?

14.已知 S 与 P 全异,试分析以 S 为主项 P 为谓项可作哪些真实的性质判断? 其中哪些可以换位?

15.若 S 真包含 P,试问以 S 为主项,P 为谓项的四个性质判断中,哪几个取值为真？这些取值为真的判断中,哪几个可以进行有效的换位法推理？请用公式表示这些换位推理。

第七章 基础训练

一、填空题

1.若 p∨￢q 为真,￢p 为真,则 q 取值为＿＿＿＿。

2.以"￢p←q"和"p"为前提进行假言推理,可必然地推出结论
＿＿＿＿。

3.以"SIP 或者 SOP,并非 SOP"为前提进行选言推理,可必然得
出结论＿＿＿＿。

4."(p∧q)→p"这个推理是联言推理的＿＿＿＿式。

5."(p∧q)→r"和￢r 为前提进行充分条件假言推理,可必然得
出结论＿＿＿＿。

6.根据模态判断之间的对当关系,"不可能(p 且非 q)"等值于
"必然＿＿＿＿"。

二、单项选择题

1.以"￢p∨￢q∨￢r"与"p"为前提进行推理,其结论应为
( )。

　　A.q∨r 　　　　B.q∧r 　　　　C.￢q∨￢r D.￢q∧￢r

2.以"A∧B"和"￢B∨C"为前提进行演绎推理,可得出的结论
是( )。

　　A.A∧￢B 　　B.B∧￢C 　　C.C∧B 　　　D.￢C∧A

3.在"[p( )q]∧p→￢q"的括号内填入下列联结词( ),可使
其成为有效的推理形式。

　　A.∨ 　　　　　B.∧ 　　　　　C.→ 　　　　D.←

4.在"[￢p( )q]∧p→q"的括号内填入联结词( ),可使其成
为有效的推理形式。

A. ∧　　　　B. ∨　　　　C. →　　　　D. ←

5.以"只有 p,才 q 且 r"和"非 p"为前提,可必然推出结论(　　)。

A.非 q 且非 r　　　　　　　B.非 q 或非 r

C.非 q 或 r　　　　　　　　D.非 q 且 r

6."如果某人未犯法,那么某人未犯罪;某人犯罪;所以,某人犯法"这个推理属于充分条件假言推理的(　　)。

A.肯定前件式　　　　　　　B.肯定后件式

C.否定前件式　　　　　　　D.否定后件式

7.一个推理只有形式正确,才能得出正确的结论,这个推理结论不正确,所以这个推理形式不正确。这个假言推理使用了(　　)。

A.正确的否定后件式　　　　B.错误的否定后件式

C.正确的否定前件式　　　　D.错误的否定前件式

8."如果二角对顶,那么二角相等"可变换为等值于它的判断是(　　)。

A.如果二角不对顶,那么二角不相等

B.只有二角相等,二角才对顶

C.如果二角不相等,那么二角对顶

D.只有二角对顶,二角才相等

9.以"¬(□SAP)"为前提,可以推出(　　)。

A.◇SOP　　　　B.¬(◇SAP)　　　　C.□SOP　　　　D.¬(□SEP)

10.已知"甲队可能会战胜乙队",可推出(　　)。

A.甲队必然战胜乙队

B.并非"甲队必然不会战胜乙队"

C.并非"甲队可能不会战胜乙队"

D.并非"甲队必然会战胜乙队"

三、双项选择题

1.以 p 为一前提,应增补(　　)或(　　)为另一前提进行有效推理,可得结论¬q。

A.￢p↔q B.p∨̇q C.p←￢q

D.￢q→p E.p∨q

2.下列推理形式中,有效式为( )和( )。

A.p∧q∧r→p∧r B.(￢p→￢q)∧q→p

C.(p∨q)∧p→￢q D.(￢p←q)∧￢p→q

E.(p→￢q)∧￢p→q

3.下列推理形式中,有效式为( )和( )。

A.p∧q∧r→p∧q B.(p→q)∧q→p

C.(p∨q)∧q→p D.(p←q)∧p→q

E.(p→q)∧p→q

4.如果 A 是 B 的充分必要条件,则不能( )、( )。

A.由 A 真推 B 真 B.由 A 假推 B 假

C.由 B 假推 A 真 D.由 B 真推 A 真

E.由 A 真推非 B 真

5.以￢p 为一前提,应增补( )或( )为另一前提,可必然推出结论￢q。

A.p←￢q B.q→￢p C.p∨￢q

D.p↔q E.p∨q

6.以"p∨̇q∨̇r"为一前提,再加上前提( )或( ),可必然推出结论￢r。

A.p∧￢q B.￢p C.q

D.￢p∧￢q E.p∨q

7.下列复合判断推理中,无效的是( )、( )。

A.p∧q→p B.(p∨￢q)∧p→￢q

C.(p∨̇q)∧￢p→q D.(p∨̇q)∧p→￢q

E.(p→￢q)∧￢q→￢p

8.下列五个推理形式中,( )和( )是有效的。

A.或者 p 或者 q;非 p;所以 q

B.要么 p 要么 q;非 p;所以非 q

C.如果非 p 那么非 q;p;所以 q

D.只有 p 才非 q;非 p;所以 q

E.只有 p 才 q;非 p;所以 q

9.以￢p∧￢q 为前提,再补上(　　)或补上(　　)作为另一前提,则可得结论 r。

A.p∨q∨r   B.￢r→(p∨q)

C.r→(￢p∧￢q)   D.￢p∧￢q∧￢r

E.p∨q∨￢r

四、多项选择题

1.下列推理形式中,无效的是(　　　　)。

A.如果 p,那么 r;如果￢p,那么 r;所以 r

B.只有￢p,才 q;￢p;所以 q

C.要么 p 要么￢q;￢q;所以 p

D.如果 p∧q,那么 r;￢p∨￢q;所以￢r

E.p∧￢q,所以 p

2.以下各组推理中,有效的是(　　　　)。

A.p 或 q,p,所以非 q   B.p 或非 q,非 p,所以非 q

C.p 或非 q,q,所以 p   D.p 或非 q,非 q,所以 p

E.非 p 或非 q,q,所以非 p

3.由前提"p→(q∧r)"再加上前提(　)或(　)或(　)或(　)或(　),可必然推得结论￢p。

A.q∨r   B.q∧r   C.q∧￢r

D.￢q∧r   E.￢q∧￢r

4.下列推理形式中,正确的是(　　　　)。

A.(￢p∨￢q∨￢r)∧(p∧r)→￢q

B.(r→s)∧(￢r→s)→s

C.(￢p∧￢q→r)∧(￢p∧￢r)→q

D. ¬p∧¬q∧r→¬p∧r

E. (q→p)→(¬p→¬q)

5.由前提"(p∨q)→r",再加上前提(　　　)可推出 r。

A.p∧q　　　　　　　B.¬p∨¬q　　　C.p

D.¬p∧¬q　　　E.p∨q

6.由"如果这是一部好电影,那么它的思想性强并且艺术性高"这个前提出发,再增补下列前提和结论分别构成五个推理,其中正确的是(　　　)。

A.这是一部好电影;所以它的思想性强

B.这是一部好电影;所以它的思想性强并且艺术性高

C.这不是一部好电影;所以它的思想性不强或艺术性不高

D.这部电影的思想性不强或者艺术性不高;所以它不是一部好电影

E.这部电影的思想性强并且艺术性高;所以它是一部好电影

7.以下各组推理中有效的是(　　　)。

A.他爱足球,不爱网球,所以他爱足球不爱网球

B.要么他爱足球,要么他爱网球,他爱足球,所以他不爱网球

C.他爱足球或爱网球,他爱足球,所以他爱网球

D.若他爱足球,那么他爱网球,他爱网球,所以他爱足球

E.只有他爱足球,他才爱网球,他爱网球,所以他爱足球

五、分析题

1.写出下列推理的形式结构,并分析其是否正确。

如果经济上犯罪,就要受到法律制裁;如果政治上犯罪,也要受到法律制裁;某人或经济上没犯罪或政治上没犯罪;所以,某人不会受到法律制裁。

2.请写出下列推理的逻辑形式,并简析推理是否正确。

SAP 假或 SEP 假;SAP 真;所以 SEP 假。

3.已知下列三个条件,请推出 A,B,C,D,E 五个概念的外延关

系,并将它们表示在一个欧勒图中。

（1）如果 A 不真包含 B,则 C 与 E 不全同。

（2）如果 B 不真包含 C,则 D 与 E 不全同。

（3）CDE 三概念全同。

4.下列推理是否正确？为什么？

或者"全班同学都是团员"为假,或者"全班同学都不是团员"为假；"全班同学都不是团员"为假；所以"全班同学都是团员"为真。

5.列出下列推理的形式结构,并分析是否有效。

一个人只有意志坚定,他才能做出成绩,他做出了成绩,所以他是意志坚定的。

6.写出下列推理的形式结构,并分析是否有效。

如果他基础好并且学习努力,那么他能取得好成绩；他没有取得好成绩；所以,他基础不好,学习也不努力。

7.列出下列推理的形式结构,分析它是否正确。

如果老王不出席,那么老李出席；如果老张不出席,那么老白出席；老王出席或老张出席；所以,老李不出席或老白不出席。

8.由下列(1)、(2)两前提能否推演出结论(3)？并用符号表示这个推理的步骤。

（1）如果这次春游或去九寨沟,或去小三峡,那么小王也要去,小李也要去。

（2）或者小王不要去,或者小李不要去。

（3）这次春游不去九寨沟。

第八、九章 基础训练

一、填空题

1.穆勒五法是求同法、求异法和_____、_____、_____。

2.类比推理与简单枚举归纳推理都是前提_____结论的推理,它们都是_____性推理。

3.在不完全归纳推理中,简单枚举法是根据经验的重复而未遇_____做出结论的,科学归纳法则考察了对象与属性之间的_____联系。

4.在探求因果联系的逻辑方法中,求同法的特点是_____。

5.对一个具有无穷对象类事物进行归纳推理,只能用_____归纳推理。

6.如果一个类比推理的前提均真,则其结论的真假情况是_____。

7.在自然科学和工程技术中广泛运用的模拟方法是以_____推理为基础的。

8.进行归纳推理时,若前提考察了某类中每一个对象,则这个推理是_____推理;若前提只考察了某类中部分对象,则这个推理是_____推理。

9.在"不完全归纳推理和类比推理都是或然性推理"这一判断中,"类比推理"和"或然性推理"在外延上具有_____关系;"类比推理"和"不完全归纳推理"在外延上具有_____关系。

10.在形成假说的阶段,主要应用_____推理和_____推理。

11.由假说作出推断的过程中,主要应用_____推理。

二、单项选择题

1.类比推理和简单枚举归纳推理的相同点是( )。

A.从个别到一般   B.结论都是或然的

C.前提蕴涵结论   D.从个别到个别

2.在不完全归纳推理中,结论的知识( )前提的知识范围。

A.少于   B.等于   C.超出

D.有时等于有时超出

3.求同求异并用法的特点是( )。

A.同中求异   B.异中求同

C.求同求异相继运用   D.两次求同,一次求异

4.有一种归纳推理,它的前提与结论之间有必然联系,它是( )。

A.完全归纳推理   B.科学归纳推理

C.简单枚举归纳推理   D.概率归纳推理

5.完全归纳推理结论的知识( )前提知识的范围。

A.少于   B.等于   C.超出

D.有时等于有时超出

6.下列正确表达求异法的公式是( )。

A.ABC—b_1 B.A_1BC—a

　A—C—b_2 　A_2BC—

　　B—b   　　A—a

C.ABC—a   D.ABC—a

　—BC—   　EBC—a

　　A—a   　　A—a

7.南极的企鹅是"滑雪健将",每小时能滑雪30公里。人们观察企鹅滑雪时让肚皮贴在雪面上,雪面承受全身重量,双脚作"滑雪杖"蹬动。人们由此设计了"极地汽车",车身贴在雪面上,两边的"轮勺"作"滑雪杖",这样,极地越野汽车试制成功了,时速可达50公里,比企鹅快。这一陈述中包含了( )推理。

A.演绎　　　　B.归纳　　　　C.类比　　　　D.模态

8.在若干要求离婚的案件中,情况各不相同,但双方感情破裂是相同的。可见,双方感情破裂是要求离婚的重要原因。上述因果关系的判断是用(　　)得出的。

A.求同法　　　B.求异法　　　C.共变法　　　D.剩余法

9.在假说形成的完成阶段,起主要作用的推理是(　　)。

A.类比推理　　　　　　　B.简单枚举法

C.二难推理　　　　　　　D.演绎推理

10.简单枚举归纳推理和类比推理都属于(　　)推理。

A.演绎　　　B.直接　　　C.必然性　　　D.或然性

11.与简单枚举法相比,科学归纳法结论的可靠性程度(　　)。

A.降低　　　B.提高　　　C.相同　　　D.有高有低

12.因船舶遇难落水人在水中最多能坚持多久? 有人研究发现,会水的人在水温0℃时可坚持15分钟;在水温2.5℃时,是30分钟;在水温5℃时,是1小时;在水温10℃时,是3小时;在水温25℃时,是一昼夜。可见,人在水中坚持的时间长短与水温高低有因果关系。获得这一结论运用的是探求因果联系的(　　)逻辑方法。

A.求同法　　　B.求异法　　　C.共变法　　　D.剩余法

三、双项选择题

1.我国有北京、天津、上海和重庆四个直辖市,北京人口超过700万,天津人口超过700万,上海人口超过700万,重庆人口也超过700万,因此,我国所有直辖市的人口都超过700万人。这一推理属于(　　)推理和(　　)推理。

A.必然性　　　B.或然性　　　C.假言性

D.完全归纳　　　E.简单枚举归纳

2.下列判断中,可用完全归纳推理推得的是(　　)和(　　)。

A.天下乌鸦一般黑

B.事物都可认识

C.恒星都是自身发光的天体

D.地球上的大洲都有丰富的矿藏

E.中国所有直辖市的人口都超过700万

3.类比推理与不完全归纳推理的共同点是( )、( )。

A.从个别到一般

B.前提不蕴涵结论

C.从一般到个别

D.结论的断定范围超出前提范围

E.从个别到个别

4.在"穆勒五法"中,除被研究现象外,其他相关情况完全相同的探求因果联系的逻辑方法是( )、( )。

A.求同法　　　B.求异法　　　C.求同求异并用法

D.共变法　　　E.剩余法

5.完全归纳推理是一种( )、( )推理。

A.必然性　　　B.或然性　　　C.科学归纳

D.求因果　　　E.从个别到一般的

6.不完全归纳推理是一种( )、( )推理。

A.必然性的　　　B.前提蕴涵结论的

C.或然性的　　　D.一般到个别的

E.前提并不蕴涵结论

四、多项选择题

1.类比推理是这样一种推理,它根据A对象具有属性a,b,c,d;B对象具有属性a,b,c;而推出B对象也具有属性d。上述"A"与"B"可以是( )。

A.两个不同的个体对象

B.不同的两类对象

C.不同的领域

D.某类的个体对象与另一类对象

E．某类与该类所属的个体对象

2．类比推理和不完全归纳推理的相同点是( )。

A．前提真时结论未必真　　　B．思维进程相同

C．并非由一个前提推出结论　D．结论是或然的

E．推理结构相同

3．下列不属于必然性推理的是( )。

A．类比推理　　B．或然性推理　　C．假言推理

D．模态推理　　E．不完全归纳推理

4．归纳推理是( )的推理。

A．前提不蕴涵结论　　B．前提有的蕴涵,有的不蕴涵结论

C．个别到一般　　　　D．有的为必然性,有的为或然性

E．或然性

五、分析题

1．科学归纳法和简单枚举法的区别是什么?

2．下列议论中运用了什么推理形式? 这个推理的结论是否必然? 运用这种推理应当避免犯什么错误?

富兰克林、瓦特、法拉第、爱迪生等许多著名科学家都是自学成才的;可见著名 科学家都是自学成才的。

3．试分析下面某厂长议论中用了何种推理,并写出它的逻辑形式。

我厂与红旗厂在技术力量、工人素质、资金设备、原料供应、管理水平等方面大体相同,红旗厂的产品能打入国际市场,我们厂为什么不能打入国际市场呢?

4．写出求同法和求异法的公式,并分析两者之间的主要区别。

5．日本奥平雅彦教授用 180 只老鼠分三组实验,第一组投用含有黄曲霉素 B_1 的食物和普通饮用水;第二组投用同样的食物和稀释的酒精;第三组投用不含黄曲霉素 B_1 的食物和普通饮用水。一段时间后将这些老鼠解剖,第三组没有一只老鼠患肝癌,第一组和第二组

肝癌发生率很高,第一组老鼠一年零三个月以后出现前癌病变,而第二组一年以后就出现前癌病变。可见,黄曲霉素 B_1 是强烈的致肝癌物,与酒精并用就更强烈。奥平雅彦教授得出如上结论使用了那些求因果联系方法,请列出推理形式。

6. 下列公式是否正确表达了共变法?为什么?

(1) $\begin{array}{l} ABC—a_1 \\ ABC—a_2 \\ \underline{ABC—a_3} \\ A—a \end{array}$　　(2) $\begin{array}{l} A_1BC—a_1 \\ A_2BC—a_2 \\ \underline{A_3HE—a_3} \\ A—a \end{array}$　　(3) $\begin{array}{l} ABC_1—a_1 \\ ABC_2—a_2 \\ \underline{ABC_3—a_3} \\ A—a \end{array}$

第十章 基础训练

一、填空题

1.反证法是通过确定与论题具有_____关系的判断的虚假来确定论题真实性的间接论证。

2.论证是由_____、_____和_____三部分组成的。

3.反证法是先论证与原论题相矛盾的判断为假,然后根据_____律确定原论题为真的论证方法。

4.反驳总是针对一个论证的,据此反驳可分为反驳_____、反驳_____和反驳_____。其中主要的是_____。

5.间接反驳时,人们先论证与被反驳论题相矛盾或相反对的论题为真,然后根据_____律确定被反驳的论题为假。

二、单项选择题

1.在证明中运用反证法要借助于( )。

A.充分条件假言推理否定后件式

B.充分条件假言推理否定前件式

C.二难推理肯定前件式

D.选言推理否定肯定式

2.间接论证是通过论证与论题相关的其他论断假,从而论证该论题真的论证方法。这里的"其他论断"是指与论题具有( )关系的论断。

A.可同假 B.不可同假 C.可同真 D.不可同真

3.论证的规则"论题应当保持同一"是( )要求的体现。

A.同一律 B.矛盾律 C.排中律 D.充足理由律

4.在驳斥一种错误的论题时,可以不必直接证明其错误,而只要把与之相矛盾的另一论题的真实性证明之后,根据(   ),就可推出它是假的。

A.同一律   B.矛盾律   C.排中律   D.充足理由律

5.先论证与被反驳的论题相矛盾或相反对的判断为真,然后根据(   )就可以确定被反驳的论题为假。

A.同一律   B.矛盾律   C.排中律   D.充足理由律

6.郑斌的意见是对的,因为他是听他哥哥说的。这个论证的错误是(   )。

A.偷换论题   B.论据虚假   C.预期理由   D.循环论证

7.I 与 O 至少一真。因为若 A 判断真,则 I 判断真;若 A 判断假,则 O 判断真;而 A 判断或真或假。这个论证(   )。

A.正确   B.偷换论题

C.论据虚假   D.犯有"推不出"的错误

三、双项选择题

1.小方和小林的分析都是对的,因为如果小方和小林的分析不对,则逻辑规则本身也值得怀疑了。这段议论所采用的论证方式是(   )和(   )。

A.直接论证   B.反证法   C.选言证法

D.归纳论证   E.演绎论证

2.下列断定中,作为正确论证的必要条件的是(   )、(   )。

A.论题必须保持同一   B.论据中不能包含假言判断

C.论据必须真实可靠   D.论证方式必须是演绎推理

E.论题不能是或然判断

3.间接反驳是先论证与被反驳的论题相关的其他论题为真,然后根据矛盾律来确定被反驳论题为假的反驳方法。这里的"其他论题"是指与被反驳论题具有(   )或(   )的论断。

A.等值关系   B.矛盾关系   C.反对关系

D.蕴涵关系   E.下反对关系

4.光是有质量的。因为光对它射到的物质产生了压力,而如果光没有质量,就不会产生这种压力。这段论证用的是(　)、(　)。

　　A.演绎论证　　　B.归纳论证　　C.直接论证

　　D.反证法　　　　E.选言论证

5.违反"论据应当是已知为真的判断"这一论证规则所犯的逻辑错误有(　)、(　)。

　　A.转移论题　　　B.推不出　　　C.论题虚假

　　D.预期理由　　　E.论据虚假

四、分析题

1.指出下列论证的论题和论据,并分析此论证是否违反论证规则?

对于有效三段论而言,如果一个项在结论中不周延,那么该项在前提中也不周延。因为,在有效三段论中,如果一个项在前提中不周延,那么该项在结论中不得周延。

2.指出以下论证的论题、论据、论证方式和论证方法。

党政干部必须提高科学文化水平。因为,如果党政干部不提高科学文化水平,他们所负责的各个部门的组织领导工作就不能适应新形势的需要,我国的"四化"事业就难以顺利地向前发展。

3.请指出下列反驳中被反驳的论题和反驳中所使用的论据;试分析反驳中所使用的论据能否驳倒被反驳的论题。

有人认为"所有语句都表达判断",这是不对的。因为凡判断都有所肯定或者有所否定,而有的语句,如纯疑问句是既无所肯定又无所否定。可见,有的语句不表达判断。

4.指出下列证明中的论题和论据,并分析它是否正确。

在有效三段论式中,凡前提中周延的项在结论中是周延的。因为 AAA 式在第一格中是有效的,它的小项在前提和结论中都周延,EIO 式在四个格中都有效,它的大项在前提和结论中都周延,所以前提中周延的项在结论中必周延。

五、综合题

1.已知:

(1)若甲和乙都参加自学考试,则丙不参加自学考试。

(2)只有乙参加自学考试,丁才参加自学考试。

(3)甲和丙都参加了自学考试。

问:乙和丁是否参加了自学考试? 请写出推导过程。

2.已知:

(1)只有破获 03 号案件,才能确认甲、乙、丙三人都是罪犯。

(2)03 号案件没有破获;

(3)如果甲不是罪犯,则甲的供词是真的,而甲说乙不是罪犯;

(4)如果乙不是罪犯,则乙的供词是真的,而乙说自己与丙是好朋友;

现查明:

(5)丙根本不认识乙。

问:根据上述已知情况,甲、乙、丙三人中,谁是罪犯? 谁不是罪犯? 请写出推导过程。

3.已知 A,B,C,D 有下列关系,请推出 A 与 B,B 与 D 的外延关系,写出推导过程,并将 A,B,C,D 的外延关系表示在一个欧勒图式中。

(1)如果 A 不真包含于 B,那么 C 与 D 不全异。

(2)只有 B 与 D 全异,B 才不真包含于 D。

(3)B 与 D 相容但 C 与 D 不相容。

4.从下述议论中能得出什么结论? 请写出推导过程。

对待外国的科学文化,或是一概排斥(p),或是一概照搬(q)或是有分析地批判吸收(r);如果一概排斥,就会缓慢爬行,远远落在后面(s),而我们一定要迎头赶上。如果一概照搬,则我们就会变成帝国主义的附庸(t),而我们的目标是建立独立自主的社会主义国家。

5.某案件有四名嫌疑犯,法庭调查后确认:

(1) A 是罪犯或 B 不是罪犯。

(2) 如果 B 不是罪犯,那么 C 也不是罪犯。

(3) 只有 C 是罪犯,D 才不是罪犯。

(4) A 不是罪犯。

问:根据法庭以上确认,可推知谁是罪犯?（写出推导过程）

6.下面是甲、乙、丙三位公司领导关于选派进修人员的意见,试根据真值表分析判定,是否存在一种选派方案,使甲、乙、丙三位公司领导的要求同时满足?

甲:要么选派小周,要么选派小李。

乙:如果不选派小周,那么选派小李。

丙:如果不选派小李,那么不选派小周。

7.甲、乙、丙、丁争夺一名围棋冠军。已知下列 A,B,C 三种说法中,有且只有一种说法是正确的。问:谁夺得冠军?请写出推导过程。

A.冠军或是甲或是乙。

B.如果冠军不是丙,那么冠军也不是丁。

C.冠军不是甲。

8.已知:

(1)A 真包含于 B。

(2)有 C 不是 B。

(3)若 C 不真包含 A,则 C 真包含于 A。

问:A 与 C 具有什么关系?请写出推导过程,并用欧勒图将 A,B,C 三个概念在外延上可能具有的关系表示出来。

9.几位大学生在一起议论现代社会中的某些难题。设他们的如下论断都是真的,则从中可以得出什么良策?写出推导过程。

(1) 要么保住耕地(p),要么饿肚子(q)。

(2) 如果人口增长(r),那么就要增加住房(s)。

(3) 只有多盖高楼(t),才能既增加住房,又保住耕地。

(4) 人口在增长,又不能饿肚子。

10.在下列情况下应怎样走棋?(写出推导过程)

(1)要么出车,要么走炮,要么跳马。

(2)若出车,则马被吃掉。

(3)若不出车,则炮走不得。

(4)马不能被吃掉。

11.设下列四句中只有一句是真的。请问:哪一句是真的?S与P是何种外延关系?(写出推导过程)

(1)有P是S。

(2)如有S不是M,则有S是M。

(3)有P不是S。

(4)M都不是P。

12.已知:

(1)只有张明没得奖或李东没得奖,王洪和高亮才得奖。

(2)王洪没得奖或高亮没得奖是不真的。

(3)李东得奖了。

问:由上述议论能确定张明、王洪、高亮谁得奖?谁未得奖?(写出推导过程)

13.设A,B,C分别为有效三段论的前提和结论,D是与结论C相矛盾的性质判断,试证:A,B,D中必有两个是肯定判断。

14.试证明:中项周延两次的有效三段论,其结论不能为全称判断。

15.一有效三段论的大项在前提中周延而在结论中不周延,请写出该三段论的格与式,并写明推导过程。

16.已知某有效三段论的小前提是否定判断,试证:该三段论大前提只能是全称肯定判断。

17.写出第四格三段论的一般形式结构,并试用三段论的一般规则证明三段论第四格的大前提不能是O判断,小前提也不能是O判断。

18.已知:某有效三段论的小前提为E判断。试证明:该三段论的大前提不能是特称判断。

19.用选言证法证明:小前提是 O 判断的有效三段论必定是第二格。

20.设:A 表示判断"所有精通逻辑的都精通英语",B 表示"所有精通英语的不精通数学",C 表示"有些精通数学的是精通逻辑的"。试证明:若 A 与 B 均真,则 C 假。

21.试证明:如果同时肯定下列(1)、(2)、(3)三个判断,则违反了矛盾律的逻辑要求。

(1)PES　　　　(2)MOP→SIP　　　　(3)SIM

第四编

综合训练

第四章

宋此合志

综合训练(一)

一、填空题

1. 思维的逻辑形式是由_____和_____组成的。在"如果 p,那么 q"中,"p"和"q"是_____项,"如果,那么"是_____。

2. 由属概念过渡到种概念的逻辑方法是_____;由种概念过渡到属概念的逻辑方法是_____。

3. 一个判断的主项和谓项都周延,则这个判断是_____判断,一个判断的主项和谓项都不周延,则这个判断是_____判断。

4. 当 SAP 假时,S 与 P 的外延关系可能是_____关系、_____关系或_____关系。

5. 我跑遍了杭州所有的书店都没有买到这本书,最后在"高教"书店才买到。这句话违反了_____律的要求。

6. 根据对当关系,SEP 真,能推出"并非 SAP"_____, SIP_____。

7. 若有效三段论的前提中有 O 判断,则该三段论要么是第_____格,要么是第_____格。

8. 若以"p←(￢q∨￢r)"和"￢(q∧r)"为前提进行假言推理,能必然推出_____结论。

二、单项选择题

1. 学校可以划分为大学、中学、小学和体育学校、业余学校。这句话犯的划分错误是(   )。

   A.多出子项   B.子项相容

   C.概念含混   D.划分不全

2. 若 SOP 为假,S 与 P 的外延关系是(   )。

A.全同关系　　　　　　　　B.全异关系

C.属种关系　　　　　　　　D.交叉关系

3.“北京在上海的北面”和“北京是大城市”这两个判断(　　)。

A.两个都是关系判断　　　　B.两个都是性质判断

C.前者是关系判断,后者是性质判断

D.前者是性质判断,后者是关系判断

4.根据矛盾律的要求,若说“他既懂物理学又懂化学”,则不能说
(　　)。

A.“他或者懂物理学,或者懂化学”

B.“并非他既懂物理学又懂化学”

C.“他或者不懂物理学,或者懂化学”

D.“他或者懂物理学,或者不懂化学”

5.由 $\overline{P}IS$ 可以推出(　　)。

A.SEP　　　　　B.$\overline{P}ES$　　　　　C.SOP　　　　　D.PAS

6.下列推理形式正确的是(　　)。

A.p→q　　　　　　　　　　B.p→￢q

　　$\dfrac{￢p}{所以 q}$　　　　　　　　　　$\dfrac{￢q}{所以 p}$

C.￢p∨q　　　　　　　　　　D.p∨￢q∨r

　　$\dfrac{p}{所以 q}$　　　　　　　　　　$\dfrac{p∨r}{所以￢q}$

7.由“如果 p 则 q,如果 r 则 s,p 或 r”,可推出(　　)。

A.q∨s　　　　　B.￢q∨￢s　　　C.￢q∨s　　　D.q∨￢s

8.从“凡是正确的推理都是形式有效的推理”可以得出(　　)。

A.形式有效的推理都是正确的推理

B.非形式有效的推理都不是正确的推理

C.形式有效的推理都不是正确的推理

D.不正确的推理都是非形式有效的推理

三、双项选择题

1.根据概念不同的划分标准,"运动员"这个概念属于(　　)、(　　)。

A.单独概念　　　　　　　　　B.集合概念

C.普遍概念　　　　　　　　　D.正概念

2.当 SAP 和 SIP 都为真时,S 与 P 的外延关系可能的情况有(　　)、(　　)。

A.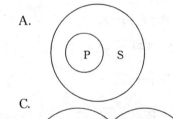　　　　　　　　B.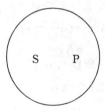

C.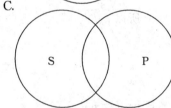　　　　　　　　D.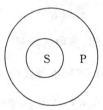

3."李四光是我国著名的地质学家"这一判断是(　　)、(　　)。

A.全称判断　　　　　　　　　B.单称判断

C.肯定判断　　　　　　　　　D.特称判断

4.与"这些人都是大学生"这一判断具有反对关系的有(　　)、(　　)。

A.这些人中有的是大学生

B.并非这些人中有的是大学生

C.这些人都不是大学生

D.这些人中有的不是大学生

5.由"并非可能 p"真,可推出(　　)、(　　)。

A.必然p真　　B.可能¬p真　C.可能¬p假　D.必然¬p真

6.以 PAM 为大前提,SEM 为小前提进行三段论推理（　　）、
（　　）。

A.不能推出结论　　　　　　B.能必然推出 SEP 的结论

C.能必然推出 SOP 的结论　　D.能必然推出 SIP 的结论

7.根据直接推理,由 $\overline{SAP}$ 必然推出（　　）、（　　）。

A.$\overline{SEP}$　　　　　　B.$PE\overline{S}$　　　　C.$\overline{P}IS$　　　　D.$\overline{P}OS$

8.下列推理形式中,正确的有（　　）、（　　）。

A.$p\to(q\to\neg r)$

$$\frac{q\wedge r}{所以\neg p}$$

B.$p\wedge(q\leftarrow r)$

$$\frac{}{所以\neg q\wedge r}$$

C.$p\barvee\neg q$

$$\frac{p}{所以 q}$$

D.$p\to q$

$$\frac{q\vee s}{所以 p\vee r}$$

四、多项选择题

1.下列推理式中,正确的有（　　　　）。

A.$p\barvee q\barvee r$

$$\frac{\neg r}{所以 p\barvee q}$$

B.$p\leftarrow(\neg q\vee r)$

$$\frac{q\wedge\neg r}{所以 p}$$

C.$p\to q$

$r\to s$

$$\frac{\neg p\vee\neg r}{所以\neg q\wedge\neg s}$$

D.$p\to q$

$\neg p\to r$

$$\frac{p\vee\neg p}{所以 q\vee r}$$

E.$\dfrac{p\wedge\neg q\wedge r}{所以\neg q\wedge r}$

2.若概念 a 与 b 交叉,b 概念真包含 c 概念,则概念 a 与概念 c
的关系为（　　　　）。

A.真包含关系　　B.真包含于关系

C.属种关系　　　D.交叉关系　　　E.全异关系

3.￢(￢p→q)等值于(　　　)。

A.￢(p∨q)　　B.￢p∧q　　C.￢(p∨￢q)

D.￢p∧￢q　E.p→￢q

4."并非今年不出现洪灾"这一判断是(　　　)。

A.特称否定判断　B.负判断　　C.复合判断

D.模态判断　　E.关系判断

五、图表题

1.将下列语句中标有横线概念之间的外延关系表示在一个欧勒图中。

<u>巴金</u>(A)是<u>文学家</u>(B)而不是<u>历史学家</u>(C),<u>郭沫若</u>(D)既是文学家又是历史学家。

2.用真值表方法判定 A,B 两个判断是否等值。

A.如果要想有健壮的体魄,就要加强体育锻炼。

B.并非不加强体育锻炼,也能有健壮的体魄。

3.用真值表方法,说明丁的判断是否正确。

甲:小张在浙江大学,小李不在浙江工业大学。

乙:要么小张在浙江大学,要么小李不在浙江工业大学。

丙:只有小张不在浙江大学,小李才在浙江工业大学。

丁:甲、乙、丙三人判断不能同真。

六、分析题

1.分析下面三个人的交谈,看谁违反了普通逻辑基本规律的要求,并说明理由。

甲说:"关于火星上是否有生物,科学界争论很久了。有人说有,有人说无。我根本不同意他们的观点。"

乙说:"你不同意,我同意。"

丙说:"你们俩的意见我认为都不对,对科学界的争论,我认为不能一概同意,也不能一概反对。"

2.试分析下列语句作为定义和划分有何错误? 为什么?

性质判断就是不含其他判断而只反映事物具有某种性质的判断,它可以分为肯定判断、否定判断、全称判断和特称判断。

3.一位老师傅带着两个徒弟。他想考考他们,看看谁更聪明一些。他把两个徒弟叫到面前说:"给你俩每人一筐笆花生去剥皮,看看每一粒花生仁是不是都有粉衣包着,看谁能先回答我的问题。"

大徒弟听完,赶紧往家里跑,连饭也顾不上吃,急忙剥起来。二徒弟却不慌不忙地端着笆笆走回家去,先对着花生端详一阵,然后把肥的、瘦的、三个仁的、两个仁的花生,分别拣了几粒,总共不过一把。把几种不同类型的花生剥开了皮,发现它们无一例外地都有粉皮包着。

大徒弟从早晨一直剥到傍晚,才把一筐笆花生剥完,就急忙向师傅报告。到那里一看,师弟早已在师傅那里了。师傅见两个徒弟都来了,说:"二徒弟先到的,先回答问题吧!"二徒弟答道:"我剥了几粒花生,就知道所有的花生都有粉衣包着。"大徒弟这时恍然大悟地说:"还是师弟比我聪明!"

请问:这两个徒弟各用何种推理获得结论的? 请写出推理形式。

七、综合题

1.已知:SAP 与 SOP 有矛盾关系,SAP 与 SIP 有差等关系。试证明:SIP 与 SOP 有下反对关系。

2.某科研小组接受了一项科研任务。关于小组成员中谁参加这项科研任务的问题,小组内部商定:

(1)如果 A 参加,则 B 也参加;

(2)如果 C 不参加,则 D 就得参加;

(3)如果 A 不参加而 C 参加,则组长 E 得参加;

(4)组长 E 和副组长 F 不能都参加。

经请示上级,决定由副组长 F 参加并主持这项研究,请问:在此种情况下,按照小组商定的意见,B 和 D 是否参加这个项目的研究? 并请你把推理过程写出来。

综合训练(二)

一、填空题

1.普通逻辑的基本规律是_____。

2."一个中心,两个基本点"是指以经济建设为中心,坚持改革开放,坚持四项基本原则。这个定义是_____定义。

3.当 S 与 P 的外延之间具有_____关系或_____关系时,SIP 和 SOP 都是真的。

4.在特定的领域里,若 aRb 真且 bRc 也真时,aRc 一定真,在这种情况下,关系 R 就叫做_____关系。

5.反驳论证方式,就是指出某一论证的_____与_____之间没有逻辑联系,犯了_____的逻辑错误。

6.若 SEP 为真,对其进行换质后可得_____,其取值为_____;$\overline{P}A\overline{S}$ 换位后可得_____。

7.我们是马克思主义者,因此,我们是实事求是的。这个三段论省略的是_____前提,这个被省略的前提是_____。

8.如果￢p,那么 q∧r;￢p,所以,q∧r。这是_____推理的_____式。

二、单项选择题

1."群众是真正的英雄"和"我是群众"这两句话中,"群众"这个概念是(   )。

A.都是集合概念   B.都是非集合概念

C.在前一句中是集合概念,在后一句中是非集合概念

D.在前一句中是非集合概念,在后一句中是集合概念

2."所有困难都不是不可以克服的"这个判断(   )。

A. 主项不周延,谓项不周延

B. 主项不周延,谓项周延

C. 主项周延,谓项周延

D. 主项周延,谓项不周延

3. 当 SEP 为假时,则( )。

A. SOP 为假   B. SIP 为假

C. SOP 真假不定   D. SAP 为真

4. 新中国的青年是勤劳的,我是新中国的青年,所以我是勤劳的。这段话犯了( )。

A. "转移论题"的错误   B. "偷换论题"的错误

C. "混淆概念"的错误   D. "模棱两可"的错误

5. 如果一个演绎推理的形式正确,则( )。

A. 前提不真实时,结论不一定为真

B. 前提真时,结论一定假

C. 结论真时,前提不真实

D. 结论真时,前提一定真

6. 下列判断变形推理式中,不正确的是( )。

A. SEP→$\overline{P}$AS   B. SOP→$\overline{P}$O$\overline{S}$

C. SAP→$\overline{P}$ES   D. SIP→PO$\overline{S}$

7. 若"(p( )(q∨¬r))∧¬(¬q∧r)→p"这一推理形式成立,那么空括号内应填入( )。

A. ∨   B. →   C. $\dot{\vee}$ D. ←

8. 若以"(p∨¬q)→(r∨¬s)"为一前提,推出"¬p∧q"这一结论需增加的另一前提是( )。

A. r∧¬s   B. r∨¬s   C. ¬r∧s   D. r∧s

三、双项选择题

1. 对"大学一年级的学生"这个概念,正确的概括与限制是( )、( )。

A. $\begin{cases} 概括:学生 \\ 限制:南开大学一年级的学生 \end{cases}$

B. $\begin{cases} 概括:大学生 \\ 限制:大学一年级的女学生 \end{cases}$

C. $\begin{cases} 概括:综合大学一年级的学生 \\ 限制:年轻的大学生 \end{cases}$

D. $\begin{cases} 概括:天津市大学一年级的学生 \\ 限制:天津市大学刚进校的学生 \end{cases}$

2."张明喜欢李平"这个判断中"喜欢"这一关系是( )、( )。

A.非传递关系 　　　　　　　　B.对称关系

C.非对称关系 　　　　　　　　D.传递关系

3.若"任何困难都不是不可以克服的"为真,则下列判断为真的是( )、( )。

A.任何困难都是不可以克服的

B.有的困难是不可以克服的

C.有的困难不是不可以克服的

D.所有困难都是可以克服的

4.如果¬(p↔¬q)和(¬p∨q)均为真,p和q的取值为( )、( )。

A.p真q假 　　B.p真q真 　　C.p假q真 　　D.p假q假

5.在下列三段论推理式中,违犯三段论规则,推理错误的是( )、( )。

A.MIP,SAM　所以 SIP　　　　B.PAM,SAM　所以 SAP

C.MEP,MAS　所以 SOP　　　　D.PIM,MAS　所以 SIP

6.下列直接推理正确的是( )、( )。

A.从 SOP 真,推出 POS 真　　　B.从 SAP 真,推出 POS 真

C.从 SIP 真,推出 POS 真　　　　D.从 SEP 真,推出 POS 真

7.下列推理错误的是( )、( )。

A.只有不怕艰难困苦,才能完成这项任务。我们要完成这项任

务,所以就不要怕艰难困苦

B.他要么是工人,要么是技术员。他是技术员,所以,他不是工人

C.如果没有法制作保障,就没有真正的民主,要充分发扬民主,就不需要法制

D.并非张明既爱好文学又爱好体育,他不爱好文学,所以,他爱好体育

8.由前提(p∧q)←¬r,要能必然推出r的结论,则应加上另一个前提(　)、(　)。

A.p∨¬q　　　B.¬p∨¬q　　C.p∧q　　　D.¬(p∧q)

四、多项选择题

1."并非如果天一冷,就送暖气"等值于(　　　　)。

A."天冷了,却不送暖气"

B."并非如果不送暖气,天就不冷"

C."并非如果天不冷,就一定送暖气"

D."送暖气,天很冷"

E."并非或者送暖气,或者天不冷"

2.下列判断形式中,与"并非所有S不是P"具有差等关系或下反对关系的有(　　　　)。

A.所有S是P　B.有的S不是P　　　C.所有S不是P

D.并非有的S不是P　　　　　E.有的S是P

3.由前提"¬p→(q∧r)"推出结论p,需要增加前提(　　　　)。

A.q∨r　　　　　B.¬(q∧r)　　C.q∧¬r

D.¬q∧r　　　　　　E.¬q∨¬r

4.符合下图所表示的概念外延关系的概念组有(　　　　)。

A.a 科学家　b 数学家　c 物理学家　d 天文学家

B.a 文学作品　b 诗歌　c 小说　d 散文

C.a 人民法院　b 市人民法院　　c 司法机关　d 最高法院

D.a 城市　b 中国的城市　c 天津市　d 长春市

E.a 妇女　b 女劳动模范　c 女干部　d 女党员

五、图表题

1.用欧勒图表示下列概念之间的外延关系。
A.美国　　　　　B.社会主义国家
C.中国　　　　　D.拉丁美洲国家

2.列表说明:在小张与小李不同时上场比赛的条件下,"如果小张不上场比赛,那么小李上场比赛"与"要么小张不上场比赛,要么小李不上场比赛"的真假情况是否相同。

3.试用真值表方法解答当 p→q 和 q 仅有一真时,￢p∨￢q 和 p∧q 各取何值?

六、分析题

1. 试分析下列文字中的"工人"是否对"工程师"构成反驳。

某车间工程师要求工人严格执行生产工序,指出只要按照规定的工序生产,就能生产合格产品。某工人不服,说:"如果不按你规定的工序生产,也能生产出合格产品。"于是,这位工人当场做了两只产品试验,一只按工程师规定的工序进行,一只不按工程师规定的工序进行,结果两只产品全部合格。在场的领导和工人都不明白究竟是谁对、谁错。

2. 以"所有 A 不是 B"与"有 C 是 A"为前提,能否必然推出"有 B 不是 C"? 能否必然推出"有 C 不是 B"? 为什么?

3. 已知某些生物的活动是按照时间的变化(昼夜交替或四季变更)来进行的,具有周期性的节奏。如鸡叫三遍天亮,牵牛花破晓开放,在北方燕子春来秋往,人白天工作夜间休息等等。有的科学家从中作出结论:凡生物体的活动都具有时间上的周期性节奏。请问这个结论是运用什么推理获得的?

七、综合题

1. A 表示判断"所有精通语言学的都精通英语"，B 表示"所有精通英语的不精通计算机"，C 表示"有些精通计算机的是精通语言学的。"试证明：若 A 与 B 均真，则 C 假。

2. 某单位有采购员 A, B, C, D, E 五人，已知：

(1) 或者 C 去上海，或者 B 去上海；

(2) 如果 A 不去北京，则 B 去上海；

(3) 只有 E 去广州，D 和 A 才都去北京；

(4) 如果 C 去上海，则 D 去北京。

现假定 B 不去上海，请根据这些条件推知 E 是否去广州，并写出推理过程。

综合训练(三)

一、填空题

1.思维的逻辑形式是由两部分组成的,一是 _____,二是 _____。其中_____是区别不同种类逻辑形式的惟一依据。

2.属概念与其种概念的内涵和外延之间存在着 _____ 关系,这种关系是对概念进行_____ 和_____ 的逻辑根据。

3.从概念间的外延关系看,"农产品"与"商品"具有_____ 关系,而"工业"与"农业"具有_____ 关系。

4.SI$\bar{P}$ 与 SA$\bar{P}$ 之间是_____ 关系,$\overline{SOP}$ 与 $\overline{SIP}$ 之间是_____ 关系。

5.当 S 与 P 处于_____ 关系和_____ 关系时,SAP 与 SEP 都是假的。

6.从关系的对称性和传递性看,判断间的矛盾关系是_____ 关系和_____ 关系。

7.当"$\neg p \vee q$"和"$p \wedge q$"都假时,q 的真值是_____。

8.在同一思维过程中,如果既断定 $p \wedge q$ 真,又断定$\neg p \wedge q$ 真,则违反_____ 律;如果既否定$\neg p \wedge \neg q$ 真,又否定 $p \vee q$ 真,则违反_____ 律。

9.在"$(\neg p(\quad)q) \rightarrow q$"的空括号中,填入逻辑常项_____,可构成有效的推理形式。

10.违反三段论规则的"四项错误",从逻辑基本规律的角度看,是一种违反_____ 律的逻辑错误。

二、单项选择题

1.下列各组概念具有种属关系的是(   )。

A. 负判断与复合判断　　　　　B. 概念与判断

C. 普遍概念与集合概念　　　　D. 被定义概念与定义概念

2. "没有 S 是 P"与"没有 S 不是 P"这两个判断(　　)。

A. 质与量均相同　　　　　　　B. 质相同但量不同

C. 质不同但量相同　　　　　　D. 质与量都不同

3. 与"并非 S 都不是 P"相等值的逻辑形式是(　　)。

A. SAP　　　　　B. SEP　　　　　C. SIP　　　　　D. SOP

4. 设 A 为"《孔乙己》",B 为"《鲁迅全集》",则 A 与 B 的外延关系为(　　)。

A. A 真包含于 B　　　　　　　B. B 真包含 A

C. A 与 B 全异　　　　　　　D. A 与 B 相容

5. 如果 A 与 C 交叉,B 真包含于 A,而且 B 又真包含于 C,那么下列判断为假的是(　　)。

A. B 是 A 或者 B 是 C　　　　B. 若 B 不是 A,则 B 不是 C

C. 要么 B 是 C,要么 B 是 A　　D. 只有 B 是 A,B 才是 C

6. 判断间的蕴涵关系属于(　　)关系。

A. 非对称且非传递　　　　　　B. 对称且传递

C. 非对称但传递　　　　　　　D. 对称但非传递

7. "小丁与小王是同时考入大学的"这一判断属于(　　)判断。

A. 性质　　　　　B. 关系　　　　　C. 联合　　　　　D. 选言

8. 如果￢r↔p∧q 为真,而￢r 为假,则(　　)。

A. p 与 q 都真　　　　　　　　B. p 与 q 至少有一假

C. p 必真　　　　　　　　　　D. q 必真

9. 已知"只有小王是外语系的学生,小王才精通英语"为假,则(　　)为真。

A. 如果小王不是外语系学生,那么小王不精通英语

B. 小王是外语系学生而且小王不精通英语

C. 小王不是外语系学生而且小王不精通英语

D. 小王不是外语系学生或者小王精通英语

10.如果"p 当且仅当非 q"与"q"都是真的,则( )为真。

A.p∧q   B.p∧￢q   C.￢p∧q   D.￢p∧￢q

三、双项选择题

1.若 A 是单独概念,B 是普遍概念,则 A 与 B 的外延关系只能是( )关系或( )关系。

A.同一   B.A 真包含 B   C.A 真包含于 B

D.交叉   E.全异

2.以 p→(q∧s)为一前提,若再增加( )或( )为另一前提,可有效地推得 p∧r。

A.q   B.￢q   C.r

D.￢q∧r   E.￢s∧r

3.若一有效三段论的小前提是全称否定判断,则其大前提可以是( )或( )。

A.所有 P 是 M   B.有 P 是 M   C.有 M 不是 P

D.没有 P 不是 M   E.所有 M 是 P

4.若 SOP 与 SIP 恰有一真时,则下列断定正确的有( )、( )。

A.SAP 与 SEP 恰有一真   B.SAP 与 SIP 恰有一假

C.SEP 与 SOP 恰有一假   D.SAP 与 SEP 恰有一假

E.SAP 与 SIP 恰有一真

5.如果◇￢p 为假,则( )、( )。

A.￢p 为假   B.□￢p 为假   C.□p 为假

D.p 假   E.可能 p 假

6.某医院夜间有七个腹泻病人来挂急诊,医生询问后得知,他们都吃了某菜场出售的螃蟹,医生据此推断:腹泻可能由不新鲜的螃蟹引起。此处医生运用的探求因果联系方法的特点是( )、( )

A.两次求同,一次求异   B.同中求异

C.异中求同   D.先行情况中仅有一种共同情况

E.先行情况中仅有一种相异情况

7.两前提中有一特称,则结论必为特称。这一三段论规则可以理解为（　　）、（　　）。

A.只要前提中有一个是全称,结论就可以为全称

B.结论为全称,则两前提必为全称

C.两前提中有一个为特称,结论不能为全称

D.结论为特称,则两前提不能都为全称

E.两前提为全称,则结论必为全称

8.下列推理形式中,无效的是（　　）、（　　）。

A.如果 p,那么 r;如果￢p,那么 r;所以 r

B.只有￢p,才 q;￢p;所以 ￢q

C.要么 p,要么 q,p,所以￢q

D.如果 p∧q 那么 r;￢p∨￢q;所以￢r

E.p∧￢q;所以 p

四、多项选择题

1.下列各组概念中,不具有属种关系的是（　　　　）。

A.《毛泽东选集》与《纪念白求恩》

B."太阳系"与"地球"

C."浙江省"与"杭州市"

D."演绎推理"与"三段论"

E."全国人代会"与"省人代会"

2.以 PEM 为一前提,增补（　　　　）为另一前提,可必然推出 SOP。

A.SAM　　　　B.SOM　　　　C.SIM

D.SEM　　　　E.MAS

3.当"p→q"、"￢p→￢q"与"￢p∨￢q"三个公式均真时,下列公式中取值为真的是（　　　　）。

A.p→￢q　　　B.￢p→q　　　C.q→￢p

D.p↔q　　　　E.p∧￢q

五、图表题

1."演绎推理和归纳推理是两种不同的推理,一为必然性推理,
　　(A)　　　　(B)　　　　　　(C)　　　　　　(D)
一为或然性推理。"请用欧勒图表示标有横线的概念间的外延关系。
　　(E)

2.已知:

(1)M 真包含于 P;

(2)有些 S 是 M;

请用欧勒图表示 S 与 P 可能具有的各种外延关系。

3.请列出下列 A,B,C 三判断的真值表,并回答当 A,B,C 三判
断恰为一真两假时,甲是否上场,乙是否上场。

A.如果甲上场,那么乙也上场

B.乙上场当且仅当甲上场

C.如果甲上场,那么乙就不上场

p	q		

4.请列出 A,B 两个判断形式的真值表,并回答 A 是否蕴涵B。

A.￢p↔￢q　　　　　　　　B.p→￢q

293

六、分析题

1.断定一个复合判断为假,是否意味着断定了其所有支判断为假? 请以不相容选言判断为例加以说明。

2.当 q 取值为真时,能否确定"(p→q)∧q"的真假值? 为什么?

3.设下列三句话中只有一句是假的,请问:甲班班长是否参加了公益活动? 为什么?
  A.甲班所有人参加了公益活动
  B.甲班小李参加了公益活动
  C.甲班所有人都没有参加公益活动

4.I 和 O 至少有一真。因为如果 I 和 O 都是假的,那么根据对当关系,A 与 E 同真,但这显然是不可能的。请指出这一论证的论题、论据、论证方式、方法及所借用的推理形式。

七、综合题

1.已知:
A.若 S 与 M 全异,则 S 与 P 交叉

B.只有 S 与 P 全异,P 才不与 M 全异

C.S 不与 P 交叉,而且也不与 P 全异

请推出 S,M,P 三者的外延关系,并用欧勒图表示之。

2.三位同学从学校毕业后,一个当了律师,一个当了教师,一个当了厨师。同学会上,大家作如下议论:

A.甲当了律师,乙当了教师

B.甲当了教师,丙当了律师

C.甲当了厨师,乙当了律师

但大家的议论都只说对了一半,请问他们各选择了什么职业?请写出推导过程。

3.一个有效三段论的大前提是 O 判断,试证明它必为哪一格哪一式的三段论?

综合训练(四)

一、填空题

1. "没有调查研究,就没有发言权"和"不普及教育,就不能实现四个现代化"所具有的共同的逻辑形式,若用 p, q 作变项,就可表示为_____。

2. 有 A, B, C 三个概念, A 真包含 B, 而 A 与 C 全异,所以, B 与 C 的外延关系为_____。

3. 有 A 与 B 两个概念,如果所有 A 是 B, 而且_____,那么 A 真包含于 B。

4. 两个性质判断的主谓项周延情况是不同的,这两个性质判断是_____关系。

5. 当 S 与 P 处于_____关系和_____关系时, SAP 假而 SIP 真。

6. 已知关系 R 是反对称和反传递的,所以由 aRb 真,可得知_____;由 aRb 真而且 bRc 真,可得知_____。

7. 已知￢p 真而￢q 假,则 p∧q_____, p∨q_____, p∨̇q_____, p→q_____。

8. 排中律是_____的逻辑根据,矛盾律是_____的逻辑根据。

9. 一个有效三段论的结论为 A 判断,该三段论不可能是_____格、_____格、_____格。

10. 在进行归纳推理时,若前提考察了某类中的每一个对象,则这个推理是_____。若前提只考察了某类中的部分对象,则这个推理是_____。

二、单项选择题

1. "交叉关系不是全异关系"与"S 与 P 不是全异关系",这两个判断的种类应是(   )。

A.两个都是关系判断

B.前者是关系判断,后者是性质判断

C.两个都是性质判断

D.前者是性质判断,后者是关系判断

2.求同求异并用法的特点是(   )。

A.先求同后求异   B.先求异后求同

C.两次求同,一次求异   D.两次求异,一次求同

3."并非如果 p 那么 q"与"有 S 不是 P"这两个判断形式的(   )。

A.常项与变项均相同   B.常项相同,变项不同

C.常项不同,变项相同   D.常项变项均不同

4.如果一个推理的前提与结论都是假的,其推理形式(   )。

A.必然有效   B.必然无效

C.不可能无效   D.可能有效

5.关系推理①"A 与 B 矛盾,B 与 C 矛盾,所以 A 与 C 矛盾"与
②"A 蕴涵 B,B 蕴涵 C,所以 A 蕴涵 C"(   )。

A.都是有效的   B.①有效而②无效

C.都是无效的   D.①无效而②有效

6.如果对两个相互等值的判断(   ),则违反逻辑基本规律的要求。

A.同时肯定   B.肯定一个,否定一个

C.同时否定   D.不肯定也不否定

7.当 p∨¬q 与 p↔q 仅有一真时,(   )取值为真。

A.p∧q   B.p∧¬q   C.¬p∧q   D.¬p∧¬q

8.下列各组判断形式中,不具有矛盾关系的是(   )。

A.p→q 与 p∧¬q   B.SEP 与 SIP

C.p∨q 与 p↔¬q   D.p∨q 与 ¬p∧¬q

9.一个有效的三段论 AAI 式,其大小项在前提中均不周延,该
三段论为(   )。

A.第一格　　　B.第二格　　　C.第三格　　　D.第四格

10.与"必然有 S 是 P"的负判断相等值的判断是(　　)。

A.可能有 S 是 P　　　　　　　B.可能所有 S 不是 P

C.可能有 S 不是 P　　　　　　D.不可能有 S 是 P

三、双项选择题

1.下列逻辑形式特征相同的判断组是(　　)、(　　)。

A.SEP 与 SIP　　　　　　　　B.SAP 与 SOP

C.SAP 与 PAS　　　　　　　　D.SOP 与 POS

E.SAP 与 SEP

2.以"不可能 p"为前提,根据模态逻辑方阵,可必然推出的结论是(　　)与(　　)。

A.必然不是 p　B.必然 p　　　C.不可能不是 p

D.可能 p　　　E.并非必然 p

3.已知"如果甲获胜,那么乙和丙也获胜"为真,下列为真的判断是(　　)、(　　)。

A.只有甲获胜,乙和丙才获胜

B.如果乙和丙获胜,那么甲获胜

C.如果甲不获胜,那么乙和丙也不获胜

D.如果乙和丙不获胜,那么甲也不获胜

E.只有乙和丙获胜,甲才获胜

4.同时肯定"王刚必定会被北大录取"和"王刚可能不会被北大录取"则(　　)、(　　)。

A.违反矛盾律要求　　　　　　B.违反排中律要求

C.既违反矛盾律要求,又违反排中律要求

D.或者违反矛盾律要求,或者违反排中律要求

E.既不违反矛盾律要求,又不违反排中律要求

5.根据三段论的一般规则和格的规则,可知下列属于第一格的有效式是(　　)、(　　)。

A. AEE　　　　B. AAA　　　　C. EAE

D. IAI　　　　E. OAO

6. 光是有质量的。因为光对射到的物质产生了压力,而如果光没有质量,就不会产生这种压力。这段论证用的是(　)、(　)。

A. 演绎论证　　B. 归纳论证　　C. 直接论证

D. 反证法　　　E. 选言论证

7. 与"并非(如果小周来,那么小张就不来)"相等值的判断是(　)和(　)。

A. 小周来但小张不来　　　　B. 或小周来,或小张不来

C. 并非(只有小周不来,小张才来)

D. 只有小周来,小张才来

E. 小周来,小张也来

8. 凡负判断都是复合判断,性质判断不是复合判断,可见性质判断不是负判断,全称否定判断是性质判断,所以全称否定判断不是负判断。这一议论中包含了(　)、(　)。

A. 第一格三段论　　　　　　B. 第四格三段论

C. 第三格三段论　　　　　　D. 第二格三段论

E. 换质位法

四、多项选择题

1. 下列对概念的限制与概括不正确的是(　　　)。

A. "形式正确的推理"概括为"正确的推理"

B. "间接推理"限制为"三段论"

C. "划分的子项"概括为"划分的母项"

D. "归纳推理"概括为"或然性推理"

E. "判断"限制为"概念"

2. 如果 p∨q 为假,则下列公式中取值为真的是(　　　)。

A. p→q　　　B. p↔q　　　C. p∧q

D. ﹁p∨﹁q　　E. ﹁p∧﹁q

3.下列属于完全归纳推理特征的是(　　　　　)。

A.从个别到一般　　　　B.前提蕴涵结论

C.结论蕴涵前提　　　　D.前提中考察了某类的所有对象

E.能够应用于一切有穷类和无穷类

五、图表题

1.一个性质判断的主、谓项都不周延,请用欧勒图表示其主项(S)与谓项(P)可能具有的各种外延关系。

2.已知:

(1)M与P的外延是全异的。

(2)所有的M都是S。

请用欧勒图表示S与P可能具有的外延关系。

3.甲、乙、丙三人是某校高考理科前三名,但不知具体名次,小吴说:如果甲第一名,那么丙第二名。小田说:甲第一名,当且仅当丙是第二名。

后来事实证明,两人中只有一人说对了。请列出真值表并说明具体名次。

p	q		

4.请用真值表方法解答:当"$p \rightarrow q$"与"$p \leftrightarrow q$"都假时,A与B的真

假情况。

"p∧q"(A)与"¬p∨¬q"(B)

p	q				

六、分析题

1.S与P是具有交叉关系的两个概念,以S为主项,以P为谓项,可作哪几个取值为真的性质判断? 其中有几个可以进行有效的换位推理? 请列出公式。

2.断定一个充分条件假言判断为真,是否意味着断定了其所有支判断为真? 为什么?

3.对于有效三段论而言,如果一个项在结论中不周延,那么该项在前提中也不周延。因为,在有效三段论中,如果一个项在前提中不周延,那么该项在结论中就不得周延。请指出上面论证中的论题、论据和论证方式,并指出正确与否? 为什么?

4.求同法与求异法的主要区别是什么? 运用求同法与求异法各应注意什么问题?

七、综合题

1.已知下列四个判断中有两个是真的,有两个是假的,请问:甲与乙的试验是否成功?请写出推导过程。

(1)或者甲试验成功,或者乙试验成功。

(2)并非甲可能试验成功。

(3)并非甲必然试验不成功。

(4)乙试验成功。

2.小赵、小孙和小李三人报考大学,他们分别报了中文专业、数学专业和医学专业。

已知:

(1)如小赵不报数学专业,那么小李就报医学专业。

(2)小李不报医学专业。

请问三人各自选报了什么专业?请写出推导过程。

3.已知一个正确的三段论,其两个前提中,只有一个项是周延的,求证其结论只能是 I 判断。请写出推导过程,并写出属于什么格?什么式?

综合训练(五)

一、填空题

1.在"所有 S 是 P"中,逻辑常项是_____,逻辑变项是_____。

2.在一个正确的划分中,"母项"与"子项"在外延上具有_____关系,而"子项"与"子项"之间具有_____关系。

3.一个性质判断的主项不周延,则该判断是_____判断;一个性质判断的谓项周延,则该判断是_____判断。

4.若 $\overline{S}AP$ 取值为真,则 $\overline{S}IP$ 取值为_____;若 $SO\overline{P}$ 取值为假,则 $SE\overline{P}$ 取值为_____。

5.若"所有 S 是 P"取值为真,则"所有非 P 是非 S"取值为_____。

6.在概念外延间的"全同"、"真包含于"、"交叉"、"矛盾"关系中,属于反对称关系的是_____关系,属于反传递关系的是_____关系。

7.若"r←p∧q"取值为真,¬r 亦取值为真,则¬p∨¬q 取值为_____。

8.已知一有效三段论的小前提是 O 判断,则此三段论是第_____格_____式。

二、单项选择题

1.在性质判断中,逻辑形式相同,是指( )相同。

A.主项和谓项   B.谓项和量项

C.谓项和联项   D.量项和联项

2.在①"青年是祖国的未来"和②"青年应掌握现代科技知识"中的"青年"( )。

A.都是集合概念

B.①是集合概念②不是集合概念

C.都不是集合概念

D.①不是集合概念②是集合概念

3.若 A 是划分的母项,则根据划分规则,A 不可以是(　　)。

A.单独概念　　　　　　　　　B.普通概念

C.正概念　　　　　　　　　　D.负概念

4.当具有 SIP 形式的判断为真时,概念 S 与概念 P 的外延必然具有(　　)关系。

A.同一　　　　B.交叉　　　　C.属种　　　　D.非全异

5.概念间的交叉关系,属于(　　)关系。

A.对称且传递　　　　　　　　B.对称但非传递

C.非对称但传递　　　　　　　D.非对称且非传递

6.以$(\neg p \to r)$,$(\neg q \to s)$,$\neg r \lor \neg s$ 为前提进行推理,其结论应是(　　)。

A.$\neg p \lor \neg q$　　　　　　　　B.$\neg p \land \neg q$

C.$p \land q$　　　　　　　　　　D.$p \lor q$

7.一有效的 AAI 式三段论,其大小项在前提中均不周延,则此三段论为(　　)。

A.第一格　　　　B.第二格　　　　C.第三格　　　　D.第四格

8.若对(　　)同时肯定,则不违反逻辑基本规律的要求。

A.SAP 与 SOP　　　　　　　　B.SAP 与 SE$\overline{P}$

C.SAP 与 SE$\overline{P}$　　　　　　　D.$\overline{S}$EP 与 $\overline{S}$IP

三、双项选择题

1.下列具有共同逻辑形式的判断组是(　　)与(　　)。

A.$\overline{S}$AP 与 SA$\overline{P}$　　　　　　　B.SIP 与 SEP

C.$\Diamond$SOP 与 $\Box$$\overline{SAP}$　　　　　　D.$p \to q$ 与 $r \to s$

E.$p \to q$ 与 $\neg p \lor q$

2.如 A 和 B 都是单独概念,则 A 与 B 的外延关系可能是(　　)或

( )关系。

A.全同   B.真包含   C.真包含于

D.交叉   E.全异

3.下列关系中同时具有反对称性和传递性的是( )与( )。

A.概念间的全同关系   B.判断间的等值关系

C.判断间的矛盾关系   D.概念间的真包含关系

E.概念间的真包含于关系

4.若 SOP 与 SIP 只有一真,则必然有( )与( )。

A.SAP 与 SEP 只有一真   B.SAP 与 SIP 只有一假

C.SEP 与 SOP 只有一假   D.SAP 与 SEP 只有一假

E.SAP 与 SIP 只有一真

5.设 SOP 假,下列判断中为假的是( )与( )。

A.SEP   B.$\overline{P}$IS   C.SAP   D.SIP   E.$\overline{P}$IS

6.以 PAM 为前提,应增补( )或( )为另一前提,可必然推出 SOP。

A.SEP   B.SAM   C.SOM   D.SEM   E.MOS

7.已知"如果甲去苏州,那么乙或丙去苏州"为真,则( )与( )必然为真。

A.只有甲去苏州,乙或丙才去苏州

B.如果乙和丙去苏州,那么甲也去苏州

C.如果甲不去苏州,那么乙和丙均不去苏州

D.如果乙和丙都不去苏州,那么甲也不去苏州

E.只有乙或丙去苏州,甲才去苏州

8.一有效三段论的结论是假的,则其大小前提不可能是( )或( )。

A.都真   B.都假   C.一真一假

D.都不假   E.都不真

四、多项选择题

1.若"A可分为B,C,D"是正确的划分,则B与C的外延不能是( )关系。

A.同一　　　　B.真包含于　　　C.交叉

D.矛盾　　　　E.真包含

2.若￢p∧q为真,则下列公式中取值为真的是( )。

A.￢p→q　　　B.p→q　　　　C.￢p→￢q

D.￢p∨￢q　　E.p∨q

3.当"p→q"、"￢p→￢q"与"￢p∨￢q"三公式均真时,下列公式中取值为真的是( )。

A.p→￢q　　　B.￢p→q　　　C.q→￢p

D.p↔q　　　　E.￢p∧￢q

4.以r←(p∨q)为一前提,若再增加( )为另一前提,可有效地推得r。

A.p　　　　B.q　　　　C.￢p　　　D.￢q　　　E.p∨q

五、图表题

1.已知:

概念A与概念B交叉,A与C全异,A真包含D,B与C交叉,B真包含D,请用欧勒图表示A,B,C,D间的外延关系。

2.请用真值表方法解答:当p→q与p↔￢q均真时,p∨￢q和p∨q的真假情况。

p	q				

3.请用真值表方法解下列问题。

已知：

下列 A, B, C 三判断中, 恰有两个为真。

试问：甲是否懂英语？ 乙是否懂英语？

A. 如果甲懂英语, 那么乙不懂英语

B. 甲懂英语或乙不懂英语

C. 甲懂英语但乙不懂英语

p	q			

六、分析题

1. 科学归纳法的特点是什么？ 与简单枚举法的区别是什么？

2. 分析丙的议论是否违反普通逻辑基本规律？ 违反哪条规律？
为什么？

甲："语词都是表达概念的。"

乙："有些语词不表达概念。"

丙："甲和乙说的都不正确, 我认为只有实词是表达概念的。"

3.下列公式是否正确表达了共变法？为什么？

①ABC——a_1　②　A_1BC——a_1　③　ABC_1——a_1

　ABC——a_2　　　A_2BC——a_2　　　ABC_2——a_2

　ABC——a_3　　　A_3HE——a_3　　　ABC_3——a_3

　A————a　　　A————a　　　A————a

七、综合题

1.试证明三段论规则"从两个特称前提不能得出结论"。并说明运用何种论证方式。

2.设下列四句中只有一句真,问:小周,小陈,小刘是否学日语?请写出推导过程。

(1)或小周不学日语,或小陈不学日语。

(2)只有小周学日语,小陈才学日语。

(3)小刘学日语,小陈也学日语。

(4)小周不学日语。

综合训练(六)

一、填空题

1.逻辑常项是指逻辑形式中_____部分,变项是指逻辑形式中_____部分。判别逻辑形式类型的惟一根据是_____。

2.与"杭州人"这个概念具有矛盾关系的概念是_____,具有反对关系的概念是_____,"杭州人"的属概念是_____,它的种概念是_____。

3.概念的_____和_____是概念的两个重要的逻辑特征。

4._____的性质判断之间的真假关系,称为对当关系。

5.当S与P处于_____关系和_____关系时,SIP真,SOP也真。

6.从关系的对称性和传递性看,"交叉关系"是_____关系和_____系。

7.与"并非如果生病,就发烧"相等值的联言判断是_____。

8.根据矛盾律,能由_____推_____;根据排中律,能由_____推_____。

9.已知一个有效的三段论,其大前提为O判断,此三段论必为_____格_____式。

10.反证法是先论证与原论题相矛盾的判断为假,然后根据_____律,确定原论题为真的论证方法。

二、单项选择题

1.有A和B两个概念,如果有A不是B,而且有B不是A,那么A与B之间的关系必定是( )。

A.真包含关系或交叉关系   B.真包含关系或全异关系

C.真包含于关系或交叉关系　　D.全异关系或交叉关系

2.在性质判断中,逻辑形式相同,是指(　　)相同。

　A.主项和谓项　　　　　　B.主项和量项

　C.谓项和量项　　　　　　D.量项和联项

3.推理①"$\overline{SIP} \rightarrow SOP$"与推理②"$PIS \rightarrow \overline{SOP}$"的有效情况是
(　　)。

　A.都有效　B.都无效　C.①有效②无效　D.①无效②有效

4.如果A,B两概念具有同一关系,则A与B(　　)。

　A.内涵与外延均相同　　B.内涵相同,外延不同

　C.内涵不同,外延相同　D.内涵与外延均不同

5.下列限制或概括有错误的是(　　)。

　A."三段论"限制为"大前提"

　B."集合概念"概括为"概念"

　C."反对关系"概括为"全异关系"

　D."演绎推理"限制为"选言推理"

6.一个有两个支判断的不相容选言判断为真,则这两个支判断
具有(　　)关系。

　A.可同真,可同假　　　　B.可同真,不同假

　C.不同真,可同假　　　　D.不同真,不同假

7.如果断定一个性质判断的主、谓项均周延,那就是断定了其
主、谓项外延具有(　　)关系。

　A.同一　　　　B.属种　　　　C.交叉　　　　D.全异

8.如果"$p \wedge q$"与"$p \vee q$"均假,则(　　)为真。

　A.$p \vee q$　　　　B.$\neg p \wedge q$　　　　C.$p \wedge \neg q$　　　　D.$\neg p \wedge \neg q$

9.如果"有A是B"、"有A不是B"、"有B不是A"都真,则(　　)。

　A.A是单独概念,B是普遍概念

　B.A是普遍概念,B是单独概念

　C.A,B都是单独概念　　　　D.A,B都是普遍概念

10.当一个三段论,两个前提都真时,这个三段论不可能是(　　)。

A.形式有效而结论真实　　　B.形式有效而结论虚假

C.形式无效而结论真实　　　D.形式无效且结论虚假

三、双项选择题

1.下列具有共同的逻辑形式的判断组是(　)、(　)。

A.$\overline{S}AP$ 与 $SA\overline{P}$　　B.$\overline{SIP}$与 SEP　　C.$\diamondsuit$SOP 与 $\square$$\overline{SAP}$

D.p→q 与 r→s　　E.p←q 与 p∨q

2.如果□p 为真,则(　)、(　)。

A.□￢p 假　　　B.p 假　　　C.$\diamondsuit$p 假

D.￢p 假　　　E.$\diamondsuit$￢p 真

3.以"p←(p∧r)"为前提,若要必然推出￢r,则应加上前提(　)或(　)。

A.p∧q　　　B.p∧￢q　　　C.￢p∧q

D.￢p∧￢q　　　E.￢(￢p→￢q)

4.直接推理①"SAP→$\overline{P}$ES"和②"PO$\overline{S}$→$\overline{S}$OP"应为(　)、(　)

A.都有效　　B.①有效②无效　　C.不都是有效的

D.都无效　　E.①无效②有效

5.判断 A 与判断 B 是具有矛盾关系的两个判断,所以(　)与(　)的断定违反了逻辑基本规律的要求。

A.A∧$\overline{B}$　　　B.$\overline{A}$∧B　　　C.A∨B

D.A∧B　　　E.$\overline{A}$∧$\overline{B}$

6.已知"有 A 不是 B"为假,而"有 A 是 B"为真,所以 A 与 B 的外延关系应是(　)关系或(　)关系。

A.全同　　　B.全异　　　C.交叉

D.A 真包含 B　　　E.A 真包含于 B

7.以 q 为一前提,再增补(　)或(　)为另一前提,可必然推出结论￢p。

A.p→￢q　　B.p→q　　C.￢p←q　　D.p∨q　　E.p↔q

8.类比推理与不完全归纳推理的共同特点是(　)、(　)。

A.从个别到一般　　B.前提不蕴涵结论

C.从一般到个别　　D.结论的断定范围超出前提的断定范围

E.从个别到个别

四、多项选择题

1.使"如果非 p,那么 q"为真的充分条件是(　　　　)。

A."p 且 q"真　　B."非 p 且 q"真　　C."非 p 且非 q"真

D."p 或者非 q"假　　　E."只有 p,才非 q"假

2.已知"p→q"为假,下列判断中为真的是(　　　　)。

A.p∧q　　B.　p∧￢q　　C.q→p　　D.￢(q∧￢p)

E.￢(p∧￢q)

3.有一个正确的三段论,其结论是 O 判断,因此(　　　　)。

A.前提中一定有个 O 判断　　B.前提中肯定有个 E 判断

C.前提中不一定有 E 判断　　D.前提中不一定有 O 判断

E.前提中必有一个否定判断

五、图表题

1."巴金 是著名的作家,今年庆祝 96 华诞,他是著名小说《家》、
　 A　　　　　 B　　　　　　　　　　　　　　 C　　 D
《春》、《秋》的作者。"请用欧勒图表示有横线的概念间的外延关系。
 E　　 F　　 G

2.已知:概念 A 与概念 B 交叉,概念 B 与概念 C 交叉,而概念 A
与概念 C 全异,概念 D 真包含于 B,概念 A 又真包含 D。请用同一欧
勒图表示概念 A,B,C,D 之间的外延关系。

3.用真值表方法解答:在什么情况下,丁的话成立。

甲:或者小林的论文获奖,或者小陈的论文获奖。

乙:如果小林的论文没获奖,那么小陈的论文也没获奖。

丙:如果小林的论文获奖,那么小陈的论文没获奖。

丁:甲、乙、丙三人的话都对。

p	q			

4.请用真值表方法解答:当"￢p→￢q"与"p↔￢q"都真时,"p∨￢q"和 "￢p∧q"的真假情况。

p	q			

六、分析题

1.一个有效三段论,其大项在前提中周延,在结论中不周延,这个三段论应是哪一格?哪一式?为什么?

2.食盐是化合物。因为食盐是由不同种元素化合形成的新物质,而凡是不同种元素化合形成的新物质都是化合物。指出以上论证中的论题、论据和论证方式,用的是什么推理?

3.如肯定 A 而否定 B,是否违反逻辑基本规律的要求?为什么?

A. 甲上场而乙不上场。

B. 只有甲不上场,乙才上场。

4. 写出下列推理的形式结构,并分析其是否正确。

如果经济上犯罪,那么就要受到法律制裁;如果政治上犯罪,那么也要受到法律制裁;某人经济上没犯罪,或者政治上没犯罪,所以,某人不会受到法律制裁。

七、综合题

1. 已知:

(1)A 真包含于 B。

(2)有 C 不是 B。

(3)若 C 不真包含 A,则 C 真包含于 A。

问:A 与 C 具有什么关系? 请写出推导过程,并用欧勒图表示 A,B,C 三个概念在外延上可能有的关系。

2. 已知下列(1)与(2)判断假,(3)与(4)判断真,问:D 是否被大学录取?

(1)A 和 B 两人中只有一人被大学录取。

(2)如果 A 没有被录取,那么 B 就被录取了。

(3)如果 C 未被录取,那么 A 就被录取了。

(4)只有 D 被录取了,C 才被录取。
请写出推理过程和推导根据。

3.请用选言证法,证明结论为 A 判断的有效三段论只能是第一
格。

综合训练(七)

一、单项选择题

1.在"《三国演义》是我国的古典小说"和"我国的古典小说不是一天能读完的"这两个判断中,"我国的古典小说"这个语词( )。

A.都表达集合概念　　　　　B.都表达非集合概念

C.在前一个判断中表达集合概念,后一个判断中表达非集合概念

D.在前一个判断中表达非集合概念,后一个判断中表达集合概念

2.下列各例中,属于逻辑划分的是( )。

A.三段论分为大前提、小前提和结论

B.思维形式分为概念、判断和推理

C.概念分为内涵和外延

D.性质判断分为量项、主项、联项和谓项

3.在"这个学校有的学生是不学日语的"这个性质判断中,主项和谓项的周延情况是( )。

A.主项、谓项都周延　　　　B.主项、谓项都不周延

C.主项周延,谓项不周延　　D.主项不周延,谓项周延

4."参加这次长跑比赛的不都是退休工人"和"参加这次长跑比赛的没有一个是退休工人",这两个判断之间的关系是( )。

A.可能同真,可能同假　　　B.不能同真,不能同假

C.可能同真,不能同假　　　D.不能同真,可能同假

5."老李和老王是老战友",这个判断是( )。

A.全称判断　B.单称判断　　C.关系判断　D.联言判断

6.已知"甲队可能会战胜乙队"为真,可以推出( )。

A."甲队可能不会战胜乙队"为假

B."甲队必然不会战胜乙队"为假

C."甲队必然会战胜乙队"为真

D."甲队必然会战胜乙队"为假

7.说任何语句都不表达判断是不对的,但是说任何语句都表达判断也并不正确。以上议论（   ）。

A.违反同一律的要求

B.违反矛盾律的要求

C.违反排中律的要求

D.并不违反以上三条逻辑规律的要求

8.下列各组判断中,有一组是不具有矛盾关系的,它是（   ）。

A."非 p 或非 q"与"p 并且 q"

B."只有 p 才 q"与"p 并且非 q"

C."这个 S 不是 P"与"这个 S 是 P"

D."有的 S 不是 P"与"没有 S 不是 P"

9.类比推理是这样一种推理,它根据 A 对象具有属性 a, b, c, d; B 对象具有属性 a, b, c;而推出 B 对象也具有属性 d。上述的"A"与"B"不能是（   ）。

A.某类与该类所属的个体对象

B.两个不同的个体对象

C.某类的个体对象与另一类对象

C.不同的两类对象

10.在反证法证明和归谬法反驳的过程中,就其推理形式的运用来说,它们是（   ）。

A.前者运用了充分条件假言推理的否定后件式,后者没有

B.后者运用了充分条件假言推理的否定后件式,前者没有

C.两者都运用了充分条件假言推理的否定后件式

D.两者都没有运用充分条件假言推理的否定后件式

二、多项选择题

1."如果非p那么非q",等值于(　　　)。

A.只有p才q　　　　　　　　　B.如果q那么p

C.只有非q才非p　　　　　　　D.并非(非p并且q)

E. 如果p那么q

2.从"有的工人不是党员"这一前提出发,可以必然推出的结论
是(　　　)。

A.有的工人是党员　　　　　　B.并非所有的工人都是党员

C.有的工人是非党员　　　　　D.有的党员不是工人

E.有的非党员是工人

3.在下列推理形式中,正确的是(　　　)。

A.MAP,MAS,所以SIP　　　B.MAP,SEM,所以SEP

C.MAS,MEP,所以SOP　　　D.MAP,SIM,所以SIP

E.PAM,SIM,所以SIP

4."如果甲不去工厂调查,则乙和丙也都不去工厂调查",加上:

A.甲去工厂调查,所以,乙和丙也都去工厂调查

B.甲不去工厂调查,所以,丙也不去工厂调查

C.乙和丙都不去工厂调查,所以,甲不去工厂调查

D.或者乙去工厂调查,或者丙去工厂调查,所以,甲去工厂调查

E.所以,只有乙和丙都不去工厂调查,甲才不去工厂调查

分别组成五个复合判断的推理,其中正确的是(　　　)。

5.违反矛盾律要求的错误的表现是:在同一思维过程中,对
(　　　)。

A.具有矛盾关系的两个判断都加以否定

B.具有反对关系的两个判断都加以肯定

C.具有反对关系的两个判断都加以否定

D.具有矛盾关系的两个判断都加以肯定

E.具有下反对关系的两个判断都加以肯定

三、填空题

1._____概念不能限制和划分。

2.把判断分为简单判断和复合判断,划分的根据是_____。

3.当 SEP 判断为真时,S 与 P 的外延处于_____关系。

4.同一律的公式是:_____。

5.已知 $\overline{P}ES$ 为真,根据_____关系,可知 $\overline{P}A\overline{S}$ 为假。

6.“如果小王不去车站,则小陈去车站”转换为等值的相容选言判断,即:_____。

7.前提与结论之间不具有蕴涵关系的推理,叫做_____。

8.三段论是由两个_____的性质判断而推出一个新的性质判断的推理。以“所有的 A 都不是 B”为大前提,“没有 A 不是 C”为小前提,进行三段论推理,可以必然得出的结论是_____。

9.在论证过程中,如果以_____的判断作为论据来进行论证,就会犯“预期理由”的逻辑错误。

10.在驳斥一种错误的论题时,可以不必直接证明其错误,而只要把与之相矛盾的另一论题的真实性证明之后,根据_____律,就可以推出它是假的。

四、图解题

用欧勒图表示下列概念间的外延关系:

1. (A)性质判断
   (B)复合判断
   (C)联言判断
   (D)选言判断

2. (A)简单判断的推理
   (B)演绎推理
   (C)二难推理
   (D)运用性质判断变形法的直接推理

五、表解题

用真值表方法判定"并非只有 p 才非 q"与"非 q 并且非 p"这两个判断是否等值。

六、分析题

1.下面这个定义是否正确？请略作分析。

推理是从两个或两个以上的判断中得出一个新判断的思维形式。

2.下面这个推理对不对？请略作分析。

并非这个教研室的有些教师没有学过数理逻辑,学过数理逻辑的有些教师学过自然辩证法,所以,这个教研室的有些教师学过自然辩证法。

3.运用逻辑规律的知识,分析下面这段对话中所存在的逻辑错误。

老周和老赵在一起谈论民间故事。老周说:"在我国,流传下来的民间故事为数很多,不可能个个都有教育意义。"老赵说:"有个民间故事,我听到过,确实没有什么教育意义。"老周说:"话可不能这样说。凡能流传下来的民间故事,怎么会没有教育意义呢?"

4.白雪覆盖大地,庄稼不会被冻死;人们冬天穿棉衣,不会受凉;保温杯夹层中放上一圈泡沫塑料,水不易冷却;暖气管道外面包上石棉瓦能起保温作用。雪、棉花、泡沫塑料和石棉瓦等的内部都是疏松多孔的,由此可见,疏松多孔的物质能起保温作用。

请问:这里是运用哪一种探求因果联系的方法来求得结论的?并写出这种方法的一般形式。

5.已知"如果某人精通桥牌比赛的规则,那么某人精通围棋比赛的规则"为假。

问:下列三个判断的真假如何?并简要地说明理由。

(1)某人精通围棋比赛的规则,也精通桥牌比赛的规则。

(2)如果某人不精通围棋比赛的规则,那么某人精通桥牌比赛的规则。

(3)某人或者不精通桥牌比赛的规则,或者不精通围棋比赛的规则。

6.有一个正确三段论的小前提是SOM。

问:它的大前提是什么?为什么?

七、综合题

1.某科研小组共有18名研究人员,有几位掌握了计算机语言呢?有甲、乙、丙三人在议论。

甲:某科研小组有的研究人员没有掌握计算机语言。

乙:某科研小组的陈强、谢明和杨华至少有一个没有掌握计算机语言。

丙:某科研小组有的研究人员掌握了计算机语言。

已知其中只有一句是真话。

问:谁讲的是真话?某科研小组有几位研究人员掌握了计算机语言?并写出具体的推导过程。

2.已知下列情况:

A.只有陈老师不来值班,周老师才来值班;

B.如果钱老师不来值班或者周老师不来值班,则孙老师来值班;

C.或者赵老师不来值班,或者李老师不来值班;

D.如果陈老师不来值班,则周老师和赵老师都来值班。

问:当孙老师不来值班时,陈老师、周老师、钱老师、赵老师和李老师这五位老师中,谁来值班?谁不来值班?并写出具体的推导过程。

综合训练(八)

一、单项选择题

1.在"北京大学是我国的高等院校"和"我国的高等院校是分布在全国各地的"这两个判断中,"我国的高等院校"这个语词是( )。

A.都表达集合概念　　　　　　B.都表达非集合概念

C.在前一个判断中表达集合概念,后一个判断中表达非集合概念

D.在前一个判断中表达非集合概念,后一个判断中表达集合概念

2.在"这个班里所有的学生是不爱好文艺的"这个性质判断中,主项和谓项的周延情况是( )。

A.主项和谓项都周延　　　　B.主项和谓项都不周延

C.主项周延,谓项不周延　　D.主项不周延,谓项周延

3."某商店没有一台洗衣机是上海产的"和"并非某商店的洗衣机都是上海产的",这两个判断之间的关系是( )。

A.不能同真,可能同假　　　B.可能同真,可能同假

C.不能同真,不能同假　　　D.不能同真,可能同真

4.已知"甲队可能不会得冠军"为真,可以推出( )。

A."甲队必然不会得冠军"为假

B."甲队必然会得冠军"为真

C."甲队可能会得冠军"为真

D."甲队必然会得冠军"为假

5.说有的真理没有阶级性固然不对,但说任何真理都有阶级性也是不正确的。以上议论是( )。

A.违反同一律的要求　　　　B.违反矛盾律的要求

C.违反排中律的要求　　　　D.并不违反以上三条逻辑规律的要求

6.由"墨子晚于老子"为前提而推出"老子不晚于墨子"的结论，这个推理所依据的关系性质是(　　)。

A.非对称关系　　　　　　　B.反对称关系
C.非传递关系　　　　　　　D.反传递关系

7.与"郑宏既不会打桥牌又不会下围棋"相等值的判断是(　　)。

A.并非郑宏既会打桥牌又会下围棋

B.并非郑宏或者会打桥牌或者会下围棋

C.并非郑宏会打桥牌但不会下围棋

D.并非郑宏不会打桥牌但会下围棋

8."并非甲班所有的学员都能通过考试"这个判断等值于(　　)。

A.甲班有的学员能通过考试

B.甲班所有的学员都不能通过考试

C.甲班有的学员不能通过考试

D.甲班有的学员能通过考试，有的则不能

9.不完全归纳推理与完全归纳推理的主要区别是(　　)。

A.前者的前提数量少,后者的前提数量多

B.前者是从个别到一般,后者是从一般到个别

C.前者并不要求前提为真,后者则要求前提为真

D.前者被断定的个别对象是一类的部分,后者被断定的个别对象则是一类的全部

10.小李能成为一名合格的法律工作者,因为他掌握了必要的法律知识,而如果不掌握必要的法律知识,那就不能成为一名合格的法律工作者。这个论证是错误的。它的错误是(　　)。

A.偷换论题　　　　　　　　B.虚假论据
C.推不出　　　　　　　　　D.循环论证

二、多项选择题

1.外延之间的关系能用下图表示的概念组有(   )。

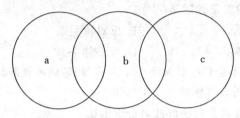

A.西装、中山装、戏装

B.大学生、中学生、女青年

C.单称判断、全称判断、肯定判断

D.科学家、物理学家、生物学家

E.玩具、塑料制品、文具

2.在下列限制中,不正确的有(   )。

A.用"菊花"限制"观赏植物"

B.用"吉普"限制"机动车辆"

C.用"西湖"限制"杭州"

D.用"西湖藕粉"限制"杭州土特产"

E.用"西湖的历史"限制"杭州的历史"

3.从"某校教师都是浙江籍的"这一前提出发,可必然推出的结论是(   )。

A.浙江籍的都是某校教师

B.有些浙江籍的是某校教师

C.某校有的教师是浙江籍的

D.并非某校有的教师不是浙江籍的

E.并非某校教师都不是浙江籍的

4.下列推理形式中,正确的是(   )。

A.所有的 M 都是 P,所有的 S 都不是 M,所以,所有的 S 都不是

P

B.所有的 P 都是 M,所有 S 不是 M,所以,所有 S 不是 P

C.所有 M 是 P,所有 M 是 S,所以,所有 S 是 P

D.所有 M 是 S,所有 M 不是 P,所以,有的 S 不是 P

E.所有 P 是 M,所有 S 是 M,所以,所有 S 是 P

5.在下列判断中,从内涵方面来说明画有横线的概念的有( )。

A.选言支中至少有一个选言支为真的选言判断是<u>相容的选言判断</u>

B.断定若干可能的事物情况至少有一个存在的判断是<u>选言判断</u>

C.选言支中至少有一个选言支为真的相容选言判断是<u>选言判断</u>

D.有而且只有一个选言支为真的不相容选言判断是<u>选言判断</u>

E.有而且只有一个选言支为真的选言判断是<u>不相容选言判断</u>

三、填空题

1.概念的概括是_____的一种逻辑方法。

2.矛盾律的要求是:在同一思维过程中,对于具有_____和_____的判断,不应该承认它们都是真的。

3.排中律的要求是:在同一思维过程中,对于具有_____的判断,必须承认其中一个是真的。

4.当 SIP 判断为假时,S 与 P 的外延处于_____关系。

5.如果 $\overline{SEP}$ 为真,那么根据性质判断间的_____关系,我们可以确定 $\overline{SOP}$ 也是真的。

6."如果他不买电冰箱就买电视机"转换为等值的联言判断的负判断,即:_____;也可转换为等值的相容选言判断,即:_____

—————————————————————。

7. 根据前提和结论之间是否具有_____关系，推理可分为必然性推理和或然性推理。

8. 以"没有 M 不是 P"为大前提，"没有 M 不是 S"为小前提，进行三段论推理，能必然得出结论。其结论是_____。

9. (p→r)∧(s→t)∧(¬r∨¬t)→_____。

10. 反证法是通过确定与论题具有_____关系的判断的虚假来确定论题真实性的间接论证。

四、图表题

1. 设 A, B, C 三类，已知 A 类真包含 B 类，C 类也真包含 B 类，问 A 类与 C 类之间有什么关系？

2. 在下列三句话中，一句是真话，两句是假话：

A. A 和 B 都是盗窃犯

B. A 和 B 之中至少有一个是盗窃犯

C. 如果 A 是盗窃犯，那么 B 不是盗窃犯

请你画出真值表，并根据真值表回答：

(1)哪一句是真话？

(2)A 是不是盗窃犯？

(3)B 是不是盗窃犯？

五、分析题

1. 有人认为：一个人只有投机倒把，才会构成经济犯罪。请问这是一个什么判断？如果我们要用联言判断去驳斥它，应下什么样的联言判断？它和被反驳的论题之间是什么样的真假关系？

2. 某校一年一度的长跑比赛就要开始了，甲、乙、丙、丁四人在一起议论谁会得冠军。

甲：赵光和钱红都不会得冠军；

乙：得冠军的不会是孙敏；

丙:得冠军的会是李勇；

丁:如果钱红不得冠军,那么赵光就是冠军。

事后知道,其中只有一个人的推测是正确的,并且,赵光、钱红、孙敏、李勇四人中确有一个人获得冠军。

请问:

(1)哪位的推测是正确的?

(2)谁是冠军?

并简要说明理由。

3.指出下列三段论的大项和小项,说明它属于哪一格,并用 P,M,S 分别表示大项、中项和小项,写出其结构式。

有些徒有虚名的"党员"不是人民的公仆；

没有一个真正的共产党员不是人民的公仆；

所以,有些徒有虚名的"党员"不是真正的共产党员。

4."求精厂是老厂,技术力量雄厚,设备齐全,经过改革对国家作出了重要贡献。求益厂也是老厂,技术力量也雄厚,设备也齐全。因此,求益厂经过改革也能对国家作出重要贡献。"这是一个类比推理的例句。请指出其相类比的两个对象是什么? 已知的相同属性是什么? 推出的结论又是什么?

5.在一次逻辑学的学习讨论中,遇到这样的一道题:"有一个第二格的三段论,已知它的大前提为 PAM,结论为 SOP,问小前提应怎样?"

学生甲说:"小前提可以是 SEM,也可以是 SOM。"

学生乙不同意甲的意见,说:"小前提只能是 SOM。因为三段论规则告诉我们:如果在前提中不周延的项,那么在结论中也不得周延;现在已知这个三段论的小项在结论中不周延,所以,它在前提中也不得周延。"

请问:你是否赞同甲、乙俩人的意见? 并说明理由。

六、综合题

1.以"没有 B 不是 A,所有的 C 都不是 B"这两个判断为前提进行三段论推理,能否得结论? 如果能,结论是什么? 如果不能,为什么?

2.用下列前提组分别进行复合判断推理,能否推出"陈波下乡调查"的结论? 如果能推出,写出推理过程;如果不能,说明理由。

前提组一:

(1)陈波不下乡调查或者王勇不下乡调查或者徐辉不下乡调查;

(2)王勇和徐辉都不下乡调查。

前提组二:

(1)如果王勇下乡调查(p)而陈波不下乡调查(¬q)则徐辉下乡调查(r);

(2)王勇下乡调查而徐辉不下乡调查。

3.以"小张是被告而不是罪犯"为论据,运用三段论和对当关系推理反驳"凡是被告都是罪犯"这个论题,说明反驳中运用了哪一格的三段论? 并写出具体的推理过程。

附录一 基础训练参考答案

第一章基础训练参考答案

一、填空题

1. 并非,当且仅当。

2. p,q。

3. 常项;变项。

4. p。

5. 并非,如果……那么……

6. ¬ p∧q(也可表示为 p∧q)。

7. p,q,r。

8. ∧。

9. S,P;∧,→。

二、单项选择题

1. D. 2. A. 3. B. 4. C.

第二章基础训练参考答案

一、填空题

1. 交叉;全异。

2. 正。

3. 有的 A 不是 B。

4. 普遍。

5. S 真包含 P;交叉。

6. 限制；概括。

7. 真包含；全异(答"矛盾"也对)。

8. 被定义项；种差；邻近的属。

9. 交叉；真包含于。

10. 单独。

11. 同一；S真包含于P。

12. 限制。

二、单项选择题

1. B.　2. C.　3. A.　4. B.　5. C.　6. B.　7. C.　8. C.

9. D.　10. C.　11. D.　12. A.　13. A.　14. C.　15. B.　16. B.

17. B.

三、双项选择题

1. B,D.　2. A,E.　3. C,E.　4. A,D.　5. C,E.　6. D,E.

7. A,E.　8. A,E.　9. D,E.　10. D,E.　11. A,C.　12. B,D.

13. D,E.　14. B,C.　15. A,E.　16. B,D.　17. D,E.

18. A,B.

四、分析题

1. 答:定义、划分都不正确。定义违反了"定义项的外延和被定义项的外延应是全同的"规则,犯"定义过宽"的错误;划分违反了"划分后的各子项外延之和必须与母项的外延相等"的规则,犯"划分不全"的错误。

2. 答:定义、划分均不正确。定义违反了"定义项的外延和被定义项的外延应是全同的"规则,犯"定义过窄"的错误;划分违反了"划分后的各子项外延之和必须与母项的外延相等"的规则,犯"划分不全"的错误。

3. 答:正确划分中的母项与子项是属种关系(或真包含关系),子项与子项是全异关系(矛盾关系或反对关系)。

4.答:A.甲班学生是从华东六省来的,这里的"甲班学生"是集合概念。因为它反映的是甲班学生这一集合体。

B.小刘是甲班学生,这里的"甲班学生"是非集合概念。因为它反映的不是集合体。

C.甲班学生都应当努力学习,这里的"甲班学生"是非集合概念。理由同上。

5.答:B,C,D三组概念不具有属种关系,因为它们是整体与部分的关系。

6.答:不正确。定义违反了"定义项的外延和被定义项的外延应是全同的"规则,犯"定义过窄"的错误;划分既违反了"每次划分必须按照同一标准进行"的规则,又违反"划分的各子项应当互不相容"的规则,犯"划分标准不同一"和"子项相容"的错误。

7.定义划分均不正确。定义违反了"定义项的外延和被定义项的外延应是全同的"规则,犯"定义过窄"的错误;划分违反了"划分后的各子项外延之和必须与母项的外延相等"的规则,犯"多出子项"的错误。

8.答:运用二分法得到的必须是一对矛盾关系的概念,并且是一对正、负概念。据此:

(1)不能运用二分法得到,属反对关系;

(2)不能运用二分法得到,非正负概念;

(3)可以运用二分法得到。

1.答：

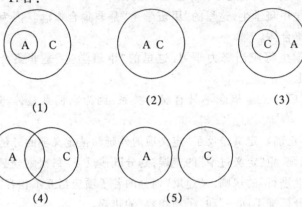

(1)　　　　　　(2)　　　　　　(3)

(4)　　　　　　(5)

2.答：

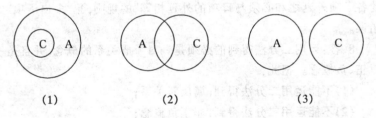

(1)　　　　　　(2)　　　　　　(3)

3.答：

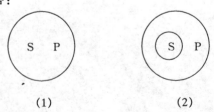

(1)　　　　　　(2)

4. 答：

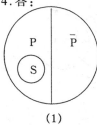

(1)

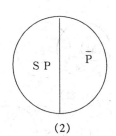

(2)

5. 答：

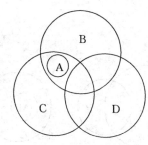

6. 答：

(1)

(2)S 的内涵较多。

7. 答：

8.答：

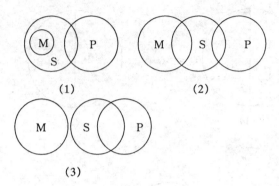

(1)   (2)

(3)

9.答：

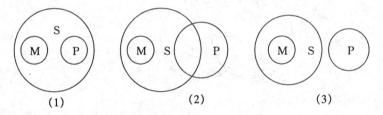

(1)   (2)   (3)

第三章基础训练参考答案

一、填空题

1.全称;否定。

2.同一;S真包含于 P。

3.真。

4.等值关系。

5.差等;SIP。

6.SEP;SIP。

7.真假不定。

8.肯定;全称。

9.假;真。

10. 交叉;S 真包含 P。

11. 真;假。

12. 假;真。

13. 矛盾关系。

14. 真包含;反对。

二、单项选择题

1.A. 2.C. 3.A. 4.A. 5.C. 6.C. 7.B. 8.A.
9.D. 10.D. 11.C. 12.D. 13.D. 14.A. 15.C.
16.D. 17.B. 18.C. 19.B. 20.D.

三、双项选择题

1.C,E. 2.C,D. 3.B,E. 4.B,D. 5.A,E. 6.A,B.
7.B,C. 8.D,E. 9.A,D. 10.A,B. 11.B,E.
12.D,E. 13.B,E. 14.B,C.

四、分析题

1.答:甲、乙的断定不等值,甲断定为 SAP,乙的断定等值于"班上有些同学学英语",即 SIP,所以不等值。

2.答:A 表示 R 关系是反对称性的,B 表示 R 关系是传递性的,例如,"真包含关系"就可以使 A,B 两式同真。

第四章基础训练参考答案

一、填空题

1.如果不通过外语考试,就不能录取(或"如果要录取,就要通过外语考试");并非"不通过外语考试,也能录取";或者通过外语考试,或者不能录取。

2.假。

3.假。

4.p∨￢q。

5.假;真。

6.￢p∨q。

7.真。

8.真。

9.真。

10.可真可假;真。

11.p←q。

12.假;真。

二、单项选择题

1.D. 2.B. 3.C. 4.B. 5.D. 6.D. 7.A. 8.A.

9.C. 10.D. 11.C. 12.C. 13.C. 14.D. 15.C.

16.A.

三、双项选择题

1.B,D. 2.A,D. 3.D,E. 4.C,D. 5.D,E. 6.D,E.

7.A,C. 8.A,E. 9.C,E. 10.B,E. 11.A,C. 12.C,E.

13.A,B. 14.C,E. 15.B,C. 16.A,C. 17.A.E.

18.A,D. 19.D,E. 20.B,D. 21.A,C.

四、多项选择题

1.A,B,C,E. 2.A,B,D. 3.A,B,C,D,E. 4.A,D,E.

5.A,B,C,D.E. 6.A,B,C,D,E. 7.A,B,C,D,E.

8.B,C,D,E. 9.A,C,D,E. 10.A,C,D,E.

五、分析题

1.答:否定判断是简单判断,仅断定某对象不具有某性质;而负判断是复合判断,是否定某个判断的判断。

2.答:设"甲村所有人家有彩电"为 p,则"甲村有些人家没有彩电"为¬p;"乙村所有人家有彩电"为 q,则"乙村有些人家没有彩电"为¬q。

已知:

A.¬p←q

B.p∧q

C.p∨q

(1)A,B 是矛盾关系,必有一真,必有一假;

(2)已知 A,B,C 中有两假,所以 C 必假,即¬(p∨q)↔¬p∧¬q,即甲村有些人家没彩电,而且乙村有些人家没彩电。

3.答:

(1)A,B 能同真;

(2)A,B 不能同假;

(3)A,B 不是矛盾关系判断。

4.答:

(1)断定一个复合判断为真,并没有断定其支判断都真;

(2)以选言判断为例,一个相容选言判断只要有一个支判断真即真;一个不相容的选言判断有而且只能有一个支判断为真,它才是真的,两个支判断都真,反而是假的。

5.答:

(1)A 与 B 不可同假。当 p→q 假时,p 真 q 假,而 p 真 q 假时,则 p←q 真。

(2)A 的负判断与 B 的负判断可以同假。¬(p→q)↔p∧¬q,¬(p←q)↔¬p∧q。当 p 与 q 同真或同假时,A 的负判断与 B 的负判断是同假的。

6.答:E 与 I 是矛盾关系,不同真,不同假。

(1)式未全面表示 E 与 I 的真假关系,只表示当 E 真时 I 假。

(2)式全面表述了 E 与 I 的真假关系,因为¬(E↔I)表示 E 与 I

不等值,即不同真,不同假。

六、图表题

1.答:

(1)列表

p	q	p∧￢q	p∨q	p→q
T	T	F	T	T
T	F	T	T	F
F	T	F	T	T
F	F	F	F	T

(2)由上表可知,当p∧￢q为真时,p∨q为真,p→q为假。

2.答:

(1)与"并非(如果所有的S是P,那么所有的P是S)"等值的联言判断是:"所有S是P而有P不是S",用p表示"所有S是P",用q表示"所有P是S"。

用公式表示:￢(p→q)↔p∧￢q

(2)列表:

p	q	p→q	￢(p→q)	p∧￢q
T	T	T	F	F
T	F	F	T	T
F	T	T	F	F
F	F	T	F	F

3.答:用p表示"小周当选为班长",q表示"小李当选为班长"。

p	q	p∨̇q	p∧￢q
T	T	F	F
T	F	T	T
F	T	T	F
F	F	F	F

由表可见,A,B两判断不等值。

4.答:

(1)"并非或者他是先进工作者或者他是人民代表",该判断的等值判断是"他不是先进工作者而且也不是人民代表"。

(2)列表,用 p 表示"他是先进工作者",用 q 表示"他是人民代表"。

p	q	p∨q	¬(p∨q)	¬p∧¬q
T	T	T	F	F
T	F	T	F	F
F	T	T	F	F
F	F	F	T	T

5.答:

(1)p 表示"某公司录用了小黄",q 表示"某公司录用了小林"。

A 可表示为 p→¬q,B 可表示为 ¬p。

p	q	p→¬q	¬p
T	T	F	F
T	F	T	F
F	T	T	T
F	F	T	T

(2)由上表可知,当 B 假而 A 真时符合题意,即 p 真而 q 假,公司录用了小黄而未录用小林。

6.答:

(1)用 p 表示"甲是工人",q 表示"乙是营业员"。

p	q	p→q	q→p	¬q
T	T	T	T	F
T	F	F	T	T
F	T	T	F	F
F	F	T	T	T

(2)由表可知,甲不是工人,乙是营业员。

7.答:

(1)A.p∨q B.p→q

p	q	p∨q	p→q
T	T	T	T
T	F	T	F
F	T	T	T
F	F	F	T

(2)由表可知:A 不蕴涵 B,因为 A 真时 B 真假不定。

8.答:

(1)列表,A 可表示为 ¬p∨q,B 可表示为 q,C 可表示为 p∨q。

p	q	¬p∨q	q	p∨q
T	T	T	T	T
T	F	F	F	T
F	T	T	T	T
F	F	T	F	F

(2)由表可知:可以确定"小赵不当选学习委员"(所有情况 q 都假),但不能确定"小金当不当班长"。

9.答:

(1)列表:

p	q	¬(p∧q)	¬p→q	¬p∨̇¬q
T	T	F	T	F
T	F	T	T	T
F	T	T	T	T
F	F	T	F	F

(2)由表可知:在排除大王和小李同时上场的情况下,后面两个判断真值相同。

10.答：

(1)列表：用 p 表示"小张学习好"，q 表示"小张思想进步"。

则可用公式表示为：

A.$\neg(p \wedge q)$　　　B.$\neg p \wedge \neg q$　　　C.$\neg p \vee \neg q$

p	q	$\neg(p \wedge q)$	$\neg p \wedge \neg q$	$\neg p \vee \neg q$
T	T	F	F	F
T	F	T	F	T
F	T	T	F	T
F	F	T	T	T

(2)由表可知：A 与 C 是等值的。

11.答：

(1)列表：用 p 表示"小高去火车站送客"，q 表示"小林去火车站送客"。

A 判断可表示为：$p \rightarrow q$

B 判断可表示为：$\neg p \wedge q$

p	q	$p \rightarrow q$	$\neg p \wedge q$
T	T	T	F
T	F	F	F
F	T	T	T
F	F	T	F

(2)由表可知：A 不蕴涵 B。

12.答：(1)列表：

p	q	$p \overline{\vee} q$	$p \overline{\vee} \neg q$	$p \vee q$
T	T	F	T	T
T	F	T	F	T
F	T	T	F	T
F	F	F	T	F

(2)由表可知：当 A,B,C 两真一假时,能断定 C 为真,不能断定 A,B 的真假。

13.答:(1)列表:

p	q	p∧¬q	p∨̇q	¬p←q
T	T	F	T	F
T	F	T	F	T
F	T	F	F	T
F	F	F	T	T

(2)由表可知:丁的判断是对的,甲、乙、丙三判断不能同真。

14.答:(1)列表:用 p 表示"甲第一",q 表示"丙第二"。

p	q	p←q	¬q
T	T	T	F
T	F	T	T
F	T	F	F
F	F	T	T

(2)由表可知,当两人中有且只有一人预测为真时,甲第一,丙第二,乙第三。

15.答:(1)列表:

A.¬p→q		B.q←p		C.¬p∧¬q

p	q	¬p→q	q←p	¬p∧¬q
T	T	T	T	F
T	F	T	F	F
F	T	T	T	F
F	F	F	T	T

(2)由表可知:当 B,C 同真时,p 为假,q 亦为假,即甲不是木工,乙也不是泥工。

第五章基础训练参考答案

一、填空题

1.排中;矛盾。

2.矛盾关系;反对关系。

3.排中;如果某人是党员,则某人是干部。

4.排中;p∧q。

5.矛盾。

6.排中。

7.矛盾;小王不上场而甲队获胜。

8.矛盾。

9.同一。

10.排中;如果王丽是涉外文秘专业学生,则王丽精通国际经济法。

11.矛盾。

二、单项选择题

1.C. 2.B. 3.A. 4.B. 5.B. 6.C. 7.C. 8.B.
9.D. 10.D. 11.C.

三、双项选择题

1.A,B. 2.A,D. 3.A,E. 4.B,D. 5.A,C.

四、多项选择题

1.C,D,E. 2.A,C,D,E.

五、分析题

1.答:乙说对了,甲班45人都学会了电脑排版。因为,乙判断和丙判断是下反对关系,必有一真,可推出甲判断假,即"李聪同学学会了电脑排版",由此可推出乙判断真,而丙判断假,SOP假即SAP真,可知甲班45人都学会了电脑排版。

2.答:

(1)丙的第一句话违反排中律要求,因甲和乙的观点是矛盾关系,不能都是假的,必有一真。

(2)丙的第二句话违反矛盾律。肯定"惟有纯疑问句不表达判断",即肯定"有的语句不表达判断",与否定"有的语句不表达判断",违反矛盾律,对同一判断不能既肯定又否定。

3.答:A,B是下反对关系,可以同真。C与B是矛盾关系,B真则C假,C假则B真,所以,断定A,B真,又断定C假,不违反矛盾律要求。

4.答:

(1)A,B是反对关系,不同真可同假。

(2)甲的断定不成立,违反矛盾律。

(3)乙的断定可成立,不违反逻辑规律的要求。

5.答:用p表示"小王去北京",q表示"小林去上海",则可用公式表示如下:

A.p→q   B.￢q   C.p

(1)同时断定A,B,C真,违反矛盾律;

(2)因断定A,B真得"小王不去北京",与C矛盾,不可同真;

(3)如果断定A,C真得"小林去上海",则与B矛盾,亦不可同真。

6.答:丙的说法不违反逻辑规律要求,因甲、乙的断定是反对关系,而不是矛盾关系,可以同假。丁的说法违反矛盾律要求,具有反对关系的判断不同真。

7.答:甲、乙的说法是矛盾关系,所以丙的说法违反矛盾律的要求,因为互相矛盾的两个思想不能同真。丁的说法违反排中律的要求,因为互相矛盾的两个思想不能同假。

8.答:此议论没有逻辑错误。

因为"并非一切判断都是真的"等值于"有些判断不是真的","有些判断不是真的"与"有些判断是真的"具有下反对关系,可以同真。

第六章基础训练参考答案

一、填空题

1. 真。

2. MAS；SIP。

3. 全称肯定判断；全称肯定判断。

4. 含碳的。

5. MAP；SAM。

6. 一,EIO。

7. 充分必要。

二、单项选择题

1. A. 2. C. 3. D. 4. C. 5. A. 6. D. 7. D. 8. B. 9. D

三、双项选择题

1. C,E. 2. A,D. 3. B,D. 4. B,D. 5. A,C. 6. B,D.

7. B,E. 8. B,E. 9. A,D. 10. C,D.

四、多项选择题

1. A,D,E. 2. A,B,C,D. 3. A,B,C. 4. A,B,C,D,E.

5. B,C,D,E. 6. A,B,C,D. 7. A,B,E. 8. A,B,C,D.

9. B,C,E. 10. A,B,C,D,E.

五、分析题

1. 答:第三格的 OAO 式。

  MOP

  <u>MAS</u>

  SOP

2.答:大前提为 PAM,结论为 SOP。

逻辑形式为:

PAM
<u>SOM</u>
SOP

3.答:上述三段论的形式为:

PIM
<u>SAM</u>
SIP

此三段论不正确。因为该三段论是第二格,违反格的规则"两前提中必有一个是否定的",或者违反一般规则"中项至少要周延一次",犯了"中项两次不周延"错误。

4.答:

PIM
<u>MAS</u>
SIP

5.答:能推出"有 C 不是 B"。因为"所有 A 不是 B,而且有 C 是 A,所以,有 C 不是 B"是三段论的有效式。但不能推出"有 B 不是 C",因为两前提中有一个否定,大前提不能是 I 判断,犯"大项不当周延"的错误。

6.答:

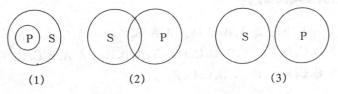

(1)   (2)   (3)

7.答:

MIP
<u>SIM</u>
SIP

第一格 III 式。不正确,"两个特称前提不能得结论"或者"中项两次不周延"。

8.答:

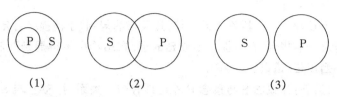

(1)　　　　　　(2)　　　　　　(3)

9.答:能推出 B."有的中国人不是工人",因为符合三段论规则;不能推出 A."有的工人不是中国人",因为违反第三格"小前提必肯定"规则,或者违反一般规则"前提中不周延的项在结论中不得周延",犯"大项不当周延"错误。

10.答:

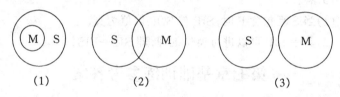

(1)　　　　　　(2)　　　　　　(3)

11.答:

PAM
<u>SOM</u>
SOP

分析:

(1)已知:大项在结论中周延,小项在结论中不周延,所以结论必为 SOP。

(2)大前提肯定,且大项在前提中周延,所以大前提必为 PAM。

(3)结论否定,大前提肯定,所以小前提必否定。

(4)小前提否定,小项在前提中不周延,且 M 在大前提中不周延,在小前提中必周延,所以小前提必为 SOM。

12.答:

$$MAP$$
$$\underline{SOM}$$
$$SOP$$

不正确。该三段论为第一格,违反格的规则"小前提必肯定";或者违反一般规则"在前提中不周延的项,在结论中不得周延",犯"大项不当周延"错误。

13.答:当概念 S 与概念 P 外延具有同一关系时,SAP 与 SIP 均为真,两者均可作换位推理。

(1)SAP 只能限制换位为 PIS。

(2)SIP 可以直接换位为 PIS。

14.答:S 与 P 全异可作出 SEP 与 SOP 两判断,其中 SEP 可换位,SOP 不能换位。

15.答:

(1)当 S 真包含 P 时,SIP 与 SOP 取值为真。

(2)其中 SIP 可以进行换位推理,即 SIP→PIS。

第七章基础训练参考答案

一、填空题

1.假。

2.¬q。

3.SIP。

4.分解。

5.¬p∨¬q(或¬(p∧q))。

6.(¬p∨q)(或(p→q))。

二、单项选择题

1.C。　2.C。　3.A。　4.B。　5.B。　6.D。　7.B。

8.B。　9.A。　10.B。

三、双项选择题

1. A, B. 2. A, B. 3. A, E. 4. C, E. 5. C, D. 6. A, C.
7. B, E. 8. A, D. 9. A, B.

四、多项选择题

1. B, C, D. 2. B, C, E. 3. C, D, E. 4. A, B, C, D, E.
5. A, C, E. 6. A, B, D. 7. A, B, E.

五、分析题

1. 答：$(p \rightarrow q) \wedge (r \rightarrow q) \wedge (\neg p \vee \neg r) \rightarrow \neg q$，这是一个二难推理，不正确。因为不能从否定假言前提的前件，推出否定其后件。

2. 答：$((\overline{SAP} \vee \overline{SEP}) \wedge SAP) \rightarrow \overline{SEP}$

相容选言推理，否定肯定式，正确。

3. 答：设 (1) $p \rightarrow q$ (2) $r \rightarrow s$ (3) $\neg q \wedge \neg s$

① 由 (3) 推出 (4) C 与 E 全同, (5) D 与 E 全同 (联言推理分解式);

② 由 (1) 与 (4) 可推出 A 真包含 B (充分条件假言推理的否定后件式);

③ 由 (2) 与 (5) 可推出 B 真包含 C (充分条件假言推理的否定后件式);

由上结论可作图:

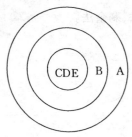

4.答:$((\overline{SAP} \vee \overline{SEP}) \wedge \overline{SEP}) \rightarrow SAP$

相容选言推理,不正确,不能用肯定否定式。

5.答:$((p \leftarrow q) \wedge q) \rightarrow p$

必要条件假言推理肯定后件式,是有效式。

6.答:$(((p \wedge q) \rightarrow r) \wedge \neg r) \rightarrow \neg p \wedge \neg q$

不正确,充分条件假言推理否定后件式,但应得$\neg p \vee \neg q$的结论,而非$\neg p \wedge \neg q$。

7.答:$(((\neg p \rightarrow r) \wedge (\neg q \rightarrow s)) \wedge (p \vee q)) \rightarrow (\neg r \vee \neg s)$,二难推理,不正确,不能从否定假言前提的前件,推出否定其后件。

8.答:设去九寨沟为p,去小三峡为q,小王去为r,小李去为s。

已知:

(1)$(p \vee q) \rightarrow (r \wedge s)$.

(2)$\neg r \vee \neg s$.

(3)$\neg p$.

解:由(1)与(2)可得:

(4)$\neg p \wedge \neg q$.

由(4)可得:$\neg p$.

由(1)与(2)两前提能推出结论(3),推理步骤如上。

第八、九章基础训练参考答案

一、填空题

1.求同求异并用法、共变法、剩余法。

2.不蕴涵;或然。

3.与之相反情况;因果。

4.异中求同。

5.不完全。

6.真假不定。

7.类比。

8.完全归纳;不完全归纳。

9.种属(或"真包含于");全异。

10.归纳;类比。

11.演绎。

二、单项选择题

1.B. 2.C. 3.D. 4.A. 5.B. 6.C. 7.C. 8.A.

9.D. 10.D. 11.B. 12.C.

三、双项选择题

1.A,D. 2.D,E. 3.B,D. 4.B,D. 5.A,E. 6.C,E.

四、多项选择题

1.A,B,C,D. 2.A,C,D. 3.A,B,E. 4.B,C,D.

五、分析题

1.答:两者的区别表现在:

(1)获得结论的依据不同。简单枚举法是根据经验多次重复而未遇反例,而科学归纳法要考察对象与属性间的因果联系。

(2)前提多少对结论可靠性的影响不同。简单枚举法要求前提多,而科学归纳法不要求多,但要求确切把握因果联系。

(3)结论可靠性不同。科学归纳法的结论比简单枚举法的结论更可靠些。

2.答:该议论用了简单枚举法的推理形式,结论是不必然的。运用这种推理应避免犯"以偏概全"(或"轻率概括")的逻辑错误。

3.答:某厂长的议论用了类比推理。

红旗厂有 a,b,c,d 属性
我厂有 a,b,c 属性
所以,我们厂也有 d 属性

351 ·

4.答:求同法的公式:

场合	先(后)行情况	被研究对象
(1)	A B C	a
(2)	A D E	a
(3)	A F G	a

　　　　A 与 a 有因果联系

求异法的公式:

场合	先(后)行情况	被研究对象
(1)	A B C	a
(2)	/ B C	/

　　　　A 与 a 有因果联系

　　两者的主要区别是:求同法主要是"异中求同",而求异法主要是"同中求异"。

　　5.答:奥平雅彦教授用了两种求因果联系的方法。

　　先用求同求异并用法:

　　第一组、第二组为正事例组,第三组为负事例组,得出结论:黄曲霉素 B_1 是强烈致肝癌物。

　　然后用求异法:第一组与第二组求异,得出结论:黄曲霉素 B_1 与酒精并用,致癌作用更强。

　　6.答:三个公式都没有正确表达共变法。

　　(1)先行情况没有变化,而被研究现象变化了。

　　(2)先行情况除一种情况有变化外,还有其他变化的情况。

　　(3)先行情况中是 C 发生了变化,而结论是 A 与 a 有因果联系。

第十章基础训练参考答案

一、填空

1. 矛盾。

2. 论题、论据、论证方式。

3. 排中。

4. 论题、论据、论证方式;反驳论题。

5. 矛盾。

二、单项选择题

1. A.　2. B.　3. A.　4. B.　5. B.　6. C.　7. A.

三、双项选择题

1. B,E.　2. A,C.　3. B,C.　4. A,D.　5. D,E.

四、分析题

1. 答:论题:对于有效三段论……也不周延。

论据:因为……不得周延。

不正确。违反"从论据应能合乎逻辑地推出论题"这一规则,犯"推不出"错误。

2. 答:论题:党政干部必须提高科学文化水平。

论据:因为……顺利地向前发展。

论证方式:演绎论证(或"假言论证");

论证方法:间接论证(或"反证法")。

3. 答:被反驳论题:所有语句都表达判断。

反驳的论据:因为……可见有的语句不表达判断。

该论据能驳倒被反驳的论题。

运用三段论推理第二格,得"有的语句不是表达判断的"真(O 判

353

断真),所以被反驳论题"所有语句都表达判断(A判断)"假。

4.答:论题:在有效三段论式中,……周延的。

论据:因为……必周延。

不正确。因为它用的是不完全归纳推理简单枚举法,不能独立成为证明的工具。犯"以偏概全"的错误。第四格 AAI 式,P 在前提中周延,在结论中不周延。

五、综合题

设:p 表示"甲参加自学考试",q 表示"乙参加自学考试",r 表示"丙参加自学考试",s 表示"丁参加自学考试"。

1.答:已知:

(1)p∧q→﹁r。

(2)q←s。

(3)p∧r。

①由(3)可推出 p(4)

　由(3)可推出 r(5)　(联言推理分解式)

② 由(1)与(5)可推出﹁p∨﹁q(6)(充分条件假言推理否定后件式)

③ 由(4)与(6)推出﹁q(7)(相容选言推理否定肯定式)

④由(2)与(7)可推出﹁s(必要条件假言推理否定前件式)

由上可知:乙和丁没有参加自学考试。

2.答:

①由(4)与(5)可推得:乙是罪犯(6)(充分条件假言推理否定后件式)

②由(3)与(6)可推得:甲是罪犯(7)(充分条件假言推理否定后件式)

③由(1)与(2)可推得:甲不是罪犯或者乙不是罪犯或者丙不是罪犯(8)(必要条件假言推理否定前件式)

④由(8)与(6)、(7)可推得:丙不是罪犯(相容选言推理否定肯定

式)

由上可知:甲、乙是罪犯,丙不是。

3.答:已知:

(1)如果 A 不真包含于 B,那么 C 与 D 不全异。

(2)只有 B 与 D 全异,B 才不真包含于 D。

(3)B 与 D 相容但 C 与 D 不相容。

①由(3)可推出:"B 与 D 相容",即"并非 B 与 D 全异"(4)(联言推理分解式)

由(3)可推出"C 与 D 不相容",即"C 与 D 全异"(5)(同上)

②由(2)与(4)可推得:"B 真包含于 D"(必要条件假言推理否定前件式)

③由(1)与(5)可推得:"A 真包含于 B"(充分条件假言推理否定后件式)

综上所述:A 真包含于 B,且 B 真包含于 D,所以,A 真包含于 D,又 C 与 D 全异。A,B,C,D 的外延关系的欧勒图式如下:

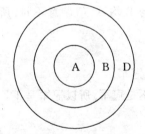 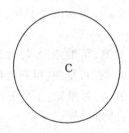

4.答:该议论可得结论:对待外国的科学文化,我们应有分析地批判吸收。其推理过程如下:

$$p \lor q \lor r$$
$$((p \rightarrow s) \land \neg s) \rightarrow \neg p$$
$$((q \rightarrow t) \land \neg t) \rightarrow \neg q$$

所以,r

5.答:已知:

(1)A ∨ ¬B。

355

(2)￢B→￢C。

(3)C←￢D。

(4)￢A。

解：①由(1)与(4)可得：￢B(5)

②由(2)与(5)可得：￢C(6)

③由(3)与(6)可得：D

根据法庭以上确认，可推知 D 是罪犯。

6.答：由真值表分析，存在一种选派方案，可以同时满足甲、乙、丙三位领导，即"不选派小周，而选派小李"。

p	q	p$\dot{\vee}$q	￢p→q	￢q→￢p
T	T	F	T	T
T	F	T	T	F
F	T	T	T	T
F	F	F	F	T

7.答：冠军是丁，其推导过程如下：

①如 C 假，可得冠军是甲，则 A 与 B 均真，与题意不符，所以 C 是真的。

②由 C 真，可推知：A 与 B 均假。

③由 A 假，可推知：甲和乙都不是冠军。

④由 B 假，可推知：丁是冠军，丙不是冠军，所以冠军是丁。

8. 答：已知：

(1)所有 A 是 B；

(2)有 C 不是 B；

(3)如果并非所有 A 是 C，那么所有 C 是 A。

解：

①由(1)与(2)可推得：有 C 不是 A(三段论第二格 AOO 式)

②有 C 不是 A 等值于并非所有 C 是 A(4)

③由(3)与(4)可推得：所有 A 是 C

④由以上结论可知 A，B，C 三个概念的外延关系。见图：

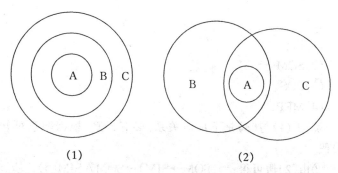

(1)   (2)

9.答:如假设他们的论断都是真的,那么可以得出"多盖高楼"的良策。推导过程如下:

已知:

(1)p∨q。

(2)r→s。

(3)t←s∧p。

(4)r∧￢q。

解:

①由(4)可得:r(5)((r∧￢q)→r)

　　由(4)可得:￢q(6)((r∧￢q)→￢q)

②由(2)与(5)可得:s(7)

③由(1)与(6)可得:p(8)

④由(7)与(8)可得:s∧p(9)

⑤由(3)与(9)可得:t

由上推理可得 t,即多盖高楼。

10.答:应先"跳马"。推导如下:

①由(2)与(4)可推得:不出车(5)

②由(3)与(5)可推得:炮走不得(6)

③由(1)与(5)、(6)可推得:跳马

所以应先"跳马"。

11.答:第(3)句是真的,S 与 P 是全异关系。推导过程如下:

已知:

(1)PIS.

(2)SOM→SIM.

(3)POS.

(4)MEP.

解:①(1)与(3)是下反对关系,必有一真,根据题意可知(2)与(4)假

②由(2)假可得:$\neg$(SOM→SIM)↔SOM∧$\overline{\text{SIM}}$(5)

③由(5)可得:$\overline{\text{SIM}}$↔SEM(6)

④由(4)假可得:$\overline{\text{MEP}}$↔MIP(7)

⑤由(6)与(7)可得:POS

⑥由⑤的结论可知(3)真而(1)假,而(1)假,可得:$\overline{\text{PIS}}$↔SEP,故S与P为全异关系。

12.答:

①由(2)得:王洪和高亮都得奖了(4)

②由(1)与(4)得:或张明没得奖,或李东没得奖(5)

③由(5)与(3)得:张明没得奖

上述议论能确定王洪和高亮都得奖了,而张明没得奖。

13.答:

证明:设A,B两前提有三种情况。

(1)均肯定;

(2)一肯定,一否定;

(3)均否定。

A,B两前提要么都肯定;要么一肯定,一否定;要么都否定;

如A,B都是肯定的,则C必肯定,而D与C矛盾,则D为否定,因而A,B,D中有两个是肯定判断;

如A,B中一肯定一否定,则C必否定,而D与C矛盾,则D为肯定,因而A,B,D中也有两个肯定判断;

如A,B都是否定的,则是无效的三段论。

所以,A,B,D中必有两个肯定判断。

14.答:

证明:假设"中项周延两次的有效三段论,其结论为全称判断"。

如结论为全称判断,则 S 在结论中周延;

如 S 在结论中周延,则 S 在小前提中必周延;

如 S 在小前提中周延,则因 M 也是周延的,所以小前提必否定(SEM 或 MES);

如小前提否定,则结论否定;

如结论否定,则结论中 P 周延;

如结论中 P 周延,则前提中的 P 也必周延;

如前提中的 P 周延,则因 M 也是周延的,大前提也必否定(PEM 或 MEP);而两个否定前提不能得结论,所以,中项周延两次的有效三段论,其结论不能为全称判断。

15.答:该三段论为第四格 AAI 式。即

PAM
MAS
SIP

推导如下:

(1)已知大项在结论中不周延,所以结论必为肯定;

(2)由(1)知结论肯定,所以两前提均为肯定;

(3)由(2)知大前提肯定,且已知大项在前提中周延,所以大前提必为 PAM。

(4)中项 M 在大前提中不周延,在小前提中必周延,且小前提肯定,所以小前提为 MAS;

(5)小项 S 在前提中不周延,在结论中不得周延,且已推知结论肯定,所以结论为 SIP。

16.答:证(一):

(1)已知小前提否定,则大前提必肯定(因两个否定前提不能得结论);

(2)小前提否定,则结论必否定,结论中的 P 必周延;

(3)结论中的 P 周延,则大前提中的 P 也必须周延,又大前提为肯定判断,所以大前提必为全称肯定判断(I 判断主、谓项均不周延)PAM。

证(二):

大前提要么是 A 判断,要么是 E 判断,要么是 I 判断,要么是 O 判断;

如为 E 判断,则已知小前提否定,两否定前提不能得出结论,所以不能是 E 判断;

如为 I 判断,则已知小前提否定,结论必否定,结论中 P 周延,而 I 判断主、谓项均不周延,必犯"大项不当周延"的错误,所以不能是 I 判断;

如为 O 判断,则已知小前提否定,两否定前提不能得出结论,所以,不能是 O 判断;

综上所述,大前提只能是 A 判断。

17. 答:P ——M

$$\frac{M——S}{S——P}$$

(1)证明:第四格的大前提不能是 O 判断。①如大前提为 O 判断,则结论必否定(根据规则⑤),结论中 P 周延;②结论中 P 周延,则要求大前提中的 P 也必须周延,而大前提为 O 判断,主项 P 是不周延的,所以必犯"大项不当周延"的错误;

(2)证明:第四格的小前提也不能是 O 判断。①如小前提为 O 判断,则大前提必为全称肯定判断 PAM(根据规则④⑥);②大前提为 PAM,则 M 在大前提中不周延,在小前提中必周延,而小前提为 O 判断,主项是不周延的,所以必犯"中项两次不周延"的错误。

所以,三段论第四格的大小前提都不能是 O 判断。

18. 答:证明:

(1)如小前提为 E 判断,则结论必为否定判断;

(2)如结论否定,则结论中的 P 周延;

(3)如结论中 P 周延,则大前提中 P 必周延;

(4)如大前提为特称判断,则 P 不能是主项(特称判断的主项不周延);

(5)如作大前提的谓项,又须周延,则大前提为否定判断,但两否定前提不能得结论。

所以,一个有效三段论的小前提为 E 判断,其大前提不能是特称判断。

19.证明:

小前提为 O 判断的有效三段论必定是第二格。

小前提为 O 判断的有效三段论或为第一格,或为第二格,或为第三格,或为第四格;

如第一格,则违反"小前提必肯定"的规则,故不能是第一格;

如第三格,则违反"小前提必肯定"的规则,故不能是第三格;

如第四格,则违反"任何一个前提都不能是特称否定判断"的规则,故不能是第四格。

所以,必定是第二格。

20.证明:若 A 与 B 均真,则 C 假。

以 A 为大前提,以 B 为小前提,可推出结论 D"所有精通数学的不是精通逻辑的"。根据有效推理的性质,前提 A 与 B 均真,则结论 D 必真。

而 D 与 C 矛盾,D 真,根据矛盾律,C 必假。所以 A 与 B 真,则 C 假。

以 A 为大前提:PAM

以 B 为小前提:MES   C 为:SIP

得结论 D: $\overline{SEP}$ $SEP \leftrightarrow \overline{SIP}$

21.证明:

①由(1)PES 换位可得 SEP,而 $SEP \leftrightarrow \overline{\overline{SIP}}$(4)

②由(2)与(4)运用充分条件假言推理否定后件式,可得 $\overline{MOP}$,

361

而 $\overline{\text{MOP}} \leftrightarrow \text{MAP}(5)$

③(5)与(3)作三段论推理,可得:SIP

④由(1)得 SEP,而由(1)、(2)与(3)又得 SIP,相互矛盾,不可同真,所以,同时肯定(1)、(2)、(3),违反矛盾律要求。

附录二 综合训练参考答案

综合训练(一)参考答案

一、填空题

1. 逻辑常项、变项;变项、常项。

2. 概念的限制,概念的概括。

3. 全称否定,特称肯定。

4. S真包含P,交叉,全异。

5. 矛盾。

6. 真,假。

7. 二 ,三。

8. p.

二、单项选择题

1. B. 2. A. 3. C. 4. B. 5. C. 6. C. 7. A. 8. B.

三、双项选择题

1. C,D. 2. B,D. 3. B,C. 4. B,C. 5. B,D. 6. B,C.
7. B,D. 8. A,C.

四、多项选择题

1. A,D,E. 2. A,C,D,E. 3. A,D. 4. B,C.

五、图表题

1.答：

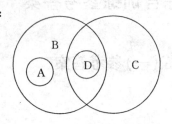

2.答：设 p 代表："有健壮的体魄"；q 代表："加强体育锻炼"，则

A.p→q B.¬(¬q∧p)

列表如下：

p	q	¬q	p→q	¬q∧p	¬(¬q∧p)
T	T	F	T	F	T
T	F	T	F	T	F
F	T	F	T	F	T
F	F	T	T	F	T

由表可知，A,B 两判断等值。

3.答：设 p 表示"小张在浙江大学"，q 表示"小李在浙江工业大学"，则甲：p∧¬q，乙：p∨̇¬q，丙：¬p←q

p	q	¬p	¬q	p∧¬q	p∨̇¬q	¬p←q
T	T	F	F	F	T	F
T	F	F	T	T	F	T
F	T	T	F	F	F	T
F	F	T	T	F	T	T

由表可知，丁的判断是正确的，即甲、乙、丙三人的判断不能同真。

六、分析题

1.答：甲的说法违反了排中律的要求，因为他对"火星上有生物"

和"火星上无生物"这两个相互矛盾的判断都加以否定。乙的说法违反了矛盾律的要求,因为他对上述相互矛盾的判断都加以肯定。丙的说法是正确的。

2.答:关于"性质判断"的定义不正确,犯了"定义过窄"的逻辑错误,因为性质判断除了断定事物具有某性质外,还断定事物不具有某种性质。

另外,对性质判断的划分也是错误的,犯了"划分标准不同一"和"子项相容"的逻辑错误。

3.答:大徒弟用的是完全归纳推理,他剥了一笸箩里的每一颗花生,才得出"所有花生仁都有粉衣包着"的结论;二徒弟用的是不完全归纳推理,他只剥了一小部分花生就得出了同样的结论。

推理形式略(请读者参看《普通逻辑原理》第219页和第222页上的推理形式)。

七、综合题

1.答:证:根据 SAP 与 SIP 有差等关系,当 SIP 真时 SAP 真假不定,既然 SAP 真假不定,那么与 SAP 有矛盾关系的 SOP 的真假也是不定的。所以,当 SIP 真时,SOP 的真假是不定的。

根据 SAP 与 SIP 有差等关系,当 SIP 假时,SAP 就一定假。又根据 SAP 与 SOP 有矛盾关系,当 SAP 假时,SOP 就一定真。所以,当 SIP 假时,SOP 就一定真。

根据 SAP 与 SOP 有矛盾关系,当 SOP 真时,SAP 就一定假。又根据 SAP 与 SIP 有差等关系,当 SAP 假时,SIP 的真假不定,所以,当 SOP 真时,SIP 的真假不定。

根据 SAP 与 SOP 有矛盾关系,当 SOP 假时,SAP 就一定真,又根据 SAP 与 SIP 有差等关系,当 SAP 真时,SIP 就一定真,所以,当 SOP 假时,SIP 就一定真。

由以上证明可得知,对于 SIP 和 SOP 来说,当其中一个真时,则另一个真假不定。但是,当其中一个假时,则另一个一定为真。所以

SIP 与 SOP 有下反对关系。

2.设 A,B,C,D,E,F 分别代表科研小组 A,B,C,D,E,F 六位组员参加这个科研项目的研究。

根据已知条件,可构造下列推理过程:

(1)A→B　　　　　　前提
(2)¬C→D　　　　　前提
(3)(¬A∧C)→E　　前提
(4)¬E∨¬F　　　　前提
(5)F　　　　　　　前提
(6)¬E　　　　　　(4)、(5),相容选言推理
(7)¬(¬A∧C)　　　(3)、(6),充分条件假言推理
(8)A∨¬C　　　　　(7)等值式
(9)B∨D　　　　　　(1)、(2)、(8),二难推理

由上可知,或者 B 参加这个项目的研究,或者 D 参加这个项目的研究,或者 B 和 D 都参加这个项目的研究,即 B 和 D 中至少有一人参加这个项目的研究。

综合训练(二)参考答案

一、填空题

1.同一律、矛盾律和排中律。

2.规定的语词。

3.真包含、交叉。

4.传递。

5.论据、论题、推不出。

6.SA$\overline{P}$、真、$\overline{SIP}$。

7.大、马克思主义者都是实事求是的。

8.充分条件假言、肯定前件。

二、单项选择题

1. C. 2. C. 3. C. 4. C. 5. A. 6. A. 7. D. 8. C.

三、双项选择题

1. A, B. 2. A, C. 3. C, D. 4. B, D. 5. A, B. 6. A, D.
7. C, D. 8. B, D.

四、多项选择题

1. A, B, E. 2. A, B, D. 3. B, C, D, E. 4. A, E.

五、图表题

1. 答:

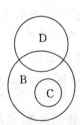

2. 答:设 p 代表"小张上场比赛",q 代表"小李上场比赛"。

(1)将条件与两个已知判断分别符号化:$\neg(p \wedge q)$,$\neg p \rightarrow q$,$\neg p \veebar \neg q$;

(2)列出真值表

p	q	$\neg p$	$\neg q$	$\neg(p \wedge q)$	$\neg p \rightarrow q$	$\neg p \veebar \neg q$
T	T	F	F	F	T	F
T	F	F	T	T	T	T
F	T	T	F	T	T	T
F	F	T	T	T	F	F

(3)由上表可知,当条件"$\neg(p \wedge q)$"满足时,判断 $\neg p \rightarrow q$ 和 $\neg p$

∨ ¬ q 是等值的,即这两个判断是同真同假的。

3.答:

p	q	¬ p	¬ q	p→q	¬ p ∨ ¬ q	p∧q
T	T	F	F	T	F	T
T	F	F	T	F	T	F
F	T	T	F	T	T	F
F	F	T	T	T	T	F

如表所示,当 p→q 与 q 仅有一真时,¬ p ∨ ¬ q 取值为假,p∧q 也取值为假。

六、分析题

1.答:工程师的要求可以表示为:如果按规定的工序生产,那么生产的产品合格。而工人的说法可以表示为:如果不按规定的工序生产,也能使生产的产品合格。两者是下反对关系,可以同真,所以工人的话并没有对工程师的要求构成反驳。

2.答:能必然推出"有 C 不是 B"。不能必然推出"有 B 不是 C",因为"大项不当周延"。

3.答:因为前提都是个别生物的属性,而结论是所有生物的一般属性,因此,这个结论是运用简单枚举归纳推理得出来的。

七、综合题

1.答:根据三段论规则,若 A,B 均为真,可推得"所有精通计算机的不精通语言学"为真,而这个结论与 C 相矛盾,若该结论为真,则 C 为假。因此,若 A,B 均为真,则 C 为假。

2.答:设 A 代表"A 去北京",B 代表"B 去上海",C 代表"C 去上海",D 代表"D 去北京",E 代表"E 去广州"。

根据已知条件,可构造如下推理过程:

(1)C∨B   前提

(2)¬ A→B   前提

(3)E←D∧A   前提

(4)C→D   前提

(5)¬B   前提

(6)A   (2)、(5)充分条件假言推理

(7)C   (1)、(5)相容选言推理

(8)D   (4)、(7)充分条件假言推理

(9)D∧A   (6)、(8)联言推理

(10)E   (3)、(9)必要条件假言推理

由上可知,E去广州。

综合训练(三)参考答案

一、填空题

1.逻辑常项,逻辑变项,逻辑常项。

2.反变,限制,概括。

3.交叉,反对。

4.差等,下反对。

5.真包含,交叉。

6.对称,反传递。

7.假。

8.矛盾,排中。

9.∧(并且)。

10.同一。

二、单项选择题

1.A.   2.C.   3.C.   4.C.   5.C.   6.C.   7.B.   8.B.

9.D.   10.C.

三、双项选择题

1.C,E.　2.D,E.　3.A,D.　4.A,D.　5.A,B.　6.C,D.

7.B,C.　8.B,D.

四、多项选择题

1.A,B,C,E.　2.A,C,E.　3.A,C,D.

五、图表题

1.答：

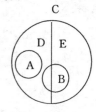

2.答：

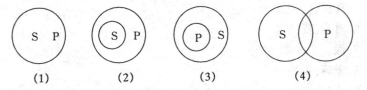

(1)　　　　　(2)　　　　　(3)　　　　　(4)

3.答：

p	q	A p→q	B p↔q	C p→￢q
T	T	T	T	F
T	F	F	F	T
F	T	T	F	T
F	F	T	T	T

当 A,B,C 三判断恰有一真两假时,甲上场,而乙没有上场。

4.答：

p	q	﹁p↔﹁q	p→﹁q
T	T	T	F
T	F	F	T
F	T	F	T
F	F	T	T

由表可知,A 不蕴涵 B。

六、分析题

1.答：断定一个复合判断为假,并不意味着断定其所有支判断为假。例如,不相容选言判断,它至少有一个选言支真,而且只能有一个选言支真,如两个选言支假,它是假的;如两个选言支真,它也是假的。

2.答：当 q 取值为真时,p 不论真、假,(p→q)都是真的,所以,当 q 真时,可以确定(p→q)∧q 取值为真。

3.答：

(1)因为 A 与 C 是反对关系,不能同真,必有一假。

(2)由(1)及题设,可知 B 是真的,可推得:甲班有人参加了公益活动。

(3)由(2)及题设,可知 C 假而 A 真,即"甲班所有人参加了公益活动",故可知"甲班班长参加了公益活动"。

4.答：

(1)论题:I 和 O 至少有一个是真的。

(2)论据:因为,如果……显然是不可能的。

(3)论证方式、方法:演绎论证,间接论证,用的是反证法,借用的是充分条件假言推理否定后件式。

七、综合题

1.答：

(1)由 C 可推得"S 不与 P 交叉",即"并非 S 与 P 交叉"(联言推理分解式)。

(2)由 C 可推得"S 不与 P 全异",即"并非 S 与 P 全异"(联言推理分解式)。

(3)由(1)与 A 可推得"并非 S 与 M 全异",即"有 S 是 M"(充分条件假言推理否定后件式)。

(4)由(2)与 B 可推得"P 与 M 全异",即"所有 P 不是 M"(必要条件假言推理否定前件式)。

(5)由(3)与(4)可推得"有 S 不是 P"(三段论第二格 EIO 式)。

(6)由(1)、(2)与(5)可推得"S 真包含 P"。

因此,S,M,P 三者的外延关系如下:

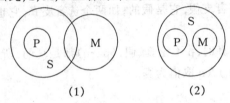

（1）　　　　　　（2）

2.答:

(1)设 A 的议论前半句真"甲当了律师",则 B 的议论全错,不合题意,故 A 的议论应是前半句假,后半句真,即"乙当了教师"。

(2)"乙当了教师"为真,则 C 的议论后半句假,而前半句真,即"甲当了厨师"。

(3)"甲当了厨师"为真,则 B 的议论前半句假,而后半句真,即"丙当了律师"。

3.答:

它必为第三格的 OAO 式。因为它或为第一格,或为第二格,或为第三格,或为第四格。

如第一格,根据格的规则,则大前提必全称,不合题意,故不可能是第一格;

如第二格,根据格的规则,则大前提必全称,也不合题意,故不可

能是第二格;

如第四格,根据格的规则,则大、小前提都不能是 O 判断,也与题意不合,故不可能是第四格;

所以,它必为第三格。

因为大前提是 O 判断,根据三段论规则,"两个否定前提不能得结论","两个特称前提不能得结论",所以小前提必为 A 判断。

又根据"前提中有一特称,结论必特称","前提中有一否定,结论必否定",结论为 O 判断。所以,应为 OAO 式。

综合训练(四)参考答案

一、填空题

1.￢p→￢q （或:p←q）。

2.全异关系。

3.有 B 不是 A。

4.矛盾。

5.真包含,交叉。

6.b$\overline{R}$a,a$\overline{R}$c。

7.假、真、真、真。

8.间接论证,间接反驳。

9.第二,第三,第四。

10.完全归纳推理,不完全归纳推理。

二、单项选择题

1.D. 2.C. 3.D. 4.D. 5.D. 6.B. 7.B. 8.C.

9.C. 10.B.

三、双项选择题

1.C,D. 2.A,E. 3.D,E. 4.A,D. 5.B,C. 6.A,D.

7. C, E.   8. A, D.

四、多项选择题

1. A, C, D, E.   2. A, B, D, E.   3. A, B, C, D.

五、图表题

1. 答:

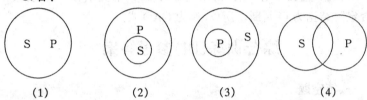

(1)　　　　(2)　　　　(3)　　　　(4)

2. 答:

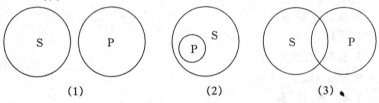

(1)　　　　　　(2)　　　　　(3)

3. 答:

p	q	p→q	p↔q
T	T	T	T
T	F	F	F
F	T	T	F
F	F	T	T

由表可知,当小吴、小田中,只有一人说对时,甲不是第一,丙不是第二。所以,应是乙为第一,丙为第二,甲为第三。

4.答:

p	q	p→q	p↔q	p∧q	﹁p∨﹁q
T	T	T	T	T	F
T	F	F	F	F	T
F	T	T	F	F	T
F	F	T	T	F	T

由表可知,当"p→q"与"p↔q"均假时,A为假,B为真。

六、分析题

1.答:当S与P具有交叉关系时,以S为主项,以P为谓项可作"SIP"和"SOP"两个取值为真的性质判断。其中SIP可作有效的换位推理:SIP→PIS。

2.答:断定一个充分条件假言判断为真,意味着断定其前后件的真假情况有以下三种情况:

(1)前件与后件都是真的;

(2)前件与后件都是假的;

(3)前件假而后件真。

所以,断定一个充分条件假言判断为真,并非断定了其所有支判断为真。

3.答:论题:对于有效三段论而言,如果一个项在结论中不周延,那么该项在前提中也不周延。

论据:因为,在有效三段论中,如果一个项在前提中不周延,那么该项在结论中不得周延。

论证方式:演绎论证。借用充分条件假言推理。但该论证不正确,犯了"推不出"的逻辑错误。因为它违反了充分条件假言推理规则"肯定后件不能肯定前件"。

4.答:求同法的特点是:异中求同。求异法的特点是:同中求异。

两种方法的注意点是不同的。

运用求同法,要求比较的场合尽可能多,而且应注意除已发现的共同情况外,还有没有其他共同的情况。

运用求异法,要求除一个情况不同外,其他情况必须完全相同。同时要注意,这个惟一不同的情况,对被研究现象来说,是整个原因,还是仅仅为部分原因。

七、综合题

1. 答:设 p 为"甲试验成功",q 为"乙试验成功",推导过程如下:

①由(2)得"必然￢p"(5)(负判断等值推理)。

②由(3)得"可能 p"(6)(负判断等值推理)。

③(5)与(6)为矛盾关系,必为一真一假。

④由③与题意可知(1)与(4)必为一真一假。

⑤若(4)真,则(1)真,不合题意,所以(4)必假,而(1)真。

⑥由(4)假可得:￢q(7)。

⑦由(1)真且(7)可推得:p(相容选言推理否定肯定式)。

所以,甲试验成功,而乙的试验没有成功。

2. 答:设"小赵报数学专业"为 p,"小李报医学专业"为 q。

(1)￢p→q

(2)￢q

①由(1)与(2)可推得:p,即小赵报数学专业(充分条件假言推理否定后件式)。

②小李或报数学专业,或报医学专业,或报中文专业,现小李不报数学专业,也不报医学专业,所以是报中文专业。

③由①与②可知小孙报医学专业。

3. 答:

已知:两前提中只有一个项周延。

求证:

结论必为 I 判断。

解:

结论或为 A 判断,或为 E 判断,或为 I 判断,或为 O 判断。

如结论为 A 判断,则 S 在结论中周延,那么 S 在前提中也必须周延,前提必须有两个周延的项,与题意不符合(根据三段论规则(2)、(3));

如结论为 E 判断,则 S 与 P 在结论中均周延,在前提中也必须周延,那么前提中必须有三个周延的项,与题意不符合(根据三段论规则(2)、(3));

如结论为 O 判断,则 P 在结论中周延,在前提中也必须周延,那么前提中也必须有两个周延的项,亦与题意不符合(根据三段论规则(2)、(3));

所以结论必为 I 判断。

它可以是第一格的 AII 式,第三格的 AII 式、IAI 式,第四格的 IAI 式。

综合训练(五)参考答案

一、填空题

1. 所有,是;S,P。

2. 属种(真包含),全异。

3. 特称,否定。

4. 真,假。

5. 真。

6. 真包含于,矛盾。

7. 真。

8. 二,AOO。

二、单项选择题

1. D.　2. B.　3. A.　4. D.　5. B.　6. D.　7. C.　8. C.

三、双项选择题

1. A,D. 2. A,E. 3. D,E. 4. A,D. 5. A,E. 6. C,D. 7. D,E. 8. A,D.

四、多项选择题

1. A,B,C,D,E. 2. A,B,D,E. 3. A,C,D,E. 4. A,B,E.

五、图表题

1. 答:

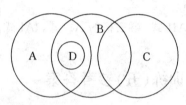

2. 答:

p	q	p→q	p↔¬q	p∨¬q	p∨q
T	T	T	F	T	T
T	F	F	T	T	T
F	T	T	T	F	T
F	F	T	F	T	F

由表可知当"p→q"和"p↔¬q"均真时,"p∨¬q"为假,"p∨q"为真。

3. 答:

p	q	p→¬q	p∨¬q	p∧¬q
T	T	F	T	F
T	F	T	T	T
F	T	T	F	F
F	F	T	T	F

由表可知,当 A,B,C 三判断中,恰有两个为真时,可看出,甲不懂英语,乙也不懂英语。

六、分析题

1.答:科学归纳法是根据某类部分对象与某种属性之间具有因果联系,从而推出某类对象都具有某种属性的结论的归纳推理。与简单枚举法有明显的区别:

(1)两者得出结论的根据不同。简单枚举法的根据仅仅是现象的多次重复,没有遇到反例;而科学归纳法要进一步分析现象之间的因果联系。

(2)两者考察的部分对象的数量不同。简单枚举法要求数量多些,结论才可靠些。而科学归纳法不要求数量多,但要求准确把握现象间的因果联系。

(3)两者结论的可靠性不同。科学归纳法的结论比简单枚举法的结论可靠性高些。

2.答:丙的议论违反了排中律的要求。因为甲与乙的议论是两个具有矛盾关系的判断,丙对两者同时否定,就违反了排中律的要求。

3.答:三个公式均未正确表达共变法。

因为:

(1)先行情况未变,而被研究现象变了。不是共变。

(2)其他情况没有完全相同,第三场合有其他情况变了。

(3)先行情况中变化的是 C,但结论说 A 与 a 有因果联系。

七、综合题

1.答:证明:从两个特称前提不能得结论。两个特称前提外四种情况:或"II",或"OO",或"IO",或"OI"。

如果是 II 作前提,则前提中没有一个项是周延的,必违反"中项至少周延一次"的规则;

如果是 OO 作前提,则违反"两个否定前提不能得结论"的规则;

如果是"IO"或"OI"作前提,前提中有一个项是周延的(O 判断的谓项),但因为前提中有一个否定判断,结论必为否定判断(根据规则(5))。

如果结论为否定判断,结论中的 P 就周延,那么前提中的 P 也必须周延(根据规则(3))。

根据条件,前提中只有一个项是周延的。如这个周延的项是大项 P,则违反"中项至少周延一次"的规则;如这个周延的项是中项,则犯"大项不当周延"的错误。

所以,两个特称前提不能得结论。

论证中所用的论证方式为完全归纳论证,亦称分情况论证。

2.答:设"小周学日语"为 p,"小陈学日语"为 q,"小刘学日语"为 r。

①¬p∨¬q

②p←q

③r∧q

④¬p

(1)设④真,则①也真,与题设不符,故④假,得"小周学日语"为真⑤。

(2)⑤真,则②真,根据题设可知①、③均假。

(3)①假,即并非(¬p∨¬q),可推得"p∧q"⑥。

(4)③假,即并非(r∧q),可推得"¬r∨¬q"⑦。

(5)由⑥可推得:q⑧。

(6)由⑦与⑧可推得:¬r。

由上述的推导过程,可知:小周、小陈学日语,小刘不学日语。

综合训练(六)参考答案

一、填空题

1. 不变,可变,逻辑常项。

2. 非杭州人,上海人,中国人,杭州青年人(本题中的后三个答案不是惟一的)。

3. 内涵,外延。

4. 同一素材。

5. 真包含,交叉。

6. 对称,非传递。

7. 生病了,但没有发烧。

8. 真,假;假,真。

9. 第三,OAO。

10. 排中。

二、单项选择题

1. D. 2. D. 3. C. 4. C. 5. A. 6. D.

7. D. 8. D. 9. D. 10. B.

三、双项选择题

1. A,D. 2. A,D. 3. C,E. 4. B,C. 5. D,E. 6. A,E.

7. A,C. 8. B,D.

四、多项选择题

1. A,B,D. 2. B,C,D. 3. C,D,E.

五、图表题

1. 答:

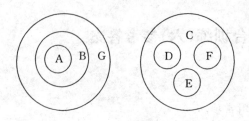

2.答：

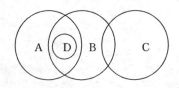

3.答：

p	q	p∨q	﹁p→﹁q	p→﹁q
T	T	T	T	F
T	F	T	T	T
F	T	T	F	T
F	F	F	T	T

据表可知,当小林获论文奖,而小陈没有获论文奖时,丁的话成立。

4.答：

p	q	﹁p→﹁q	p↔﹁q	p∨﹁q	﹁p∧q
T	T	T	F	T	F
T	F	T	T	T	F
F	T	F	T	F	T
F	F	T	F	T	F

据表可知:当"﹁p→﹁q"和"p↔﹁q"都真时,"p∨﹁q"真,"﹁p∧q"假。

六、分析题

1.答:这个三段论应是第四格 AAI 式。

(1)因为根据已知条件,该三段论大项在结论中不周延,所以结论必为肯定判断,由此可推出两个前提必为肯定判断(前提中有一否定,结论必否定)。

(2)又已知大项在前提中周延,大前提肯定,所以大前提必为PAM。

(3)中项在大前提中不周延,在小前提中必须周延,又小前提为肯定判断,所以小前提必为 MAS。

(4)小项在前提中不周延,结论为 SIP。

2.答:论题:食盐是化合物。

论据:因为食盐……都是化合物。

论证方式:演绎论证。论证中,用了三段论推理 AAA 式。

3.答:否定 B,即是肯定“甲上场而且乙也上场,”这与 A 不可同真。所以,肯定 A 而否定 B 违反矛盾律的要求。

4.答:

$$p \rightarrow s$$
$$q \rightarrow s$$
$$\underline{\neg p \vee \neg q}$$
$$所以 \neg s$$

也可以用横式:$((p \rightarrow s) \wedge (q \rightarrow s)) \wedge (\neg p \vee \neg q) \rightarrow \neg s$

不正确。因为二难推理不能从否定充分条件假言判断的前件,推出否定它的后件。

七、综合题

1.答:

(1)A 真包含于 B,可得:所有 A 都是 B。

(2)由“所有 A 都是 B,而且有 C 不是 B”,得“有 C 不是 A”(三段论)。

（3）由"有C不是A"，得"并非C真包含于A"。

（4）由"若C不真包含A，则C真包含于A"，与（3）得"并非C真包含于A"，可推得"C真包含A"（充分条件假言推理否定后件式）。

（5）A,B,C三个概念的外延关系图式如下：

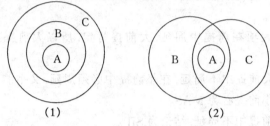

（1）　　　　　　　　　　（2）

2.答：D被录取了。推导过程和根据如下：

①已知（2）为假，根据充分条件假言判断的负判断的等值推理，可得"A没有被录取，B也没有被录取"，由此可推出"A没有被录取"（5）。

②由（3）和（5），根据充分条件假言推理否定后件式，可推出"C被录取了"（6）。

③由（4）和（6），根据必要条件假言推理肯定后件式，可推出"D被录取"了。

3.答：结论为A判断的有效三段论，要么是第一格，要么是第二格，要么是第三格，要么是第四格。

如果是第二格，则结论必否定，而题设结论为A判断，所以不是第二格。

如果是第三格，则结论必特称，而题设结论为A判断，所以也不是第三格。

如果是第四格，则违反第四格格的规则⑤，所以也不是第四格。

所以，结论为A判断的有效三段论，只能是第一格。

综合训练(七)参考答案及解题分析

一、单项选择题

1.D.

解题分析:

本题旨在测试集合概念与非集合概念的知识,"我国古典小说"在前一判断中,反映的是对象类,因此是非集合概念,而在后一判断中反映的是集合体,因此是集合概念。

2.B.

解题分析:

本题关键是要搞清划分与分解的区别。划分是把一个属概念分成几个种概念,被划分的概念与划分后所得到的种概念之间必须具有属种关系。分解则是把整体分成部分,A,C,D都不具有划分的性质,只有 B 才是正确的。

3.B.

解题分析:

本题首先应明确给出的性质判断是特称肯定判断,因为它的量项和联项分别为"有的"和"是"。然后再根据"周延"的定义,可判定其主、谓项都不周延。

4.A.

解题分析:

本题首先应搞清楚"参加这次长跑比赛的不都是退休工人",可改写为"参加这次长跑比赛的有些不是退休工人"(SOP);"参加这次长跑比赛的没有一个是退休工人",可改写为"参加这次长跑比赛的都不是退休工人"(SEP),然后,根据性质判断对当关系的知识,就可以知道,SOP 与 SEP 之间是差等关系,亦即是可能同真、可能同假的关系。

5.C.

解题分析：

"……是战友"，反映"老王"与"老李"之间的关系，不是反映"老王"或"老李"作为个体所具有的性质。同时，我们也不能将"老李和老王是老战友"理解为"老李是老战友并且老王是老战友"，所以，选择 A，B，D 都不对。

6．B．

解题分析：

根据模态判断间的对当关系，"可能 p"与"必然不 p"是一真一假的矛盾关系，由"可能 p"真可以推出"必然不 p"为假。因此，应选择 B。

7．D．

解题分析：

"任何语句都不表达判断"（SEP）与"任何语句都表达判断"（SAP）这两个判断之间是反对关系，它们不同真，可同假。所以，对这两个判断同时都加以否定是可以的，并不违反逻辑规律的要求。选 B，C 都不正确，因为违反矛盾律要求的表现是，在同一思维过程中，同时肯定两个具有矛盾关系或反对关系的判断；违反排中律要求的表现是，在同一思维过程中，同时否定两个具有矛盾关系的判断。

8．B．

解题分析：

根据复合判断之间关系的知识，我们很容易判明 A 组判断间具有矛盾关系（可用真值表方法）；C 是单称肯定与单称否定，为矛盾关系。D"没有 S 不是 P"即为"所有 S 是 P"，所以，"有的 S 不是 P"与"没有 S 不是 P"也为矛盾关系。

9．A．

解题分析：

类比推理是在"A"、"B"两类对象之间进行的。如果是某类与该类所属的个体对象作比较，实际上就不是两类对象之间的类比了。

10．C．

解题分析:

反证法与归谬法既有异又有同,异主要表现在:前者用于证明,它首先假定论题为假;后者用于反驳,它首先假定论题为真。但它们也有共同性,这就是两者都运用了充分条件假言推理的否定后件式。

二、多项选择题

1. A, B, C, D.

解题分析:

本题主要测验考生对复合判断间等值关系的知识。我们可以运用真值表方法判定,或者运用复合判断间等值转换的知识,给以正确的选择。

2. B, C, E.

解题分析:

本题涉及对当关系推理和换质、换位、换质位的知识,"有的工人不是党员"(SOP)。依据对当关系推理,可知选择 A 不正确,选择 B 是正确的。根据换质和换质位的知识,可知选择 C, E 是正确的。O 判断不能换位,所以,选 D 是错误的。

3. A, C, D.

解题分析:

本题对错分析的依据是三段论的一般规则,或三段论各格的特殊规则,B, E 分别犯了"大项不当周延"、"中项不周延"的错误。A, C, D 均符合三段论的规则。值得注意的是:在两个前提中有一个特称,则结论特称。但结论特称,并不意味着前提中必须有特称,换句话说,从两个全称前提得出特称结论也是可以的,选 A 并不违反三段论的规则。

4. B, D, E.

解题分析:

A, C 分别为充分条件假言推理的否定前件式和肯定后件式,故都不正确。B 首先依据充分条件假言推理的"肯定前件到肯定后件"

的规则,由"如果甲不去工厂调查,则乙和丙也都不去工厂调查"和"甲不去工厂调查",可得"乙和丙也都不去工厂调查",然后再由联言分解可得"丙也不去工厂调查",所以正确。D 是充分条件假言推理的否定后件式,也正确。E 实际上涉及充分条件假言判断与必要条件假言判断的等值转换。因为"¬p→¬q∧¬r"与"¬q∧¬r←¬p"是等值的,所以,由前者推出后者是正确的。

5. B,D.

解题分析:

参看单项选择题第 7 题的解题分析。

三、填空题

1. 单独。

2. 判断本身是否包含其他的判断。

3. 全异。

4. A 是 A 或 p→p。

5. 反对。

6. 或者小王去车站,或者小陈去车站。

7. 或然性推理。

8. 包含着一个共同项,有的 C 不是 B。

9. 真实性尚待验证。

10. 矛盾。

四、图解题

1. 答:

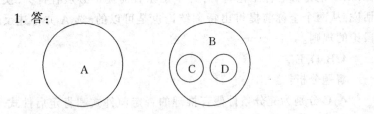

2. 答:

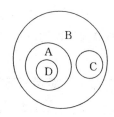

五、表解题

答:

p	q	¬p	¬q	p←¬q	¬(p←¬q)	¬q∧¬p
T	T	F	F	T	F	F
T	F	F	T	T	F	F
F	T	T	F	T	F	F
F	F	T	T	F	T	T

由表可见,"并非只有 p 才非 q"与"非 q 并且非 p"这两个判断是等值的。

六、分析题

1.答:这个定义不正确。它犯了"定义过窄"的错误。

2.答:这个推理不对。它违反了"中项至少要周延一次"这条三段论的规则,犯了"中项不周延的错误"。

"并非这个教研室有些教师没有学过数理逻辑"等值于"这个教研室的教师都是学过数理逻辑的"。中项"学过数理逻辑的"在大前提中是特称判断的主项,不周延;在小前提中是肯定判断的谓项,也不周延。

3.答:在这段对话中,老周的话违反了矛盾律的要求,犯了"自相矛盾"的错误。

他先断定流传下来的民间故事有些没有教育意义;后又断定流传下来的民间故事都有教育意义,因而实际上是同时肯定了两个互相矛盾的判断。

4．答：这里是运用求同法（契合法）得到结论的。

求同法一般形式是：

场合	相关情况	被研究现象
(1)	A, B, C	a
(2)	A, D, E	a
(3)	A, F, G	a
……	………	……

所以，A情况是a现象的原因（或结果）

5．答：用p代表"某人精通桥牌比赛的规则"，q代表"某人精通围棋比赛的规则"。这样，已知为假的判断形式是p→q。

(1)的判断形式是q∧p；

(2)的判断形式是￢q→p；

(3)的判断形式是￢p∨￢q。

p	q	￢p	￢q	p→q	q∧p	￢q→p	￢p∨￢q
T	T	F	F	T	T	T	F
T	F	F	T	F	F	T	T
F	T	T	F	T	F	T	T
F	F	T	T	T	F	F	T

从真值表的第二行可见，当(p→q)为假时：

(1)(q∧p)为假；

(2)(￢q→p)为真；

(3)(￢p∨￢q)为真。

6．答：它的大前提是PAM。

因为根据"两个否定前提不能得结论"和"两个特称前提不能得结论"的规则，大前提必须是A判断。A判断作为大前提有两种可能的情况，MAP和PAM，如果是MAP，则犯"大项不当周延"的错误，因为在MAP中，P不周延，但是由于小前提否定，结论必否定，结论否定则P在结论中周延。而以PAM作为大前提是符合三段论的一般规则的。

八、综合题

1.答:丙讲的是真话。某科研小组18位研究人员都掌握了计算机语言。

具体的推导过程如下:

(1)甲表达的是O判断,丙表达的是I判断,两者是下反对关系,必有一个是真的。

(2)根据题设"只有一句真话",可知乙是假话,乙讲假话,就可推知陈强、谢明和杨华都掌握了计算机语言。

(3)既然陈强、谢明和杨华掌握了计算机语言,那么丙所表达的I判断就是真的,所以丙讲的是真话。

(4)丙讲真话,并且"只有一句真话",所以,甲讲的是假话,甲表达的是O判断,由O假,根据矛盾关系可推知A真,即:某科研小组所有的研究人员(18位)都掌握了计算机语言。

2. 答:周老师、钱老师、赵老师来值班;陈老师和李老师不来值班。

具体的推导过程是:

(1)以B和题设"孙老师不来值班"为前提,应用充分条件假言推理否定后件式和否定选言得联言的等值推理,可以得出"钱老师和周老师都来值班"的结论。

(2)以A和"周老师来值班"为前提,应用必要条件假言推理的肯定后件式,可得出"陈老师不来值班"的结论。

(3)以D和"陈老师不来值班"为前提,应用充分条件假言推理肯定前件式,可以得出"周老师和赵老师都来值班"的结论。

(4)以C和"赵老师来值班"为前提,应用相容选言推理的否定肯定式,可得"李老师不来值班"的结论。

综合训练(八)参考答案及解题分析

一、单项选择题

1.D.

解题分析:

这是以选择形式出现的试题,目的在于考查考生对于集合概念和非集合概念的掌握情况。要正确地判定一个语词所表达的是集合概念还是非集合概念,首先要搞清楚它们各自的特点。集合概念所反映的对象是事物的群体,构成群体的个体并不一定具有该群体的属性,而非集合概念所反映的对象是事物的类,属于这个类的每一分子一定都具有该类的属性。据此,我们可以判定"我国的高等院校是分布在全国各地的"中的"我国的高等院校"这个语词表达的是集合概念。第二,要注意分析语词所处的语言环境(简称为语境)。同一个语词在不同的语境中,有时表达集合概念,有时表达非集合概念。表达集合概念的语词不可以分举,而表达非集合概念的语词可以分举。例如,"工人"作为表达非集合概念的语词可以分举小李、小林、老赵、老王,等等。我们可以说"小李是工人","小林是工人","老赵是工人","老王是工人"等等。"工人阶级"作为表达集合概念的语词不可以分举小李、小林、老赵、老王等等。我们不可以说"小李是工人阶级"、"小林是工人阶级"、"老赵是工人阶级"、"老王是工人阶级"等等。据此,我们可判定"北京大学是我国的高等院校"中的"我国的高等院校"这个语词表达的是非集合概念。

2.C.

解题分析:

性质判断中的主项和谓项的周延性问题的知识,在普通逻辑中,特别是在三段论推理中,是必须掌握的基本知识。这一选择题的命题目的就在于考查考生对于性质判断主项和谓项的周延性的掌握情况。正确地回答此类问题,应在理解周延与不周延的含义的基础上,注意这样两点:第一,判定一个性质判断的主项是否周延,就看它的量项是什么,如果这一性质判断的量项是全称量项,它的主项就是周延的,如果是特称量项,则它的主项是不周延的。单称判断同全称判断,它的主项总是周延的。第二,判定一个性质判断的谓项是否周延,就看这一性质判断的联项是肯定的还是否定的,如果是肯定的,则这一性质判断的谓项总是不周延的,如果是否定的,则这一性质判断的谓项总是周延的。

3.B.

解题分析:

判断之间的真假关系是普通逻辑所讨论的一种基本的逻辑关系。本题的命题目的在于考查考生是否掌握性质判断之间的对当关系以及性质判断的负判断与性质判断之间的等值关系。正确地回答此类问题,第一,先将性质判断的负判断等值变换为性质判断。"并非某商店的洗衣机都是上海产的"可以等值变换为"某商店有些洗衣机不是上海产的"。第二,检查不同类型的性质判断,它们的主项以及谓项的素材是否相同。如果素材相同,那么,进而就可以根据性质判断间的对当关系的有关知识,判定它们的真假关系。"某商店没有一台洗衣机是上海产的"这一语句表达的是全称否定判断,它以"某商店的洗衣机"为主项,以"上海产的"为谓项;"某商店有些洗衣机不是上海产的"这一特称否定判断与上面这一全称否定判断具有相同的素材,因而两者之间为差等关系,即可能同真,可能同假。由于"并非某商店的洗衣机都是上海产的"等值于"某商店有些洗衣机不是上海产的",因此,"某商店没有一台洗衣机是上海产的"和"并非某商店的洗衣机都是上海产的",这两个判断之间的关系是"可能同真,可能同假"的关系。

4.D.

解题分析:

模态逻辑的内容在普通逻辑的范围内,并不是重点的内容,但模态判断之间的真假关系的知识是一种最基本的知识,是应当掌握的。

本题的命题意图就在于考查考生是否掌握了模态判断之间的真假关系的知识,如果掌握了模态判断之间的对当关系,就能正确地回答此类问题。

5.C.

解题分析:

这一题的目的在于考查考生掌握逻辑规律的内容和要求方面的知识的情况。与本题直接相关的是有关排中律的内容和要求方面的知识。排中律的基本内容是说,在同一思维过程中,两个互相矛盾的思想必有一个是真的。因此,它要求人们不能同时否定两个互相矛盾的思想,不能认为这一个是不对的,与此相矛盾的那一个也是不对的。本题中"有的真理没有阶级性"与"任何真理都有阶级性"是两个互相矛盾的性质判断,必有一真。说前者不对,后者也不对,这就违反了排中律的要求。

6.B.

解题分析:

关系判断和关系推理在普通逻辑的范围内虽然也并非重点内容,但关系性质的知识属于最基本的知识,是应掌握的。本题的命题意图就在于考查考生掌握关系性质的知识的情况,如果掌握了关系性质的知识,如关系的对称性、反对称性、非对称性以及关系的传递性、反传递性、非传递性,那么对于此类问题就可以正确地回答了。

7.B.

解题分析:

复合判断和复合判断的负判断之间的等值关系是一种很重要的逻辑关系,掌握了这种逻辑关系,我们就可以知道,要否定某一种复合判断,应该给出什么样的复合判断。本题的命题目的就在于考查考生是否掌握了复合判断和复合判断的负判断之间的等值关系的知识。同本题相关的是联言判断和相容选言判断的负判断之间的等值关系,判定它们之间是否具有等值关系,要领在于看联言判断中的支判断,和相容选言判断的负判断中的支判断是否互为矛盾关系,如果支判断互为矛盾关系,那么,这两个复合判断等值。在本题中,"郑宏不会打桥牌"和"郑宏会打桥牌","郑宏不会下围棋"和"郑宏会下围棋",都是互为矛盾关系,由此可以认定"郑宏既不会打桥牌又不会下围棋"和"并非郑宏或者会打桥牌或者会下围棋"等值。

8.C.

解题分析:

本题的目的在于考查考生是否掌握了性质判断和性质判断的负判断之间的等值关系。如果性质判断和负判断中的原判断(性质判断)互为矛盾关系,那么这个性质判断和那个负判断之间就为等值关系。因此,只要掌握了性质判断之间的矛盾关系,也就不难正确地回答此类问题了。SAP 与 SOP、SEP 与 SIP 均为矛盾关系,因此,任何一方的否定就等值于另一方。

9.D.

解题分析:

本题的目的在于考查考生是否了解完全归纳推理和不完全归纳推理不同的推理根据,完全归纳推理的根据在于前提中断定了某类的每一个对象具有(或不具有)某种属性,而不完全归纳推理的根据是在于前提中只断定了某类中的部分对象具有(或不具有)某种属性,掌握了两者不同的推理根据,也就不难回答这类问题了。

10.C.

解题分析:

本题的目的是考查考生掌握论证规则的知识的情况。论证的过程实际上也就是推理的过程。遵守"从论据应能推出论题"这一规则,实质上也就是要遵守推理的规则,违反了推理的规则,也就违反了论证的这条规则,就会犯"推不出"的逻辑错误。本题中的论证过程,实际上就是充分条件假言推理的过程,它违反了"否定前件不能就否定后件"的规则,因此这个论证所犯的错误是"推不出"。

二、多项选择题

1. A, B, C, E.
解题分析：

概念外延间的关系是概念部分的重点内容之一。本题的命题意图就在于考查考生对概念间的关系及其图示的掌握情况。要正确地回答此类问题，首先必须理解掌握两个概念间的五种基本关系。即全同关系，真包含于关系，真包含关系，交叉关系和全异关系，以及它们的图示。如果试题给出的是 a, b, c 三个概念间的关系。那么先要明确 a 与 b, a 与 c, b 与 c 之间的关系各是什么关系，如本题图示中的 a 与 b 为交叉关系，a 与 c 为全异关系，b 与 c 为交叉关系，然后结合试题给出的概念组的具体内容，逐组进行分析判定。概念组 A "西装"与"中山装"之间为全异关系，"戏装"与"西装"、"中山装"之间的关系均为交叉关系；概念组 B "大学生"与"中学生"之间为全异关系，"女青年"与"大学生"、"中学生"之间的关系均为交叉关系；概念组 C "单称判断"与"全称判断"之间为全异关系，"肯定判断"与"单称判断"、"全称判断"之间的关系均为交叉关系；概念组 E "玩具"与"文具"之间的关系为全异关系，"塑料制品"与"玩具"、"文具"之间的关系均为交叉关系。以上各个概念组内部的三个概念间的关系与图示的关系完全符合。因此，都是选择的对象。概念组 D "物理学家"与"生物学家"之间的关系为交叉关系，"科学家"与"物理学家"、"生物学家"之间的关系，均为真包含关系。不符合图示的关系，所以，不应选 D。

2. B, C, E.
解题分析：

本题目的在于考查考生对概念的限制方法的掌握情况。概念的限制和概念的概括一样，都是依据属种概念间的内涵和外延的反变关系而进行的，因此，回答此类试题，要看被限制（或被概括）的概念与限制后（或概括后）的概念是否具有属种关系，不具有属种关系，就不是正确的限制(或概括)。本题中,"机动车辆"(集合概念)与"吉普车"(非集合概念)、"杭州"与"西湖"、"杭州的历史"与"西湖的历史"之间均不是属种关系,因而都是不正确的限制。能够构成属种关系的两个概念中,至少有一个应是普遍概念,而"杭州"、"西湖"(在此特指杭州西湖)、"杭州的历史"、"西湖的历史"均不是普遍概念,因此不可能构成属种关系。

3.B,C,D,E.

解题分析:

本题的命题目的是综合考查考生掌握运用性质判断变形法的直接推理和依据"逻辑方阵"中判断间的对当关系进行的直接推理的情况。正确地回答此类问题,要注意以下几点:

第一,运用换位法进行的直接推理,要注意遵守这样一条规则:"换位判断的主项与谓项都不能扩大原判断中的周延性情况。即原不周延的项换位后仍不得周延",如果违反了这一规则,就不能从真前提出发,必然地推出真结论。结合性质判断主项和谓项的周延性情况,要注意的是 SAP 形式的判断只能限制换位为 PIS 形式的判断,因此,备选答案 A 是不成立的,而备选答案 B 是符合规则的。

第二,要正确地进行"对当推理",必须搞清楚性质判断间的各种对当关系,即反对关系、矛盾关系、差等关系和下反对关系的含义和它们的特点。例如,反对关系和矛盾关系有一个共同的特点。即不能同真,因此,可以由真推假,即已知一方为真,可推知与它相反对的或者相矛盾的另一方必假。据此就可以判定备选答案 D 和 E 都是正确的。

4.B,D.

解题分析:

三段论在普通逻辑中是一个十分重要的部分。本题是以选择题的形式,考查考生是否熟练地掌握了三段论推理。正确地回答此类问题,必须掌握三方面的逻辑知识:一是三段论的组成方面的知识;二是三段论的一般规则的知识;三是性质判断的主项和谓项的周延性的知识。如果进一步掌握了三段论的格以及各格的特殊规则的知识,当然会有助于更迅速地作出正确的判定。

5. A, B, E.

解题分析:

本题是以选言判断本身的逻辑知识为素材,考查考生是否掌握了概念的内涵方面的逻辑知识。概念的内涵是指反映在概念中的对象的特有属性或本质属性。在本题中,讨论的对象是"选言判断"、"相容的选言判断"、"不相容的选言判断"。备选答案(A)、(B)、(E)分别揭示了对象的本质属性,从概念的角度分析,也即分别说明了它们的内涵。

三、填空题

1. 通过减少概念的内涵来扩大概念的外延。

解题分析:

本题是以填空形式出现的试题,其目的在于考查考生对概念的概括方法的掌握情况。概念的概括是由种概念过渡到属概念,以属种概念之间的内涵与外延的反变关系为依据的,因此,它可以通过减少种概念的内涵以扩大它的外延,从而达到属概念。

2. 矛盾关系,反对关系。

解题分析:

本题是考查考生对于矛盾律的掌握情况。具有矛盾关系和反对关系的判断,其共同的特点是不能同真,因此,在同一思维过程中,不应该承认它们都是真的,否则就会出现自相矛盾的错误。"矛盾关系"和"反对关系"是掌握矛盾律的基本内容和逻辑要求的两个知识要点。

3. 矛盾关系。

解题分析:

本题是考查考生对于排中律的掌握情况。具有矛盾关系的判断,除了上面所说的"不能同真"的特点外,还具有"不能同假"的特点,因此,必须承认其中一个是真的,否则就会出现"模棱两可"的错误。"矛盾关系"是掌握排中律的基本内容和逻辑要求的一个知识要点。

4.全异。

解题分析:

本题是考查考生对于性质判断主项和谓项的外延关系的掌握情况。性质判断主项和谓项的外延关系共有五种,即全同关系、真包含关系、真包含于关系、交叉关系和全异关系。正确地回答此类问题,必须掌握四种基本的性质判断,即 SAP,SEP,SIP,SOP 的真值情况,即 S 与 P 之间处于何种关系时为真,处于何种关系时为假的情况,明确这一点,也就不难回答此类试题了。

5.差等。

解题分析:

本题是考查考生对于性质判断间对当关系的掌握情况。要注意的是构成对当关系的性质判断的素材,即主项和谓项应分别相同。在本题中,$\overline{S}E\overline{P}$ 和 $\overline{S}O\overline{P}$,它们的主项均为 $\overline{S}$,它们的谓项均为 $\overline{P}$,即素材相同,因此,两者是差等关系。同理,$\overline{P}ES$ 和 $\overline{P}OS$ 也是差等关系。

6.并非"他既不买电冰箱,也不买电视机";他或者买电冰箱,或者买电视机。

解题分析:

复合判断间的等值关系,是普通逻辑中的一个重点,也是一个难点。逻辑考试的命题要求在试题中应有一定比例的难题。本题正是根据这种要求而设计的。正确地回答此类试题的基础是熟练地掌握教科书中关于复合判断的负判断及其等值判断方面的知识,在此基础上,再进一步掌握它的变换。例如,教科书给出了充分条件假言判断的负判断及其等值判断的公式:$\neg(p \rightarrow q) \leftrightarrow p \wedge \neg q$,如果等值式的两端都加以否定,就可以变为 $p \rightarrow q \leftrightarrow \neg(p \wedge \neg q)$,其中 p 表示"他不买电冰箱",q 表示"他买电视机"。经过这一变换和解释,就可以正确地回答本题中的第一个空格了。如果将上面的联言判断的负判断再等值变换为相容选言判断,那么第二个空格的填写也就不难了。

7.蕴涵。

解题分析:

根据前提和结论之间是否有蕴涵关系把推理分为必然性推理和或然性推理,这是现代逻辑对推理的一种分类,是学习推理分类应当知道的一种分类方法。本题的命题意图就在于此,

8.有些 S 是 P。

解题分析:

本题也是考查对于三段论推理的掌握情况。在本题中,值得注意的是"没有……不是……"这种语句表达式,所表达的是 A 判断,而不是 E 判断,也不是 O 判断,因此,本题结论应当是肯定的。又因小项 S 在前提中不周延,所以在结论中也不得周延,这样结论只能是特称判断,综合起来,结论应为特称肯定判断。

9.$\neg p \lor \neg s$。

解题分析:

本题的目的在于考查考生对于二难推理的掌握情况。正确回答此类试题应当掌握二难推理的四种形式。本题是复杂破坏式。

10.矛盾。

解题分析:

反证法是一种十分有用的间接论证的方法。本题的目的就在于考查考生对反证法的掌握情况。反证法是通过论证反论题的虚假,从而间接地论证原论题真。原论题与反论题之间必须是矛盾关系,这是掌握反证法的知识要点之一。

四、图表题

1.答:A 类与 C 类之间有全同关系、真包含于关系、真包含关系和交叉关系等四种可能。

本题可以用图解的方法回答。

解题分析:

本题的目的在于综合考查考生掌握概念间各种外延关系的情况。正确地回答此类问题,应掌握概念间的各种外延关系以及它们的综合应用,当答案不是惟一性的时候,应全面地设想各种可能的情况。

2.答:真值表:

p	q	p∧q	p∨q	p→¬q
T	T	T	T	F
T	F	F	T	T
F	T	F	T	T
F	F	F	F	T

(表中 p 代表"A 是盗窃犯",q 代表"B 是盗窃犯")

从真值表可以看出,只有 A 和 B 均为假的情况下,才符合题设条件。由此可以断定:

(1)第 3 句话是真的;

(2)A 不是盗窃犯;

(3)B 不是盗窃犯。

解题分析:

本题的目的在于考查考生对于复合判断的真值以及真值表方法的掌握情况,正确地回答此类试题,首先要掌握各种复合判断的逻辑形式及其真值情况。第二,要正确地运用真值表方法统一表示试题给出的各种复合判断的真值。所谓"统一表示"是指各个复合判断的出发点,即最基本的支判断的赋值应当一致。在本题中,即 A 和 B 的四种可能的真值情况,是进一步确定复合判断(1)、(2)、(3)的可能的真值情况的共同的出发点。如果没有共同出发点,就无法讨论各个复合判断之间的真值关系。第三,要结合题设条件去分析,哪一种真值情况才符合题设条件,本题规定的条件是"三句话中,一句是真话,两句是假话",只有第四种真值情况才符合题设条件,由此就可以回答试题中提出的问题了。

五、分析题

1.答:一个人只有投机倒把,才会构成经济犯罪。这是必要条件假言判断。应下的联言判断是"一个人不投机倒把,也会构成经济犯罪"。它和被反驳的论题之间是矛盾关系。

解题分析:

本题的目的在于考查考生对于复合判断间的真值关系的掌握情况。教科书给出了必要条件假定判断的负判断及其等值判断的公式$\neg(p \leftarrow q) \leftrightarrow \neg p \wedge q$,又告诉我们负判断的逻辑值与支判断的逻辑值之间的关系是矛盾关系,掌握了这两方面的逻辑知识就不难得出"$p \leftarrow q$"与"$\neg p \wedge q$"之间为矛盾关系。具有矛盾关系的两个判断是不能同真的,因此,可以用后者去驳斥前者。

2.答:甲的推测是正确的,得冠军的是孙敏。因为甲与丁的推测为矛盾关系,必有一真。因此推测正确的必是甲或丁。结合题设条件,就可以断定乙和丙的推测是不正确的,乙的推测不对,即可推出"得冠军的是孙敏"。

说明:

本题的结论是惟一的,但获此结论的解题的思路却并不是惟一的,比如,也可以用假设演泽的方法解题。先假设李勇、赵光、钱红得冠军,结果都会导致与题设条件相矛盾,由此否定李勇、赵光、钱红得冠军的可能,进而就可以得出正确的结论。

解题分析:

本题的目的在于考查考生对于判断间的真假关系的掌握情况。本题的关键在于能否看出甲的推测是一个联言判断,丁的推测是一个充分条件假言判断,两者之间的关系为矛盾关系,具有矛盾关系的两个判断是必有一真的,因此,推测正确的人必在甲和丁两人之中。结合题设条件,也就不难判定乙的推测不正确。因而得冠军的必是孙敏。

如果用假设演绎法解题,那么,关键在于知道不知道充分条件假言判断的真值特点。即当前件为假时,后件不论真假,该充分条件假言判断为真;当后件为真时,前件不论真假,该充分假言判断为真。因此假设"赵光得冠军"就会导致乙和丁的推测都正确;假设"钱红得冠军"也会导致乙和丁的推测都正确,这两种假设都与题设条件相矛盾。假设"李勇得冠军",导致甲、乙、丙的推测都正确,这一点是不难理解的。

3.答:大项是"真正的共产党员",小项是"徒有虚名的共产党员",它属第二格,其结构式是:

P—M
|
S—M
S—P

解题分析:

本题的目的在于考查考生对于三段论的组成以及四个格的结构式的掌握情况。正确地回答此类试题,要注意这样几点:第一,结论中的主项叫做小项,而主项是不包含量项的,因此,本题中的小项不是"有些徒有虚名的党员"。第二,三段论的各格的结构式,只与小项(S)、大项(P)、中项(M)所处的位置相关,因此,大前提、小前提和结论的判断类型如何,可以不加表示。第三,在语言表达中,大前提和小前提的先后次序是任意的,在构造格的结构式时,应加整理,使之成为规范的表达形式。

4.答:相类比的两个对象是求精厂和求益厂;已知的相同属性是"老厂,技术力量雄厚,设备齐全";结论是"求益厂经过改革也能对国家作出重要贡献"。

解题分析:

本题的目的在于考查考生对于类比推理的掌握情况。根据逻辑考试命题的要求,应有一些试题是比较容易的,本题正是如此,只要对类比推理是一种怎样的推理,有一个初步的了解,就可作出正确的回答。

5.答:学生甲的意见是正确的,乙的意见不对。因为乙违反了充分条件假言推理"肯定后件,不能就肯定前件"的规则。根据三段论的规则和小项在结论中不周延,推不出小项在前提中也不得周延。

解题分析:

本题是以三段论的内容为素材而设计的充分条件假言推理的对错分析题,其目的主要是考查考生对于充分条件假言推理的掌握情况,同时也是考查考生是否正确理解"在前提中不周延的项,在结论中也不得周延"这一条三段论的规则。这条规则是说,小项或大项在前提中不周延而在结论中周延,这是不允许的。由此可以引伸出在结论中周延,在前提中也必须周延;而不能引伸出在结论中不周延,在前提中也必须不周延。如果对三段论的这条规则有了正确的理解,同时对充分条件假言推理的规则有所了解,那么对此类试题也是不难作出正确回答的。

六、综合题

1.答:以"没有 B 不是 A"为大前提,以"所有的 C 都不是 B"为小前提,不能得结论。因为如果得结论,就会犯"大项不当周延"的错误(或者答:这是三段论第一格,第一格的规则要求小前提必须是肯定的,而它却是否定,所以不能得结论)。以"所有的 C 都不是 B"为大前提,以"没有 B 不是 A"为小前提,能得结论"有些 A 不是 C"。

解题分析:

本题的目的在于考查考生对于三段论推理的掌握情况。正确地回答此类试题,第一,要准确地理解题意。在本题中,只是给出了两个判断,指出它们是三段论的前提,但并没有进一步指出哪一个判断是大前提,哪一个判断是小前提,在这种情况下,不可主观地认定前者是大前提,后者是小前提,或者前者是小前提,后者是大前提,而是应全面地设想上述两种可能的情况,然后分别作出回答。第二,要正确地理解"没有 B 不是 A"这种语句表达式所表达的是全称肯定判断,而不是否定判断,因此,不要误认为试题给出的是两个否定前提。第三,在阐述为什么不能得结论的理由时,要以三段论的一般规则为依据,或者以三段论的格的特殊规则为依据。两者均可,因此,要正确地解题,必须掌握三段论的一般规则,或者三段论的格的特殊规则。

2.答:以前提组一进行推理,不能得结论,因为相容选言推理肯定一部分选言支不能否定另一部分选言支。

以前提组二进行推理,能得结论。推理过程:

(1)$p \land \neg r$,所以$\neg r$;

(2)$p \land \neg q \rightarrow r$,$\neg r$,所以$\neg(p \land \neg q)$;

(3)$\neg(p \land \neg q)$,所以$\neg p \lor q$;

(4)$p \land \neg r$,所以p;

(5)$\neg p \lor q$,p,所以q。

(推理过程用日常语言表述也可)

解题分析:

本题的目的在于考查考生对于复合判断推理的掌握情况以及综合应用的能力。这是一种很重要的考试题型。值得我们认真对待,要正确地回答此类试题,应在分别理解掌握各种复合判断推理的推理形式的基础上,注意它们的综合应用。本题涉及到联言推理的分解式,充分条件假言推理的否定后件式,负判断的等值推理以及相容选言推理的否定肯定式,是它们的综合应用。为提高综合应用的能力,平时应该多做一些类似的练习题。

3.以"小张是被告而不是罪犯"为前提,运用第三格三段论,能得结论"有些被告不是罪犯",以此为前提进一步进行对当关系推理,能得"并非凡是被告都是罪犯"。

解题分析:

这是一道反驳题。反驳的论据就是推理的前提。反驳的过程也就是推理的过程。本题的目的在于考查考生对于反驳过程的掌握情况。本题给出的论据本身是一个联言判断,它可以分解成两个性质判断"小张是被告"和"小张不是罪犯",以前者为小前提,后者为大前提,就可组成三段论的第三格,得出"有些被告不是罪犯"的结论。它与被反驳的论题"凡是被告都是罪犯"之间是矛盾关系,因此,根据性质判断间的对当关系的直接推理,就可由"有些被告不是罪犯"推出"并非凡是被告都是罪犯"的结论,也即确定了"凡是被告都是罪犯"这个论题为假,这就完成了反驳的过程。如果大家能够把推理部分学得的知识应用于论证和反驳的过程,那就不难正确地回答此类试题了。

图书在版编目（CIP）数据

普通逻辑学习指南 / 张则幸，黄华新主编. —杭州：
浙江大学出版社，2000.3(2025.7 重印)
 ISBN 978-7-308-02268-2

 Ⅰ.普… Ⅱ.①张…②黄… Ⅲ.形式逻辑—高等
教育—自学考试—自学参考资料 Ⅳ.B812

中国版本图书馆 CIP 数据核字（2000）第 13515 号

普通逻辑学习指南

张则幸　黄华新　主编

责任编辑　黄兆宁
封面设计　刘依群
出版发行　浙江大学出版社
　　　　　（杭州市天目山路 148 号　邮政编码 310007）
　　　　　（网址：http://www. zjupress.com）
排　　版　杭州青翊图文设计有限公司
印　　刷　杭州高腾印务有限公司
开　　本　850mm×1168mm　1/32
印　　张　13
字　　数　348 千
版 印 次　2000 年 3 月第 1 版　2025 年 7 月第 20 次印刷
书　　号　ISBN 978-7-308-02268-2
定　　价　29.00 元
